Ingenieur-Mathematik

Von

Robert Sauer

Dr. techn. Dr.-Ing. E. h.
Professor an der Technischen Hochschule
München

Zweiter Band
Differentialgleichungen und Funktionentheorie

Dritte erweiterte Auflage

Mit 98 Abbildungen

Springer-Verlag
Berlin / Heidelberg / New York
1968

ISBN 978-3-642-51648-1   ISBN 978-3-642-51647-4 (eBook)
DOI 10.1007/978-3-642-51647-4

Titelnummer 0880

Meinem lieben Kollegen

Josef Lense

zu seinem 70. Geburtstag

in freundschaftlicher Verbundenheit gewidmet

Vorwort zur dritten Auflage

Die vorliegende dritte Auflage des zweiten Bandes der „Ingenieur-Mathematik" unterscheidet sich von der ersten und der seinerzeit im wesentlichen unverändert nachgedruckten zweiten Auflage durch Berichtigung von Druckfehlern und sonstigen Versehen und ist durch mehrere Einschiebungen und Ergänzungen erweitert.

In der dritten Auflage des ersten Bandes war inzwischen der Matrizenkalkül in einem neu hinzugekommenen Kapitel über lineare Algebra aufgenommen worden. Infolgedessen war es jetzt bei der Neubearbeitung des zweiten Bandes geboten, den Matrizenkalkül für die Theorie der Systeme linearer gewöhnlicher Differentialgleichungen nutzbar zu machen (vgl. §§ 47, 48). Während in den früheren Auflagen als Beispiele partieller Differentialgleichungen nur die Wellengleichung und die Potentialgleichung erörtert wurden, ist jetzt auch ein kurzer Absatz über die Wärmeleitungsgleichung hinzugekommen (vgl. § 52).

Um den Anschluß an die erweiterte dritte Auflage des ersten Bandes herzustellen, mußte die Numerierung der Kapitel, Paragraphen und Formeln durchlaufend geändert werden.

Daß die hier vorliegende Neuauflage verhältnismäßig bald nach dem Erscheinen der vorangehenden Auflage nötig wurde, scheint das dem Buch zugrunde liegende Prinzip dem aufs Anschauliche gerichteten Denken des Ingenieurs ohne Verzicht auf mathematische Strenge entgegenzukommen zu rechtfertigen.

Allen Mitarbeitern danke ich herzlich für zahlreiche wertvolle Verbesserungsvorschläge, für ihre Mühe bei der Anfertigung neuer Figuren sowie für die große Sorgfalt beim Lesen des Manuskripts. Dieser Dank gilt vor allem den Herren Hochschuldozent Dr. R. Bulirsch, Dipl.-Phys. H. Kuss, Dr. G. Schmidt und Dipl.-Math. L. Zagler.

Besonderer Dank gebührt wiederum dem Springer-Verlag, der auch diesmal wieder meine Arbeit in jeder Weise gefördert und das Buch in der üblichen vorzüglichen Ausstattung herausgebracht hat.

München, 18. Juli 1967

Robert Sauer

Vorwort zur ersten Auflage

Wie bereits im Vorwort zum ersten Band der „Ingenieur-Mathematik" angekündigt war, befaßt sich der hier vorliegende zweite Band im wesentlichen mit Differentialgleichungen und Funktionentheorie sowie den Integralsätzen der Vektoranalysis. Er entspricht also im großen und ganzen dem Stoff, der in den mathematischen Kursvorlesungen der Technischen Hochschulen im dritten und vierten Semester für die Studierenden der Ingenieurwissenschaften und der Physik gebracht wird.

Der Abschnitt über Differentialgleichungen beschränkt sich fast ganz auf gewöhnliche Differentialgleichungen, und zwar vornehmlich auf lineare Differentialgleichungen mit konstanten Koeffizienten. Hierbei wird ausführlich auf lineare Schwingungsprobleme eingegangen und außerdem eine kurze Einführung in die Theorie der FOURIER-Reihen gebracht. Einfachste Beispiele liefern Ausblicke auf Probleme bei partiellen Differentialgleichungen (Wellengleichung und Potentialgleichung) sowie auf Rand- und Eigenwertaufgaben.

Der Abschnitt über Funktionentheorie bringt die einfachsten Grundbegriffe der allgemeinen Theorie und hierauf eine ausführliche Diskussion praktisch wichtiger konformer Abbildungen. Außerdem wird die Auswertung von Integralen auf dem Weg über das Komplexe an mehreren Beispielen vorgeführt.

In den Abschnitten über Vektoranalysis und über Funktionentheorie wird immer wieder versucht, die grundlegenden mathematischen Begriffe und Beziehungen in der Strömungslehre und Elektrostatik physikalisch zu veranschaulichen.

Die allgemeinen Leitgedanken, die für die Abfassung des ersten Bandes maßgebend waren und sich bewährt zu haben scheinen, blieben auch für den zweiten Band maßgebend. Es wurde auch hier versucht, ohne Einbuße an mathematischer Strenge der aufs Anschauliche gerichteten Denk- und Sprechweise der Ingenieure und Naturwissenschaftler Rechnung zu tragen. Wie im ersten Band sind viele Beweise in einen Anhang verlegt worden. Numerischen Methoden ist wiederum ein breiter Raum zugewiesen. Auf die Einbeziehung von Übungsaufgaben wurde aus denselben Gründen wie beim ersten Band verzichtet.

Allen meinen Mitarbeitern, insbesondere den Herren Privatdozent Dr. D. SUSCHOWK, Dr. H. J. STETTER, Dipl.-Phys. H. HUBER und Dipl.-Math. R. BULIRSCH, danke ich herzlichst für die unermüdliche und wertvolle Hilfe, die sie mir durch eine kritische Durchsicht des Manuskripts, durch die mühevolle Anfertigung der zahlreichen und vielfach komplizierten Figuren und schließlich durch die gewissenhafte Erledigung der Korrekturen und die Herstellung des Sachverzeichnisses in freundlichster Weise zuteil werden ließen. Desgleichen schulde ich meinem Kollegen Prof. Dr. J. LENSE für viele gute Ratschläge aufrichtigen Dank.

Besonderer Dank gebührt dem Verlag, der auch diesen zweiten Band in gewohnter vorzüglicher Ausstattung erscheinen läßt und auf alle meine Wünsche mit freundlichem Verständnis eingegangen ist.

München, 17. Oktober 1960

Robert Sauer

Inhaltsverzeichnis

IV. Kapitel

V. Kapitel

VI. Kapitel

IV. Kapitel

Vektoranalysis

Nachdem im II. Kapitel (§ 23) algebraische Verknüpfungen von Vektoren behandelt wurden, folgt jetzt eine Einführung in die Analysis der Vektorrechnung. Dabei werden die Differentialoperatoren Gradient, Divergenz und Rotation eingeführt und die für weite Bereiche der Mathematik und ihrer Anwendungen wichtigen Integralsätze von GAUSZ, STOKES und GREEN aufgestellt. Die neuen Begriffe werden durch Beziehungen bei stationären Strömungen veranschaulicht.

§ 39. Gradient, Divergenz und Rotation

39.1 Gradient

In einem Bereich (B) des Raumes sei eine Funktion $F(x, y, z)$ mit stetigen ersten Ableitungen gegeben. Deutet man F beispielsweise als Temperatur oder Druck, so stellt $F(x, y, z)$ ein stationäres, d. h. zeitunabhängiges Temperatur- bzw. Druckfeld in (B) dar. Die Flächen $F(x, y, z) = \text{const}$ sind die *Niveauflächen* dieses Feldes, auf denen die Temperatur bzw. der Druck konstant ist. Wie in Ziff. 28.5 leiten wir aus der Funktion $F(x, y, z)$ den Vektor

$$\mathfrak{v} = \text{grad}\, F(x, y, z) = (F_x, F_y, F_z) \tag{39.1}$$

her und bezeichnen $\mathfrak{v}$ als *Gradient* von F.

Wenn $\mathfrak{v} \neq 0$, wenn also nicht alle drei ersten Ableitungen verschwinden, ist nach Ziff. 28.5 grad F Normalenvektor der Niveauflächen $F = \text{const}$. Sei nun P ein Punkt des Bereichs (B) und $x(s)$, $y(s)$, $z(s)$ eine Kurve durch P, welche dort die Niveaufläche $F(x, y, z) = \text{const}$ senkrecht schneidet

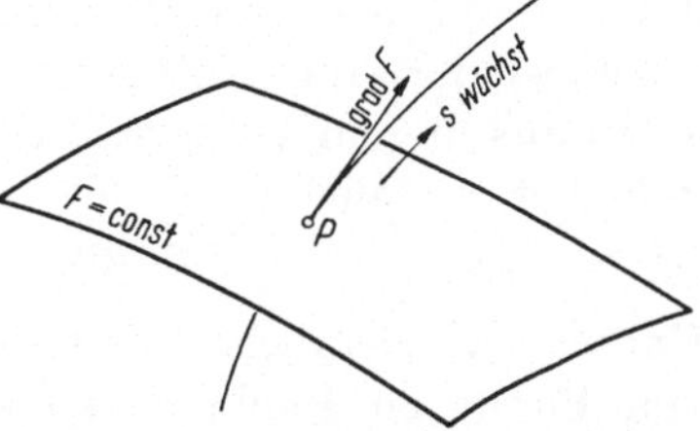

Abb. 1. Erläuterung des Vektors grad F

und auf der die Bogenlänge s in Richtung des Vektors grad F gezählt wird (Abb. 1). Dann ist

$$\mathfrak{n} = \left(\frac{dx}{ds},\ \frac{dy}{ds},\ \frac{dz}{ds}\right) = \frac{\text{grad}\, F}{|\text{grad}\, F|}$$

und

$$\frac{dF}{ds} = F_x \frac{dx}{ds} + F_v \frac{dy}{ds} + F_z \frac{dz}{ds} = \mathfrak{n}\, \mathrm{grad}\, F = |\mathrm{grad}\, F| > 0. \qquad (39.2)$$

Hiernach kann man den Vektor grad F unabhängig vom Koordinatensystem folgendermaßen definieren: *Der Vektor grad F steht senkrecht auf den Niveauflächen $F = const$ und weist in die Richtung, in der F zunimmt. Der Betrag des Vektors grad F ist gleich dem Anstieg $\dfrac{dF}{ds}$ senkrecht zu den Niveauflächen.*

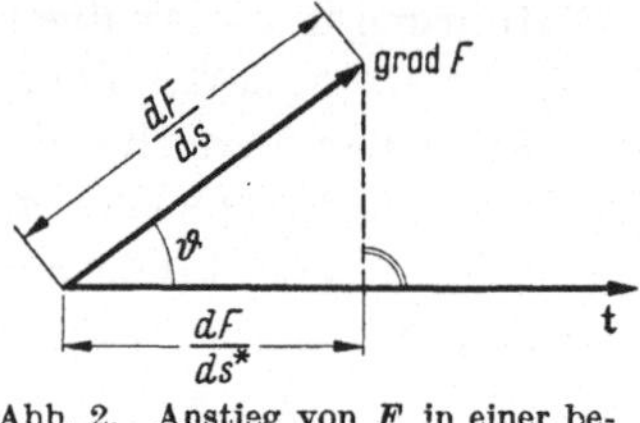

Abb. 2. Anstieg von F in einer beliebigen Richtung

Für eine beliebige, durch den Einheitsvektor

$$\mathfrak{t} = \left(\frac{dx}{ds^*},\ \frac{dy}{ds^*},\ \frac{dz}{ds^*} \right)$$

gekennzeichnete Richtung ergibt sich (Abb. 2)

$$\frac{dF}{ds^*} = F_x \frac{dx}{ds^*} + F_v \frac{dy}{ds^*} + F_z \frac{dz}{ds^*} = \mathfrak{t}\, \mathrm{grad}\, F \gtrless 0. \qquad (39.3)$$

Hieraus folgt

$$\frac{dF}{ds^*} = \frac{dF}{ds} \cos \vartheta, \qquad\qquad (39.3^*)$$

wobei ϑ der Winkel zwischen den Vektoren $\mathfrak{n}$ und $\mathfrak{t}$ ist.

39.2 Divergenz; Integralsatz von Gauß

In Ziff. 39.1 hatten wir im Bereich (B) ein skalares Feld $F(x, y, z)$ betrachtet, d. h. jedem Punkt von (B) war eine Zahl F zugeordnet. Jetzt sei in (B) ein Vektorfeld $\mathfrak{q} = (u\,(x, y, z),\ v\,(x, y, z),\ w\,(x, y, z))$ gegeben, d. h. jedem Punkt von (B) sei ein Vektor $\mathfrak{q}$ zugeordnet. Die Komponenten sollen wieder stetig differenzierbare Funktionen von x, y, z sein. Wir leiten aus diesem Vektorfeld durch die Operation *Divergenz* ein skalares Feld her, nämlich

$$\mathrm{div}\, \mathfrak{q} = u_x + v_y + w_z. \qquad\qquad (39.4)$$

Um eine anschauliche Vorstellung zu haben, deuten wir $\mathfrak{q}$ als den i. a. von Punkt zu Punkt verschiedenen Geschwindigkeitsvektor in einer stationären Strömung.

Für die skalare Funktion div $\mathfrak{q}$ gilt der *Integralsatz von* Gausz (Abb. 3):

$$\iiint\limits_{(B)} \mathrm{div}\, \mathfrak{q}\, d\tau = \oiint\limits_{(H)} \mathfrak{q}\, \mathfrak{n}\, d\sigma. \qquad\qquad (39.5)$$

Dabei ist angenommen, daß der Bereich (B) von einer geschlossenen Fläche (H) begrenzt ist und daß diese Fläche gebietsweise (d. h. bis auf endlich viele Kanten und Ecken) in jedem Punkt eine Tangentialebene besitzen soll. $\mathfrak{n}$ ist der nach außen weisende Einheitsvektor der Flächennormalen von (H). Die Integrale in Gl. (39.5) sind ebenso definiert wie die in § 34, Gl. (34.2), des ersten Bandes eingeführten Integrale über einen Raumbereich (Volumenelement $d\tau = dx\,dy\,dz$) bzw. über ein Flächenstück (Flächenelement $d\sigma$ (in § 34 mit $d\Omega$ bezeichnet) $= \sqrt{EG - F^2}\,du\,dv$). Das Symbol $\oiint$ bedeutet, daß hier über eine *geschlossene* Fläche (H) integriert werden soll.

Der Beweis des Satzes (39.5) findet sich im Anhang unter [1].

Wenn wir annehmen, daß es sich um die Strömung eines Mediums mit der konstanten Dichte 1 handelt, stellt das Integral auf der rechten Seite der Gl. (39.5) die Masse dar, die in der Zeiteinheit aus dem Bereich (B) durch die Oberfläche (H) nach außen tritt. Ist das Integral positiv bzw. negativ, dann muß in (B) fortwährend Masse zugeführt bzw. abgesaugt werden (räumlich verschmierte Quellen bzw. Senken).

Nach dem Mittelwertsatz (32.2) der Integralrechnung ist

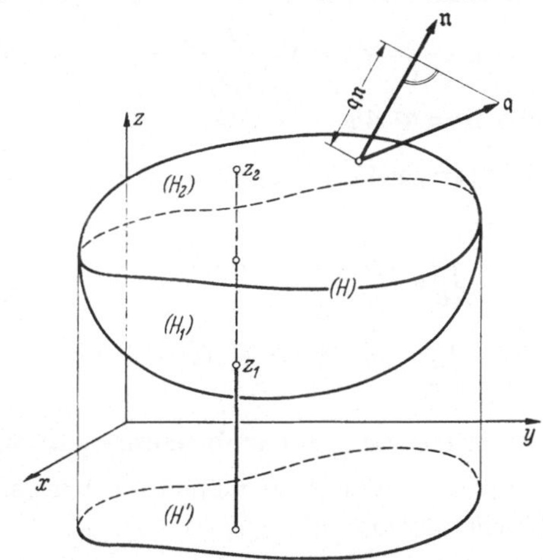

Abb. 3. Erläuterung zum Integralsatz von GAUSZ

$$(\operatorname{div} \mathfrak{q})_{\xi,\,\eta,\,\zeta} = \frac{1}{B} \oiint_{(H)} \mathfrak{q}\,\mathfrak{n}\,d\sigma,$$

wobei B das Volumen des Bereichs (B) ist und ξ, η, ζ die Koordinaten eines gewissen Punktes von (B) sind. Läßt man dann den Bereich (B) in geeigneter Weise auf einen Punkt P einschrumpfen, so ergibt sich wegen der Stetigkeit von u_x, v_y und w_z der Grenzwert

$$(\operatorname{div} \mathfrak{q})_P = \lim_{(B)\to P} \left\{ \frac{1}{B} \oiint_{(H)} \mathfrak{q}\,\mathfrak{n}\,d\sigma \right\}. \tag{39.6}$$

Hiermit ist $\operatorname{div} \mathfrak{q}$ unabhängig vom Koordinatensystem definiert und physikalisch als *Quellstärke* der Volumeneinheit im Punkt P gedeutet.

39.3 Δ-Operator; Integralsatz von Green

Wir wenden den Operator div auf den Vektor grad F an und setzen dabei voraus, daß die Funktion $F(x, y, z)$ stetige zweite Ableitungen besitzt. Dann hat man

$$\operatorname{div}(\operatorname{grad} F) = \frac{\partial}{\partial x} F_x + \frac{\partial}{\partial y} F_y + \frac{\partial}{\partial z} F_z = F_{xx} + F_{yy} + F_{zz} = \Delta F, \tag{39.7}$$

wenn man mit Δ den Operator

$$\Delta = \frac{\partial^2}{\partial x^2} + \frac{\partial^2}{\partial y^2} + \frac{\partial^2}{\partial z^2} \qquad \text{(Laplace-Operator)}$$

bezeichnet.

Es seien Φ und Ψ zwei Funktionen mit stetigen zweiten Ableitungen und

$$\mathfrak{q} = \Phi\,\mathrm{grad}\,\Psi, \quad \mathfrak{p} = \Phi\,\mathrm{grad}\,\Psi - \Psi\,\mathrm{grad}\,\Phi.$$

Dann ist

$$\mathrm{div}\,\mathfrak{q} = \frac{\partial}{\partial x}(\Phi\,\Psi_x) + \frac{\partial}{\partial y}(\Phi\,\Psi_y) + \frac{\partial}{\partial z}(\Phi\,\Psi_z) = \Phi\,\Delta\Psi + \mathrm{grad}\,\Phi\,\mathrm{grad}\,\Psi,$$

$$\mathrm{div}\,\mathfrak{p} = \Phi\,\Delta\Psi - \Psi\,\Delta\Phi.$$

Der Gauszsche Integralsatz (39.5), angewandt auf die Vektoren $\mathfrak{q}$ und $\mathfrak{p}$, liefert

$$\iiint\limits_{(B)} (\Phi\,\Delta\Psi + \mathrm{grad}\,\Phi\,\mathrm{grad}\,\Psi)\,d\tau = \oiint\limits_{(H)} \Phi\,\frac{\partial\Psi}{\partial n}\,d\sigma,$$

$$\iiint\limits_{(B)} (\Phi\,\Delta\Psi - \Psi\,\Delta\Phi)\,d\tau \qquad = \oiint\limits_{(H)} \left(\Phi\,\frac{\partial\Psi}{\partial n} - \Psi\,\frac{\partial\Phi}{\partial n}\right) d\sigma.$$

In diesen nach Green benannten Integralsätzen bedeutet $\dfrac{\partial}{\partial n}$ die Ableitung nach der Bogenlänge in Richtung der nach außen weisenden Flächennormalen.

39.4 Rotation; Integralsatz von Stokes

In Ziff. 39.2 hatten wir aus dem Vektorfeld $\mathfrak{q}\,(x, y, z)$ durch die Operation Divergenz ein skalares Feld $\mathrm{div}\,\mathfrak{q}$ hergeleitet. Durch die Operation *Rotation* leiten wir aus dem Vektorfeld $\mathfrak{q}\,(x, y, z)$ jetzt ein neues Vektorfeld $\mathrm{rot}\,\mathfrak{q}$ her. Dabei wird der Vektor $\mathrm{rot}\,\mathfrak{q}$ definiert durch

$$\mathrm{rot}\,\mathfrak{q} = (w_y - v_z,\; u_z - w_x,\; v_x - u_y). \tag{39.8}$$

Wie in Gl. (39.4) sind u, v, w die Komponenten des gegebenen Vektors $\mathfrak{q}$. Gl. (39.8) kann übersichtlicher formal als Determinante

$$\mathrm{rot}\,\mathfrak{q} = \begin{vmatrix} \mathfrak{i} & \mathfrak{j} & \mathfrak{k} \\ \dfrac{\partial}{\partial x} & \dfrac{\partial}{\partial y} & \dfrac{\partial}{\partial z} \\ u & v & w \end{vmatrix} \tag{39.9}$$

geschrieben werden.

Für die Vektorfunktion $\mathrm{rot}\,\mathfrak{q}$ gilt der *Integralsatz von* Stokes (Abb. 4):

$$\iint\limits_{(F)} \mathfrak{n}\,\mathrm{rot}\,\mathfrak{q}\,d\sigma = \oint\limits_{k} \mathfrak{q}\,\mathfrak{t}\,ds. \tag{39.10}$$

Hierbei ist (F) eine Fläche, die von der geschlossenen, stückweise glatten Randkurve k begrenzt wird und gebietsweise in jedem Punkt eine Tangentialebene haben soll. Auf k wird ein bestimmter Umlaufsinn und dadurch die Zählung der Bogenlänge s festgelegt. Die Flächennormalen $\mathfrak{n}$ werden daraufhin so gerichtet, daß der Umlaufsinn von k und die Richtung von $\mathfrak{n}$ ein Rechtssystem ergeben. Die linke Seite der Gl. (39.10) ist ein *Flächenintegral* (Flächenelement $d\sigma$) wie die rechte Seite der Gl. (39.5). Die rechte Seite der Gl. (39.10) ist ein *Kurvenintegral*. Es wird in derselben Weise definiert wie das in § 34, Gl. (34.2) des ersten Bandes ein-

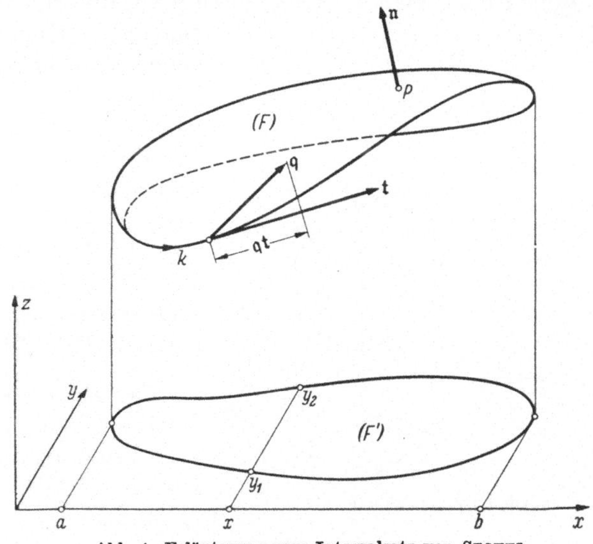

Abb. 4. Erläuterung zum Integralsatz von STOKES

geführte Integral über eine Kurve (Bogenelement ds). Das Symbol $\oint$ bedeutet, daß das Integral über eine *geschlossene* Kurve k erstreckt werden soll. Zum Beweis des Satzes (39.10) vgl. [2].

Nach dem Mittelwertsatz (32.2) der Integralrechnung ist

$$(\mathfrak{n} \operatorname{rot} \mathfrak{q})_{\xi,\,\eta,\,\zeta} = \frac{1}{F} \oint_k \mathfrak{q}\,\mathfrak{t}\,ds,$$

wobei F der Inhalt der Fläche (F) ist und ξ, η, ζ die Koordinaten eines gewissen Punktes von (F) sind. Läßt man die Fläche (F) auf ein Flächenelement im Punkt P mit der Flächennormalen $\mathfrak{n}$ in geeigneter Weise einschrumpfen (Grenzprozeß $(F) \to [P, \mathfrak{n}]$), so ergibt sich wegen der Stetigkeit der ersten Ableitungen von u, v, w der Grenzwert

$$(\mathfrak{n} \operatorname{rot} \mathfrak{q})_{[P,\,\mathfrak{n}]} = \lim_{(F) \to [P,\,\mathfrak{n}]} \left\{ \frac{1}{F} \oint_k \mathfrak{q}\,\mathfrak{t}\,ds \right\}. \tag{39.11}$$

Hiermit ist rot q unabhängig vom Koordinatensystem definiert und physikalisch als *Wirbelstärke* gedeutet. Mit $\mathfrak{n} = \mathfrak{i}, \mathfrak{j}, \mathfrak{k}$, also für Flächenelemente, die senkrecht zu den Koordinantenachsen liegen, ergeben sich aus Gl. (39.11) die Komponenten des Vektors rot q im x, y, z-Koordinatensystem.

§ 40. Übergang zu Zylinder- und Kugelkoordinaten

40.1 Übergang zu Zylinderkoordinaten

Mit Hilfe der in § 39 entwickelten, vom Koordinatensystem unabhängigen Definitionen kann man die Operatoren grad, div und rot auf allgemeine Koordinatensysteme umrechnen. Die Vektoren werden dabei jeweils nach den — im allgemeinen von Punkt zu Punkt veränderlichen — Koordinatenrichtungen in Komponenten zerlegt. Wir erläutern dies am Beispiel der *Zylinderkoordinaten* [Abb. 5, vgl. dazu die Gln. (21.1) links]:

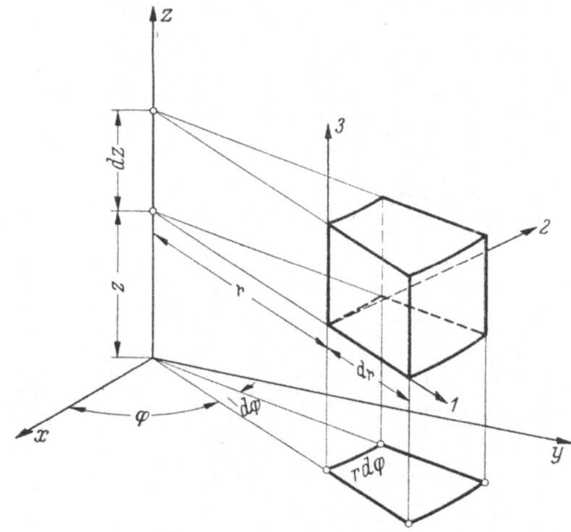

Abb. 5. Übergang zu Zylinderkoordinaten

Die Bogenelemente in den Koordinatenrichtungen 1, 2, 3 sind dr, $r\,d\varphi$ und dz. Daraus folgt nach Gl. (39.3), indem man für $\mathfrak{t}$ der Reihe nach die Einheitsvektoren in den Richtungen 1, 2, 3 nimmt,

$$\operatorname{grad} F\,(r, \varphi, z) = \left(F_r, \frac{1}{r}\,F_\varphi, F_z\right). \tag{40.1}$$

Die Flächenelemente senkrecht zu den Koordinatenrichtungen 1, 2, 3 sind $r\,d\varphi\,dz$, $dr\,dz$ und $r\,d\varphi\,dr$, das Volumenelement im Zylinderkoordinatensystem ist $r\,dr\,d\varphi\,dz$. Daraus ergibt sich für den in Gl. (39.6) durchzuführenden Grenzprozeß, angewandt auf ein Raumelement des Koordinatensystems, in leicht verständlicher formaler Schreibweise

$$\lim_{(B)\to P}\left\{\frac{1}{B}\oiint_{(H)} q\,\mathfrak{n}\,d\sigma\right\} = \frac{1}{r\,dr\,d\varphi\,dz}\cdot\begin{cases}[(r+dr)\,d\varphi\,dz\cdot u\,(r+dr) - r\,d\varphi\,dz\cdot u\,(r)]\\ + dr\,dz\,[v\,(\varphi + d\varphi) - v\,(\varphi)]\\ + r\,d\varphi\,dr\,[w\,(z+dz) - w\,(z)].\end{cases}$$

Nach Einsetzen von

$$(r+dr)\,u\,(r+dr) - r\,u\,(r) = \frac{\partial}{\partial r}\,(u\,r)\,dr,$$

$$v\,(\varphi + d\varphi) - v\,(\varphi) = v_\varphi\,d\varphi,$$

$$w\,(z+dz) - w\,(z) = w_z\,dz$$

kommt dann

$$\operatorname{div} q = \frac{1}{r} \frac{\partial}{\partial r} (u\,r) + \frac{1}{r} v_\varphi + w_z. \tag{40.2}$$

Dabei sind hier u, v, w die Komponenten des Vektors q in den Koordinatenrichtungen 1, 2, 3.

In analoger Weise ergibt sich für den in Gl. (39.11) durchzuführenden Grenzprozeß, wenn man für n der Reihe nach die Einheitsvektoren in den Richtungen 1, 2, 3 nimmt, für die Komponenten von rot q:

$$\frac{1}{r\,d\varphi\,dz} \cdot \left\{ r\,d\varphi\,[v\,(z) - v\,(z + dz)] + dz\,[w\,(\varphi + d\varphi) - w\,(\varphi)] \right\},$$

$$\frac{1}{dr\,dz} \cdot \left\{ dr\,[- u\,(z) + u\,(z + dz)] + dz\,[w\,(r) - w\,(r + dr)] \right\},$$

$$\frac{1}{r\,d\varphi\,dr} \cdot \left\{ d\varphi\,[(r + dr)\,v\,(r + dr) - r\,v\,(r)] + dr\,[u\,(\varphi) - u\,(\varphi + d\varphi)] \right\}$$

und hierauf

$$\operatorname{rot} q = \left(\frac{1}{r} w_\varphi - v_z, \quad u_z - w_r, \quad \frac{1}{r} \frac{\partial}{\partial r} (v\,r) - \frac{1}{r} u_\varphi \right). \tag{40.3}$$

40.2 Übergang zu Kugelkoordinaten

Führt man die entsprechenden Rechnungen für *Kugelkoordinaten* durch [Abb. 6, vgl. dazu die Gl. (21.1) rechts], so sind dR, $R \cos \vartheta\, d\varphi$, $R\,d\vartheta$ die Bogenelemente in den Koordinatenrichtungen 1, 2, 3. Die dazu senkrechten Flächenelemente sind $R^2 \cos \vartheta\,d\varphi\,d\vartheta$, $R\,d\vartheta\,dR$, $R \cos \vartheta\,d\varphi\,dR$ und das Volumenelement ist $R^2 \cos \vartheta\,dR\,d\varphi\,d\vartheta$.

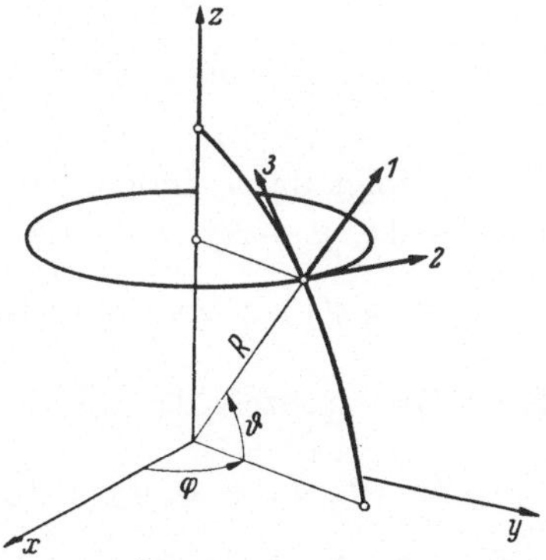

Hiermit ergibt sich

$$\operatorname{grad} F\,(R, \varphi, \vartheta)$$
$$= \left(F_R, \; \frac{1}{R \cos \vartheta} F_\varphi, \; \frac{1}{R} F_\vartheta \right), \tag{40.4}$$

Abb. 6. Übergang zu Kugelkoordinaten

$$\operatorname{div} q = \frac{1}{R^2} \frac{\partial}{\partial R} (u\,R^2) + \frac{1}{R \cos \vartheta} v_\varphi + \frac{1}{R \cos \vartheta} \frac{\partial}{\partial \vartheta} (w \cos \vartheta), \tag{40.5}$$

$$\operatorname{rot} q = \left(\frac{1}{R \cos \vartheta} \left[w_\varphi - \frac{\partial}{\partial \vartheta} (v \cos \vartheta) \right], \frac{1}{R} \left[u_\vartheta - \frac{\partial}{\partial R} (w\,R) \right], \right.$$
$$\left. \frac{1}{R} \left[\frac{\partial}{\partial R} (v\,R) - \frac{1}{\cos \vartheta} u_\varphi \right] \right). \tag{40.6}$$

Die zu Ziff. 40.1 analoge Durchrechnung sei dem Leser als Übung empfohlen.

§ 41. Wirbelfreie und quellenfreie Vektorfelder

41.1 Wirbelfreie Vektorfelder

Ein Vektorfeld q (x, y, z) heißt im Bereich (B) *wirbelfrei*, wenn dort
rot q $= 0$ ist. Wir setzen voraus, daß in (B) jede aus einem Kreis durch
stetige Abänderung entstehende geschlossene Kurve k sich stetig auf einen
Punkt in (B) zusammenziehen läßt. Dann folgt aus dem STOKESschen
Satz (39.10): Dann und nur dann ist jedes über eine geschlossene Kurve k
erstreckte Integral $\oint_k$ q t ds gleich Null,
wenn das Feld q wirbelfrei ist, also

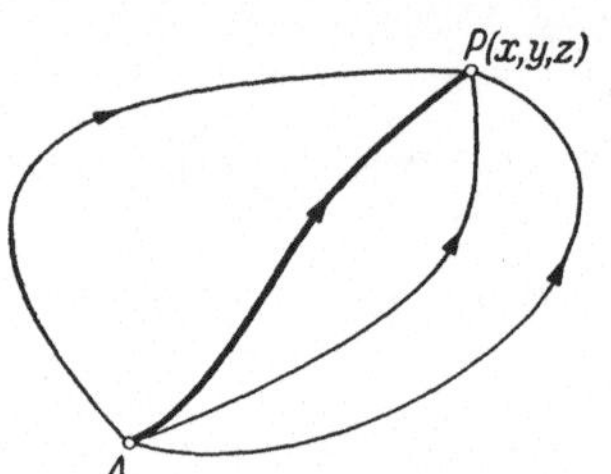

Abb. 7. Wirbelfreie Vektorfelder

$$\text{rot q} = 0 \quad \gtrless \quad \oint_k \text{q t } ds = 0. \qquad (41.1)$$

Man kann den Satz auch so formulieren
(Abb. 7): Dann und nur dann sind alle von
einem Punkt A bis zu einem Punkt $P(x, y, z)$
erstreckten Integrale $\int_A^P$ q t ds von dem Integrationsweg unabhängig, d. h. bei festem Anfangspunkt A nur vom
Endpunkt P abhängig, wenn das Feld wirbelfrei ist, also

$$\text{rot q} = 0 \quad \gtrless \quad \int_A^P \text{q t } ds = F(x, y, z). \qquad (41.2)$$

Daraus folgt dann, indem man von $P(x, y, z)$ zu einem Nachbarpunkt
$P'(x + \Delta x, y + \Delta y, z + \Delta z)$ übergeht,

$$\Delta F = F(x + \Delta x, y + \Delta y, z + \Delta z) - F(x, y, z) = \int_P^{P'} \text{q t } ds.$$

Beim Grenzprozeß $\Delta x, \Delta y, \Delta z \to 0$ kommt

$$dF = F_x\, dx + F_y\, dy + F_z\, dz = \text{q t } ds = u\, dx + v\, dy + w\, dz,$$

also

$$\text{q} = \text{grad } F, \qquad (41.3)$$

d. h: *Jedes wirbelfreie Feld* q *ist das Gradientenfeld einer Funktion*
$F(x, y, z)$. Sie heißt das *skalare Potential* des Feldes q und ist bis auf
eine additive Konstante C bestimmt; denn aus q $=$ grad F_1 und
q $=$ grad F_2 folgt grad $(F_1 - F_2) = 0$, also $F_1 - F_2 =$ const.

Wegen rot grad $F = (F_{zy} - F_{yz},\ F_{xz} - F_{zx},\ F_{yx} - F_{xy}) = 0$ gilt auch
umgekehrt: *Ein Gradientenfeld ist stets wirbelfrei.* Also

$$\text{rot q} = 0 \quad \gtrless \quad \text{q} = \text{grad } F. \qquad (41.4)$$

41.2 Quellenfreie Vektorfelder

Ein Vektorfeld $q\,(x, y, z)$ heißt im Bereich (B) *quellenfrei*, wenn dort $\operatorname{div} q = 0$ ist. Wir setzen voraus, daß in (B) jede aus einer Kugel durch stetige Abänderung entstehende geschlossene Fläche (H) sich stetig auf einen Punkt in (B) zusammenziehen läßt. Dann folgt aus dem GAUSZschen Satz (39.5): Dann und nur dann ist jedes über eine geschlossene Fläche (H) erstreckte Integral $\oiint\limits_{(H)} q\,\mathfrak{n}\,d\sigma$ gleich Null, wenn das Feld q quellenfrei ist, also

$$\operatorname{div} q = 0 \quad \asymp \quad \oiint\limits_{(H)} q\,\mathfrak{n}\,d\sigma = 0. \tag{41.5}$$

Man kann den Satz auch so formulieren: Dann und nur dann sind die Integrale $\iint\limits_{(F)} q\,\mathfrak{n}\,d\sigma$ über alle Flächen (F), die sich in eine geschlossene Randkurve k mit festgehaltenem Umlaufsinn einspannen lassen, untereinander gleich, d. h. nur von der Randkurve k abhängig, wenn das Feld quellenfrei ist.

Jedes quellenfreie Feld $q\,(x, y, z)$ *ist das Rotationsfeld eines Vektorfelds* $\mathfrak{p} = (a\,(x, y, z),\ b\,(x, y, z),\ c\,(x, y, z))$,

$$q = \operatorname{rot} \mathfrak{p} = (c_y - b_z,\ a_z - c_x,\ b_x - a_y). \tag{41.6}$$

$\mathfrak{p}$ heißt das *Vektorpotential* des Feldes q. Es ist bis auf einen additiven wirbelfreien Vektor $\operatorname{grad} F$ eindeutig bestimmt; denn aus $q = \operatorname{rot} \mathfrak{p}_1$ und $q = \operatorname{rot} \mathfrak{p}_2$ folgt $\operatorname{rot}(\mathfrak{p}_1 - \mathfrak{p}_2) = 0$, also $\mathfrak{p}_1 - \mathfrak{p}_2 = \operatorname{grad} F$. Es genügt also für Gl. (41.6) bei vorgegebenem q mit $\operatorname{div} q = 0$ irgendeine Lösung $\mathfrak{p}$ aufzuzeigen. Man verifiziert leicht, daß

$$a = \int\limits_{z_0}^{z} v\,(x, y, \zeta)\,d\zeta - \int\limits_{y_0}^{y} w\,(x, \eta, z_0)\,d\eta, \quad b = - \int\limits_{z_0}^{z} u\,(x, y, \zeta)\,d\zeta, \quad c = 0 \tag{41.7}$$

unter der Voraussetzung $\operatorname{div} q = 0$ eine Lösung ist.

Wegen

$$\operatorname{div}(\operatorname{rot} \mathfrak{p}) = \frac{\partial}{\partial x}(c_y - b_z) + \frac{\partial}{\partial y}(a_z - c_x) + \frac{\partial}{\partial z}(b_x - a_y) = 0$$

gilt auch umgekehrt: *Ein Rotationsfeld ist stets quellenfrei.* Also:

$$\operatorname{div} q = 0 \quad \asymp \quad q = \operatorname{rot} \mathfrak{p}. \tag{41.8}$$

Dabei ist vorausgesetzt, daß a, b und c stetige zweite Ableitungen besitzen.

41.3 Ebene Vektorfelder; vollständiges Differential

Bei ebenen Vektorfeldern

$$q\,(x, y) = (u\,(x, y),\ v\,(x, y),\ 0) \tag{41.9}$$

ist

$$\operatorname{div} q = u_x + v_y, \quad \operatorname{rot} q = \mathfrak{k}\,(v_x - u_y),$$

wobei $\mathfrak{k}$ der Einheitsvektor in Richtung der positiven z-Achse ist.

Der GAUSZsche Integralsatz (39.5), angewandt auf einen zur x, y-Ebene senkrechten Zylinderstumpf von der Höhe 1 mit der Basis (B), liefert

$$\iint\limits_{(B)} (u_x + v_y)\,dx\,dy = \oint\limits_k \mathfrak{q}\,\mathfrak{n}\,ds = \oint\limits_k \left(u\,\frac{dy}{ds} - v\,\frac{dx}{ds}\right) ds. \qquad (41.10)$$

k ist die Randkurve des Bereichs (B), die Integration längs k erfolgt beim letzten Integral entgegen dem Uhrzeigersinn. Der Bereich (B) soll *einfach zusammenhängend* sein, d. h. in (B) läßt sich jede geschlossene Kurve, die aus einem Kreis durch stetige Abänderung entsteht, stetig auf einen Punkt zusammenziehen. Daher ist z. B. ein Kreisring nicht einfach zusammenhängend; denn die zu den Rändern konzentrischen Kreise lassen sich innerhalb des Kreisrings nicht auf einen Punkt zusammenziehen.

Der STOKESsche Integralsatz (39.10), angewandt auf denselben Bereich (B) der x, y-Ebene, ergibt

$$\iint\limits_{(B)} (v_x - u_y)\,dx\,dy = \oint\limits_k \mathfrak{q}\,\mathfrak{t}\,ds = \oint\limits_k \left(u\,\frac{dx}{ds} + v\,\frac{dy}{ds}\right) ds. \qquad (41.11)$$

Hiernach geht der STOKESsche in den GAUSZschen Integralsatz über, wenn man diesen auf den Vektor $\mathfrak{q}^* = (v, -u)$ anwendet.

Wir bedienen uns jetzt des in Gl. (27.5) eingeführten Begriffs des *vollständigen Differentials*

$$df = f_x\,dx + f_y\,dy$$

für Funktionen $f(x, y)$ mit stetigen ersten Ableitungen und setzen voraus, daß auch die zweiten Ableitungen existieren und stetig sind. **Dann gilt zunächst folgender triviale Satz:**

Wenn $u\,dx + v\,dy$ mit stetigen Ableitungen der u und v ein vollständiges Differential $df(x, y)$ ist, dann ist $u_y = f_{xy}$ und $v_x = f_{yx}$ und wegen der (41.12) *Stetigkeit von u_y und v_x gilt*
$$u_y - v_x = 0.$$

Die Bedingung $u_y - v_x = 0$ ist nicht nur notwendig, sondern auch hinreichend dafür, daß $u\,dx + v\,dy$ ein vollständiges Differential ist (*Integrierbarkeitsbedingung*). Nach Ziff. 41.1 gilt nämlich:

Wenn u und v in einem einfach zusammenhängenden Bereich (B) stetige erste Ableitungen haben und diese der Integrierbarkeitsbedingung
$$u_y - v_x = 0$$
genügen, ist
$$f(x, y) = \int\limits_{(a, b)}^{(x, y)} \left(u\,\frac{dx}{ds} + v\,\frac{dy}{ds}\right) ds, \qquad (41.13)$$

erstreckt von einem Punkt (a, b) bis zu einem Endpunkt (x, y) längs eines stückweise glatten Integrationswegs, eine vom Integrationsweg unabhängige Funktion von x, y. Sie ist bis auf eine beliebige additive Konstante, die der willkürlichen Wahl des Anfangspunkts (a, b) entspricht, durch u und v eindeutig bestimmt. Außerdem ist $u = f_x$, $v = f_y$, d. h. $u\,dx + v\,dy$ ist ein vollständiges Differential.

Für die hier und im vorhergehenden auftretenden *Kurvenintegrale* [vgl. hierzu Ziff. (39.4)], wie z. B. $\int_k \left(u \frac{dx}{ds} + v \frac{dy}{ds} \right) ds$, benützt man auch vielfach die Schreibweise $\int_k (u\,dx + v\,dy)$.

Beispiele:

(a) $df = u\,dx + v\,dy$ mit $u = x + 3y$, $v = 3x - 2y$ erfüllt die Integrierbarkeitsbedingung $u_y = 3 = v_x$.
Auf dem in Abb. 8 durchgezogenen Integrationsweg erhält man

$$f(x, y) = \int_a^x u(\xi, b)\,d\xi + \int_b^y v(x, \eta)\,d\eta = \int_a^x (\xi + 3b)\,d\xi + \int_b^y (3x - 2\eta)\,d\eta$$

$$= \frac{x^2}{2} - y^2 + 3xy - \left(\frac{a^2}{2} - b^2 + 3ab \right).$$

Dasselbe Resultat ergibt sich auf dem gestrichelten Integrationsweg mit

$$f(x, y) = \int_b^y v(a, \eta)\,d\eta + \int_a^x u(\xi, y)\,d\xi$$

$$= \int_b^y (3a - 2\eta)\,d\eta + \int_a^x (\xi + 3y)\,d\xi.$$

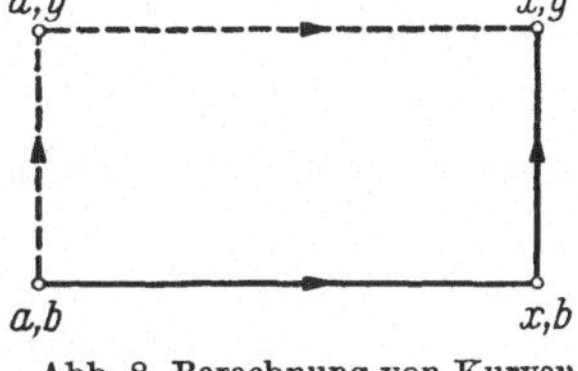

Abb. 8. Berechnung von Kurvenintegralen

(b) Das Differential $(x + 2y)\,dx + (3x - 2y)\,dy$ ist kein vollständiges Differential. Die Kurvenintegrale über die beiden in Abb. 8 angegebenen Wege liefern verschiedene Werte, nämlich

$$\int_a^x (\xi + 2b)\,d\xi + \int_b^y (3x - 2\eta)\,d\eta = \frac{x^2}{2} - y^2 + 3xy - bx + \text{const},$$

$$\int_b^y (3a - 2\eta)\,d\eta + \int_a^x (\xi + 2y)\,d\xi = \frac{x^2}{2} - y^2 + 2xy + ay + \text{const}.$$

Die einfachste Art aus einem vollständigen Differential $df = u\,dx + v\,dy$ die Funktion $f(x, y)$ zu ermitteln, ist die folgende: Das unbestimmte Integral $\int u(x, y)\,dx$ liefert f bis auf eine additive Funktion $Y(y)$, das unbestimmte Integral $\int v(x, y)\,dy$ liefert f bis auf eine additive Funktion $X(x)$. Der Vergleich der beiden unbestimmten Integrale legt hierauf $f(x, y)$ bis auf eine unbestimmt bleibende additive Konstante fest. So hat man im vorangehenden Beispiel (a):

$$\int u\,(x,\,y)\,dx = \int (x + 3y)\,dx = \frac{x^2}{2} + 3\,x\,y + Y(y), \;\Big\}$$
$$\int v\,(x,\,y)\,dy = \int (3x - 2y)\,dy = 3\,x\,y - y^2 + X(x), \;\Big\}$$
$$> f(x,\,y) = \frac{x^2}{2} - y^2 + 3\,x\,y + \text{const.}$$

41.4 Erläuterungen an der ebenen stationären Strömung

Wir deuten $\mathfrak{q} = (u\,(x,\,y),\,v\,(x,\,y),\,0)$ als den Geschwindigkeitsvektor einer ebenen stationären Strömung. Ist die Strömung *wirbelfrei*, ist also

$$\operatorname{rot} \mathfrak{q} = \mathfrak{k}\,(v_x - u_y) = 0,$$

dann ist $u\,dx + v\,dy$ ein vollständiges Differential $d\varphi$. Die Funktion $\varphi\,(x,\,y)$ heißt *Geschwindigkeitspotential*. Aus ihr ergibt sich der Geschwindigkeitsvektor als

$$\mathfrak{q} = \operatorname{grad}\varphi, \quad \text{d. h.} \quad u = \varphi_x,\; v = \varphi_y. \tag{41.14}$$

Ist die Strömung *quellenfrei*, ist also

$$\operatorname{div} \mathfrak{q} = u_x + v_y = 0,$$

dann ist $u\,dy - v\,dx$ ein vollständiges Differential $d\psi$. Die Funktion $\psi\,(x,\,y)$ heißt *Stromfunktion*. Aus ihr ergibt sich der Geschwindigkeitsvektor mit

$$v = -\psi_x,\quad u = \psi_y. \tag{41.15}$$

Setzt man $\mathfrak{p} = \mathfrak{k}\,\psi$, so kann man die Gln. (41.15) in der Form

$$\mathfrak{q} = \operatorname{rot}\mathfrak{p} = \begin{vmatrix} \mathfrak{i} & \mathfrak{j} & \mathfrak{k} \\ \dfrac{\partial}{\partial x} & \dfrac{\partial}{\partial y} & \dfrac{\partial}{\partial z} \\ 0 & 0 & \psi \end{vmatrix} = (\psi_y,\, -\psi_x,\, 0) \tag{41.16}$$

schreiben. Deshalb ist nach Ziff. 41.2 der Vektor $\mathfrak{p} = \mathfrak{k}\,\psi$ *Vektorpotential* des Strömungsfeldes.

Aus den Gln. (41.15) und (41.14) folgt: Die Kurven $\psi\,(x,\,y) = \text{const}$ (*Stromlinien*) haben die Geschwindigkeitsvektoren $\mathfrak{q}$ als Tangenten und die Kurven $\varphi\,(x,\,y) = \text{const}$ (*Potentiallinien*) stehen auf den Stromlinien senkrecht.

V. Kapitel

Differentialgleichungen

In diesem Kapitel werden wir uns mit Differentialgleichungen beschäftigen, d. h. mit Gleichungen zwischen einer gesuchten Funktion φ und ihren Ableitungen bis zu einer gewissen Ordnung n einerseits und den unabhängigen Veränderlichen andrerseits. Ist φ eine Funktion $y(x)$, die nur von der einen unabhängigen Veränderlichen x abhängt, dann nennt man die Differentialgleichung eine *gewöhnliche Differentialgleichung*. Die gewöhnliche Differentialgleichung n-ter Ordnung hat also die Form

$$F(x, y, y', \ldots, y^{(n)}) = 0.$$

Hängt die gesuchte Funktion φ von mehreren unabhängigen Veränderlichen ab, dann treten in der Differentialgleichung partielle Ableitungen auf und wir sprechen in diesem Fall von einer *partiellen Differentialgleichung*.

Der überwiegende Teil des vorliegenden Kapitels ist den gewöhnlichen Differentialgleichungen gewidmet.

Im Zusammenhang mit der Theorie der linearen gewöhnlichen Differentialgleichungen mit konstanten Koeffizienten wird ausführlich auf *Schwingungsprobleme* eingegangen. Dabei wird auch eine Einführung in die Theorie und Praxis der FOURIER-*Reihen* gegeben.

§ 42. Geometrische Deutung der gewöhnlichen Differentialgleichung erster Ordnung und Existenzsatz

42.1 Geometrische Deutung der Differentialgleichung als Richtungsfeld

Wir wenden uns nun zur Differentialgleichung erster Ordnung

$$F(x, y, y') = 0 \tag{42.1}$$

und nehmen an, daß sie sich in der nach y' aufgelösten Form

$$y' = f(x, y) \tag{42.2}$$

schreiben läßt. Die rechte Seite $f(x, y)$ ist irgendeine Funktion von x und y. Im Verlauf der weiteren Untersuchung werden wir an sie gewisse einschränkende Forderungen stellen (vgl. Ziff. 42.2).

Durch Gl. (42.2) wird jedem Punkt $P(x, y)$ des Definitionsbereichs der Funktion $f(x, y)$ mittels $\tan \tau = y' = f(x, y)$ ein Neigungswinkel τ zugeordnet (Abb. 9). Die Punkte (x, y) werden dadurch zu *Linienelementen* (x, y, τ) ergänzt. Das von der Menge dieser Linienelemente erzeugte *Richtungsfeld* ist die geometrische Darstellung der Differentialgleichung.

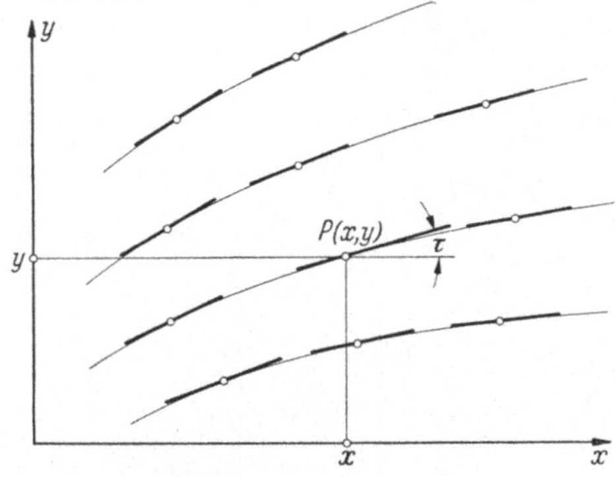

Abb. 9. Richtungsfeld $\tan \tau = f(x, y)$

Eine Funktion $y(x)$ mit stetiger Ableitung $y'(x)$ heißt *Integral* oder *Lösung* der Differentialgleichung, wenn sie die Gl. (42.1) bzw. (42.2) zu einer Identität $F(x, y(x), y'(x)) \equiv 0$ bzw. $y'(x) \equiv f(x, y(x))$ macht. Eine *Integralkurve* $y = y(x)$ hat daher in jedem ihrer Punkte $P(x, y)$ die dort durch das Richtungsfeld vorgeschriebene Richtung als Tangentenrichtung. Geometrisch läuft also das Integrationsproblem der gewöhnlichen Differentialgleichung erster Ordnung darauf hinaus, die Linienelemente des Richtungsfelds zu Kurven zusammenzufassen. Deutet man das Richtungsfeld als stationäre Strömung, dann sind die Stromlinien die Integralkurven der Differentialgleichung.

Auf Grund dieser geometrischen Deutung ist zu erwarten, daß unter geeigneten Stetigkeitsvoraussetzungen für $f(x, y)$ die Integralkurven einen gewissen Bereich der x, y-Ebene *schlicht* überdecken, d. h. derart überdecken, daß durch jeden Punkt dieses Bereichs genau eine Integralkurve hindurchgeht. Die Integrale bilden dann eine einparametrige Menge $y = y(x, C)$ mit der in einem gewissen Intervall beliebigen Integrationskonstanten C.

In Ziff. 42.2 werden wir diese Überlegungen präzisieren. In dem Spezialfall $y' = f(x)$ ergibt sich ein besonders einfacher Sachverhalt: Die Lösungen der Differentialgleichung sind hier durch eine „Quadratur" d. h. durch das Integral $y = \int f(x)\, dx + C$ gegeben. Die Integrationskonstante C tritt additiv auf; in diesem Fall sind also die Integralkurven kongruent und gehen durch Verschiebung parallel zur y-Achse auseinander hervor.

42.2 Existenz- und Eindeutigkeitssatz

Um zu einer strengen Aussage über die Lösungen der Differentialgleichung (42.2) zu kommen, nehmen wir an, daß die rechte Seite $f(x, y)$ folgende Voraussetzungen in einer Umgebung (B) des Punktes (x_0, y_0), nämlich im Rechteck $|x - x_0| \leqq a$, $|y - y_0| \leqq b$ erfüllt (Abb. 10):

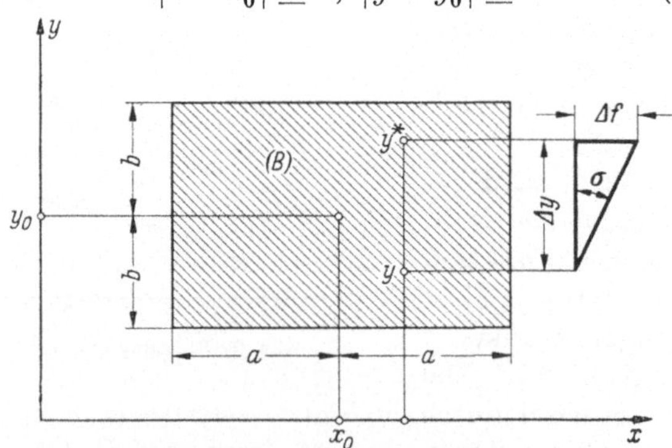

Abb. 10. Erläuterung der LIPSCHITZ-Bedingung

(a) $f(x, y)$ soll eine stetige Funktion der beiden unabhängigen Veränderlichen x, y sein.

(b) Die Beträge der nach y genommenen Differenzenquotienten $\dfrac{\Delta f}{\Delta y}$ sollen beschränkt sein. Es soll also eine positive Zahl K geben derart, daß für irgend zwei Punkte x, y und x, y^* auf einer zur y-Achse parallelen Strecke des Bereichs (B) stets die sog. LIPSCHITZ-*Bedingung*

$$\left| \frac{f(x, y^*) - f(x, y)}{y^* - y} \right| < K \tag{42.3}$$

erfüllt ist.

Die LIPSCHITZ-Bedingung hat folgende geometrische Bedeutung: Die Fläche $z = f(x, y)$ soll in der y-Richtung nicht „zu rasch ansteigen", d. h. die Steigungen $\tan \sigma = \dfrac{\Delta f}{\Delta y}$ ihrer zur y, z-Ebene parallelen Sehnen sollen dem Betrag nach kleiner als K sein.

Wenn $f(x, y)$ eine im abgeschlossenen Bereich (B) stetige Ableitung f_y besitzt, dann ist f_y nach Satz (6.20) in (B) beschränkt. Mit $|f_y| < K$ folgt dann

$$|f(x, y^*) - f(x, y)| = \left| \int\limits_{y}^{y^*} f_y(x, \eta)\, d\eta \right| < K\, |y^* - y|,$$

also die LIPSCHITZ-Bedingung. Die Bedeutung der LIPSCHITZ-Bedingung liegt darin, daß sie nicht die Existenz des Differentialquotienten f_y voraussetzt, sondern sich nur auf die Differenzenquotienten $\dfrac{\Delta f}{\Delta y}$ bezieht.

Unter den Voraussetzungen (a) und (b) gilt folgender *Existenz- und Eindeutigkeitssatz*:

Die Differentialgleichung (42.2) $y' = f(x, y)$ *hat im Bereich* (B) *genau eine Lösung* $y = y(x)$, *welche für* $x = x_0$ *die Anfangsbedingung* $y = y(x_0) = y_0$ *erfüllt, d. h. durch den Punkt* (x_0, y_0) *geht genau eine Integralkurve.* $\tag{42.4}$

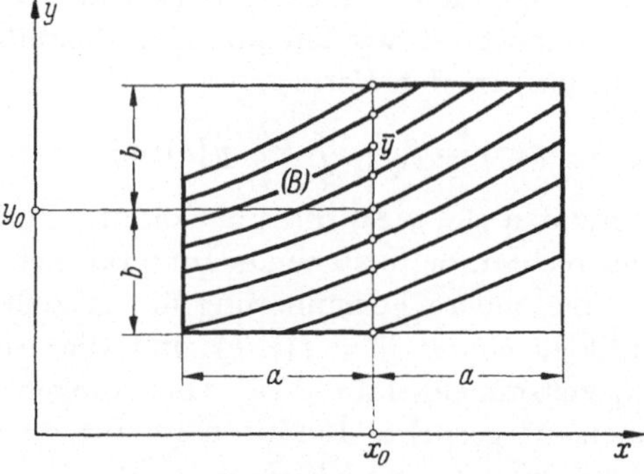

Abb. 11. Erläuterung des Existenz- und Eindeutigkeitssatzes

Der Beweis wird in [3] skizziert. Dabei ist $a \leqq \dfrac{b}{M}$ vorausgesetzt, wobei $M > |f(x, y)|$ im Bereich (B) ist. Aus Satz (42.4) folgt, daß die von den Punkten $(x_0, \bar{y})$ mit $|\bar{y} - y_0| \leqq b$ ausgehenden Integralkurven einen Teil des Bereichs (B) schlicht überdecken (Abb. 11). Sie lassen sich durch $y = y(x, C)$ mit einer Integrationskonstanten C darstellen.

42.3 Picardsches Iterationsverfahren

Die nach Satz (42.4) in (B) durch die Anfangsbedingung $y = y_0$ für $x = x_0$ festgelegte Lösung $y = y(x)$ der Differentialgleichung (42.2) läßt sich nach PICARD folgendermaßen durch einen *konvergenten Iterationsprozeß* ermitteln:

Ausgegangen wird von der rohen Näherung $y_0(x) = y_0 = \mathrm{const}$. Die weiteren Näherungen werden dann bestimmt durch

$$\left.\begin{aligned}
y_1(x) \quad &= y_0 + \int_{x_0}^{x} f(\xi, y_0)\,d\xi, \\[2ex]
y_2(x) \quad &= y_0 + \int_{x_0}^{x} f\big(\xi, y_1(\xi)\big)\,d\xi, \\
&\cdots\cdots\cdots\cdots\cdots\cdots\cdots \\
y_{n+1}(x) &= y_0 + \int_{x_0}^{x} f(\xi, y_n(\xi))\,d\xi \\[1ex]
&\qquad\qquad \text{usw.}
\end{aligned}\right\} \qquad (42.5)$$

Der in [3] nachgetragene Beweis zum Existenz- und Eindeutigkeitssatz (42.4) beruht im wesentlichen auf diesem Iterationsprozeß. In [3] wird gezeigt, daß die Funktionenfolge $y_0, y_1(x), y_2(x), \ldots$ gegen eine differenzierbare und der Differentialgleichung $y' = f(x, y)$ genügende Funktion $y(x)$ konvergiert und daß $y(x)$ die einzige Lösung mit dem Anfangswert $y(x_0) = y_0$ ist.

Man beachte, daß in Gl. (42.5) die Integranden $f(\xi, y_n(\xi))$ aus der vorhergehenden Rechnung zu entnehmende, also bekannte Funktionen von ξ sind, daß also die auf den rechten Seiten der Gln. (42.5) auftretenden Integrale ausgewertet werden können. Schreibt man dagegen die strenge Lösung $y(x)$ in der Form

$$y(x) = y_0 + \int_{x_0}^{x} f(\xi, y(\xi))\,d\xi, \qquad (42.6)$$

so tritt im Integranden $f(\xi, y(\xi))$ die unbekannte Funktion $y(\xi)$ auf, so daß das auf der rechten Seite stehende Integral nicht auswertbar ist. Gl. (42.6) ist nur eine andere Formulierung des gestellten Problems, in der die Differentialgleichung $y' = f(x, y)$ und die Anfangsbedingung $y = y_0$ für $x = x_0$ zusammengefaßt wird. Gleichungen von der Art der Gl. (42.6), in denen die gesuchte Funktion im Integranden eines Integrals auftritt, nennt man *Integralgleichungen*.

§ 43. Graphische und numerische Integrationsverfahren für die gewöhnliche Differentialgleichung erster Ordnung

43.1 Isoklinenverfahren

Die geometrische Deutung der Differentialgleichung als Richtungsfeld (vgl. Ziff. 42.1) kann als graphisches Integrationsverfahren ausgebaut werden. Dabei muß man das Richtungsfeld in einer für die Konstruktion der Integralkurven geeigneten Weise vorgeben. Dies geschieht am einfachsten mit Hilfe der *Isoklinen*, d. h. der Kurven

$$f(x, y) = \text{const}, \tag{43.1}$$

längs derer die Linienelemente des Richtungsfeldes zueinander parallel sind (Abb. 12).

Durch die Differentialgleichung (42.2) ist jeder Isokline eine bestimmte Richtung zugeordnet. Die Maßstäbe für x und y und der Maßstab für y', der die Steigungen $\tan \tau = y' = f(x, y)$ bestimmt, müssen gemäß Ziff. 11.1 (vgl. Abb. 69 in Band 1) aufeinander abgestimmt werden. Im Spezialfall $y' = f(x)$ sind die Isoklinen zur y-Achse parallele Gerade. Über weitere Spezialfälle vgl. Ziff. 44.2 und 44.5.

Die Konstruktion der durch einen Anfangspunkt x_0, y_0 festgelegten Integralkurve geschieht folgendermaßen: Man fügt zwischen den vorgegebenen Isoklinen Mittellinien ein und konstruiert dann einen von x_0, y_0 ausgehenden Streckenzug, der die Isoklinen in der durch das Richtungsfeld vorgeschriebenen Richtung durchsetzt und dessen Ecken auf den eingeschobenen Mittellinien liegen. Der so konstruierte Streckenzug ist eine Approximation eines Tangentenpolygons der gesuchten Integralkurve.

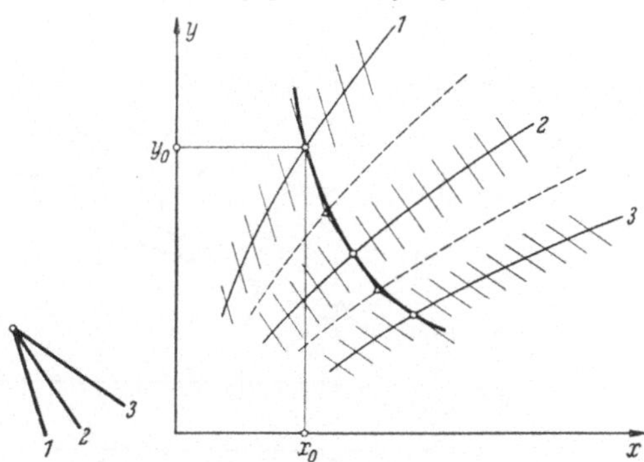

Abb. 12. Isoklinen und Integralkurven

Das graphische Isoklinenverfahren ist in der Praxis nützlich, wenn man sich nur einen rohen Überblick über den Verlauf der Integralkurven verschaffen will. In Ziff. 45.2 werden wir hierzu noch eine Ergänzung bringen. Für eine genauere Ermittlung der gesuchten Lösung der Differentialgleichung benützt man die im folgenden auseinandergesetzten numerischen Differenzenverfahren.

43.2 Einstufiges Differenzenverfahren

Das einfachste Differenzenverfahren (*einstufiges Verfahren*) läuft in der geometrischen Deutung ebenfalls auf die Ermittelung eines aus Linienelementen des Richtungsfeldes zusammengesetzten Streckenzugs hinaus (Abb. 13). Jetzt werden aber die Linienelemente so zusammengesetzt, daß zu jedem Eckpunkt P_k die Richtung der darauffolgenden Strecke gehört. Dann ergeben sich die Ordinaten y_{k+1} der Punkte P_{k+1} aus

$$y_{k+1} = y_k + h \cdot f(x_k, y_k)$$

mit

$$h = \Delta x = x_{k+1} - x_k.$$

(43.2)

In der Regel läßt man die Schrittweite h konstant, die P_k folgen dann nach gleichabständigen x_k aufeinander.

Die Differenzengleichung (43.2) entsteht aus der Differentialgleichung (42.2) dadurch, daß man den Differentialquotienten $y' = \dfrac{dy}{dx}$ durch den Differenzenquotienten $\dfrac{\Delta y}{\Delta x} = \dfrac{y_{k+1} - y_k}{x_{k+1} - x_k} = \tan \alpha_k$ ersetzt und die rechte Seite $f(x, y)$ an der Stelle x_k, y_k nimmt. Der Streckenzug der Punkte P_k berührt in den Punkten P_k die von diesen Punkten ausgehenden Integralkurven. Beim Grenzprozeß $\Delta x = h \to 0$ unter Festhaltung des Punktes

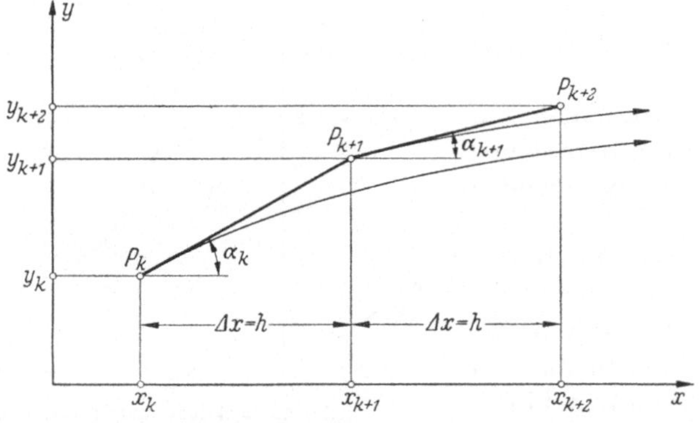

Abb. 13. Einstufiges Differenzenverfahren

x_0, y_0 konvergieren die Streckenzüge — und die von den Punkten x_k, y_k ausgehenden Integralkurven — gegen die von x_0, y_0 ausgehende Integralkurve. Das Differenzenverfahren nach Gl. (43.2) liefert also bei hinreichend kleiner Schrittweite h eine beliebig gute Approximation der gesuchten Lösung. Der Beweis dafür wird in [4] nachgetragen. Von dem Einfluß der *Rundungsfehler*, der bei numerischen Rechnungen eine wesentliche Rolle spielt, wird hier und im folgenden abgesehen.

Für elektronische Rechenautomaten, bei denen man wegen der hohen Rechengeschwindigkeit die Maschenweite h sehr klein und dementsprechend die Anzahl der erforderlichen Schritte sehr groß wählen kann, sind grobe Differenzenverfahren durchaus brauchbar. Für die Rechnung mit gewöhnlichen Hilfsmitteln empfehlen sich feinere Approximationsverfahren, bei denen man mit größerer Schrittweite h, also kleinerer Schrittzahl dieselbe Genauigkeit erreicht. Von solchen feineren Verfahren ist im folgenden die Rede.

43.3 Mehrstufige Differenzenverfahren

Beim *zweistufigen* Differenzenverfahren wird jeder Schritt in zwei Stufen durchgerechnet, einmal mit der durch den Anfangspunkt und das andere Mal mit der durch den Endpunkt bestimmten Richtung. Am Schluß wird dann der Mittelwert genommen und dadurch die beim einstufigen Verfahren vorliegende Auszeichnung des Anfangspunktes vermieden. Die Rechnung verläuft nach folgendem, durch Abb. 14 erläuterten Schema:

$$\left.\begin{array}{l} y_{k+1}^{\mathrm{I}} = y_k + h \cdot f(x_k, y_k) \\[2em] y_{k+1}^{\mathrm{II}} = y_k + h \cdot f(x_{k+1}, y_{k+1}^{\mathrm{I}}) \end{array}\right\} \quad y_{k+1} = \frac{1}{2}(y_{k+1}^{\mathrm{I}} + y_{k+1}^{\mathrm{II}}). \quad (43.3)$$

Für noch genauere Rechnung ist das nach RUNGE und KUTTA benannte *vierstufige* Differenzenverfahren empfehlenswert. Bei diesem Verfahren werden vier Näherungen $y_{k+1}^{\mathrm{I}}, \ldots, y_{k+1}^{\mathrm{IV}}$ gemittelt: y_{k+1}^{I} und y_{k+1}^{IV} werden aus Richtungen am Anfang und am Ende des Intervalls, y_{k+1}^{II} und y_{k+1}^{III} aus Richtungen in der Mitte des Intervalls berechnet.

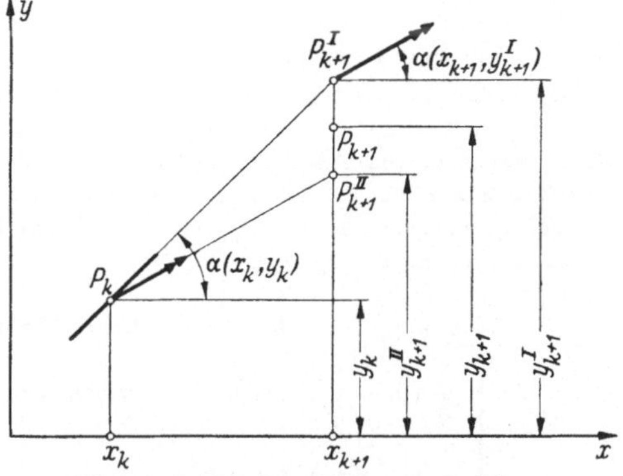

Abb. 14. Zweistufiges Differenzenverfahren

Die beiden letzten Näherungen werden bei der Mittelung mit doppeltem Gewicht genommen. Die Rechnung verläuft nach folgendem Schema:

$$\left.\begin{array}{l} y_{k+1}^{\mathrm{I}} = y_k + h \cdot f(x_k, y_k) \\[1.5em] y_{k+1}^{\mathrm{II}} = y_k + h \cdot f\left(x_k + \dfrac{h}{2}, \dfrac{y_k + y_{k+1}^{\mathrm{I}}}{2}\right) \\[1.5em] y_{k+1}^{\mathrm{III}} = y_k + h \cdot f\left(x_k + \dfrac{h}{2}, \dfrac{y_k + y_{k+1}^{\mathrm{II}}}{2}\right) \\[1.5em] y_{k+1}^{\mathrm{IV}} = y_k + h \cdot f(x_{k+1}, y_{k+1}^{\mathrm{III}}) \end{array}\right\} \begin{array}{l} y_{k+1} = \dfrac{1}{6}(y_{k+1}^{\mathrm{I}} + 2y_{k+1}^{\mathrm{II}} \\[1em] \qquad + 2y_{k+1}^{\mathrm{III}} + y_{k+1}^{\mathrm{IV}}). \\[1em] \hfill (43.4) \end{array}$$

Im Spezialfall $y' = f(x)$ vereinfacht sich das zweistufige Verfahren zur Sehnentrapez-Näherung und das vierstufige RUNGE-KUTTA-Verfahren zur Parabeltrapez-Näherung (SIMPSONsche Regel) der Integralrechnung (vgl. Ziff. 11.2).

Bezüglich der *Fehlerabschätzung* beschränken wir uns (wieder unter Ausschluß der *Rundungsfehler*) auf folgende Bemerkungen im Anschluß an Ziff. 11.4: Bei hinreichenden Differenzierbarkeitsvoraussetzungen für die Funktion $f(x, y)$ ist der *Verfahrensfehler* [$=$ Differenz des exakten Wertes der Lösung $y(x)$ und der aus den Gln. (43.2) bis (43.4) sich ergebenden Näherungen] von der Größenordnung

$$\left.\begin{array}{l} h^2 \\[2mm] h^3 \\[2mm] h^5 \end{array}\right\} \quad \text{beim einzelnen Schritt von } x_k \text{ bis } x_{k+1} \text{ für Gl.} \quad \left\{\begin{array}{l} (43.2), \\[2mm] (43.3), \\[2mm] (43.4), \end{array}\right.$$

also beim zweistufigen und beim RUNGE-KUTTAschen vierstufigen Verfahren von derselben Größenordnung wie beim Sehnentrapez- und Parabeltrapez-Verfahren für den Spezialfall $y' = f(x)$ [vgl. Gl. (11.5) in Ziff. 11.4]. Wie in Ziff. 11.4, Satz (11.8) ergeben sich hieraus Faustregeln für die *Abschätzung des Verfahrensfehlers*:

$$\left.\begin{array}{l} \textit{Man rechnet die gesuchte Lösung } y(x) \textit{ zweimal durch, einmal mit der} \\ \textit{Schrittweite } h \textit{ in } n = 2r \textit{ Schritten und hernach mit der Schrittweite } 2h \\ \textit{in } r \textit{ Schritten. Ist } y_f \textit{ der bei der ersten Rechnung gefundene feinere, } y_g \textit{ der} \\ \textit{bei der zweiten Rechnung gefundene gröbere Wert und } y \textit{ der strenge Wert,} \\ \textit{dann ist} \\[2mm] y - y_f \approx \left\{\begin{array}{ll} y_f - y_g & \textit{beim einstufigen Verfahren nach Gl. (43.2),} \\[3mm] \dfrac{1}{3}\,(y_f - y_g) & \textit{beim zweistufigen Verfahren nach den Gln. (43.3),} \\[3mm] \dfrac{1}{15}\,(y_f - y_g) & \textit{beim vierstufigen Verfahren nach den Gln. (43.4).} \end{array}\right. \end{array}\right\} \quad (43.5)$$

43.4 Zahlenbeispiel

Die durch die Anfangswerte $x_0 = 1$, $y_0 = 1$ festgelegte Lösung der Differentialgleichung $y' = f(x, y) = x + y$ soll im Intervall $x_0 = 1 \leqq x \leqq 1{,}8$ nach dem vierstufigen Verfahren von RUNGE und KUTTA berechnet werden, und zwar einmal in zwei Schritten mit $h = 0{,}4$ und hierauf in einem Schritt mit $2h = 0{,}8$.

An der Endstelle $x = 1{,}8$ ist $y_f = 3{,}8758$ und $y_g = 3{,}8672$. Daraus ergibt sich nach der Faustregel (39.5)

$$y - y_f \approx \frac{1}{15}\,(y_f - y_g) = 0{,}00057 \ldots \approx 0{,}001\,.$$

Es ist hiernach zu erwarten, daß y_f bis auf eine Einheit der dritten Stelle nach dem Komma richtig ist. In der Tat ist der auf 4 Stellen hinter dem Komma abgekürzte wahre Wert 3,8766. Um den Einfluß der *Rundungsfehler* einzuschränken, wurde die Rechnung mit vier Stellen nach dem Komma durchgeführt.

Durchrechnung in zwei Schritten h = 0,4

x	y	$f(x,y) = x+y$	$h \cdot f$	$\dfrac{h \cdot f}{2}$	Mittelwert
1,0	1,0000	2,0000	0,8000	0,4000	0,8000
1,2	1,4000	2,6000	1,0400	0,5200	+ 2,0800
1,2	1,5200	2,7200	1,0880	—	+ 2,1760 $\Big\}$: 6 = 1,0752
1,4	2,0880	3,4880	1,3952	—	+ 1,3952
1,4	2,0752	3,4752	1,3901	0,6951	1,3901
1,6	2,7703	4,3703	1,7481	0,8741	+ 3,4962
1,6	2,9493	4,5493	1,8197	—	+ 3,6394 $\Big\}$: 6 = 1,8006
1,8	3,8949	5,6949	2,2780	—	+ 2,2780
1,8	3,8758				

Durchrechnung in einem Schritt 2h = 0,8

x	y	$f(x,y) = x+y$	$h \cdot f$	$\dfrac{h \cdot f}{2}$	Mittelwert
1,0	1,0000	2,0000	1,6000	0,8000	1,6000
1,4	1,8000	3,2000	2,5600	1,2800	+ 5,1200
1,4	2,2800	3,6800	2,9440	—	+ 5,8880 $\Big\}$: 6 = 2,8672
1,8	3,9440	5,7440	4,5952	—	+ 4,5952
1,8	3,8672				

43.5 Praktische Durchführung der Picardschen Iterationen

Die PICARDschen Iterationen, Gl. (42.5), die in [3] zum Beweis des Existenz- und Eindeutigkeitssatzes verwendet wurden, lassen sich auch zur praktischen Ermittlung der Lösung benützen. Wir erläutern dies am Beispiel der Differentialgleichung

$$y' = x^2 + y^2$$

mit der Anfangsbedingung $x_0 = 0$, $y_0 = 0$. Nach den Gln. (42.5) hat man dann

$$y_0 = 0,$$

$$y_1(x) = y_0 + \int_0^x (\xi^2 + y_0^2)\, d\xi = \int_0^x \xi^2\, d\xi = \frac{x^3}{3},$$

$$y_2(x) = y_0 + \int_0^x \left(\xi^2 + y_1^2(\xi)\right) d\xi = \int_0^x \left(\xi^2 + \frac{\xi^6}{9}\right) d\xi = \frac{x^3}{3} + \frac{x^7}{63},$$

usw.

Da nach [3] die PICARDschen Iterationen in einer gewissen Umgebung von x_0 konvergieren, ist für diese Umgebung die Konvergenz der sich hier ergebenden Potenzreihen von vornherein gesichert.

43.6 Lösung durch Potenzreihen

Wir nehmen an, daß in einer gewissen Umgebung des Anfangspunktes x_0, y_0 die Lösung $y(x)$ und die Funktion $f(x, y)$ in konvergente Potenzreihen entwickelbar sind. Die gesuchte Potenzreihe für $y(x)$ kann man dann entweder (a) als TAYLOR-Reihe durch fortgesetztes weiteres Differenzieren der Differentialgleichung oder (b) durch Koeffizientenvergleich ermitteln. Zur Erläuterung greifen wir auf das in Ziff. 43.5 mit Hilfe der PICARDschen Iterationen behandelte Beispiel zurück:

(a) *Ermittlung der TAYLOR-Reihe für $y(x)$*

Durch wiederholtes Differenzieren der Differentialgleichung an der Stelle $x_0 = 0$, $y_0 = 0$ kommt

$$y' = x^2 + y^2 \qquad\qquad > y'(0) = 0,$$
$$y'' = 2x + 2y\, y' \qquad\qquad > y''(0) = 0,$$
$$y''' = 2 + 2y'^2 + 2y\, y'' > y'''(0) = 2.$$

usw.

Mithin hat man

$$y(x) = \sum_0^\infty \frac{y^{(k)}(0)}{k!}\, x^k = \frac{x^3}{3} + \cdots.$$

(b) *Koeffizientenvergleich für $y(x)$*

Setzt man $y(x) = \sum_1^\infty a_k\, x^k$, so erhält man aus

$$y = a_1 x + a_2 x^2 + a_3 x^3 + \cdots,$$
$$y' = a_1 + 2a_2 x + 3a_3 x^2 + 4a_4 x^3 + \cdots,$$
$$y^2 = a_1^2 x^2 + 2a_1 a_2 x^3 + \cdots$$

die Identität

$$a_1 + 2a_2\,x + 3a_3\,x^2 + 4a_4\,x^3 + \cdots \equiv (a_1^2 + 1)\,x^2 + 2a_1\,a_2\,x^3 + \cdots$$

und hieraus

$$a_1 = 0,\ a_2 = 0,\ a_3 = \frac{1}{3},\ a_4 = 0 \quad \text{usw.}$$

Man sieht, daß im vorliegenden Beispiel das PICARDsche Iterationsverfahren bei weitem am schnellsten und einfachsten zum Ziel führt.

§ 44. Elementar integrierbare Klassen
von gewöhnlichen Differentialgleichungen erster Ordnung

Wir besprechen jetzt einige besondere Klassen von Differentialgleichungen, bei denen die Lösung auf Quadraturen, d. h. auf Integrale gegebener Funktionen zurückgeführt werden kann.

44.1 Separierbare Differentialgleichungen

Es sei $f(x, y) = X(x) \cdot Y(y)$, die Veränderlichen seien also getrennt (*separiert*). Die Differentialgleichung

$$y' = f(x, y) = X(x) \cdot Y(y) \tag{44.1}$$

läßt sich umformen in

$$\frac{dy}{Y(y)} - X(x)\,dx = 0, \tag{44.2}$$

worauf dann mit

$$\int_{y_0}^{y} \frac{d\eta}{Y(\eta)} - \int_{x_0}^{x} X(\xi)\,d\xi = 0 \tag{44.3}$$

die Lösung y implizit als Funktion von x gegeben ist. Bildet man für diese Funktion $y(x)$ nach Gl. (28.10) die Ableitung, so kommt man sofort auf Gl. (44.2) zurück. $y(x)$ genügt also der Differentialgleichung und erfüllt, wie Gl. (44.3) zeigt, offenbar auch die Anfangsbedingung $y(x_0) = y_0$.

Wenn man die Anfangswerte x_0, y_0 unbestimmt läßt, schreibt man die Lösung in die Form

$$\int \frac{dy}{Y(y)} - \int X(x)\,dx = C$$

mit der Integrationskonstanten C.

Beispiel:

$$y' = -\,x/y\ 2 > \frac{y\,dy}{2} + x\,dx = 0\ > y^2 + 2\,x^2 = C$$

$$\text{(ähnliche Ellipsen).}$$

44.2 Homogene Differentialgleichungen

Es sei $f(x, y) = \varphi(y/x)$, die Veränderlichen x, y sollen also nur in der Verbindung $z = y/x$ (*homogen*) auftreten. Die Differentialgleichung

$$y' = \varphi(y/x) \tag{44.4}$$

läßt sich auf eine separierbare Differentialgleichung (44.1) zurückführen, indem man unter Beibehaltung der unabhängigen Veränderlichen x an Stelle der Funktion $y(x)$ die Funktion $z(x) = \dfrac{y(x)}{x}$ einführt. Dann ist

$$y = x \cdot z(x), \quad y' = z(x) + x \cdot z'(x) = \varphi(z), \tag{44.5}$$

woraus für z die separierbare Differentialgleichung

$$z' = \frac{\varphi(z) - z}{x} \quad \text{oder} \quad \frac{dz}{\varphi(z) - z} - \frac{dx}{x} = 0 \tag{44.6}$$

folgt.

Beispiel:

$$y' = \frac{x + y}{x} = 1 + \frac{y}{x} \succ y' = z + x\,z' = 1 + z \succ x\,z' = 1 \succ dz = \frac{dx}{x},$$

also

$$z = \ln x + \text{const} \succ y = x \cdot \ln(C\,x).$$

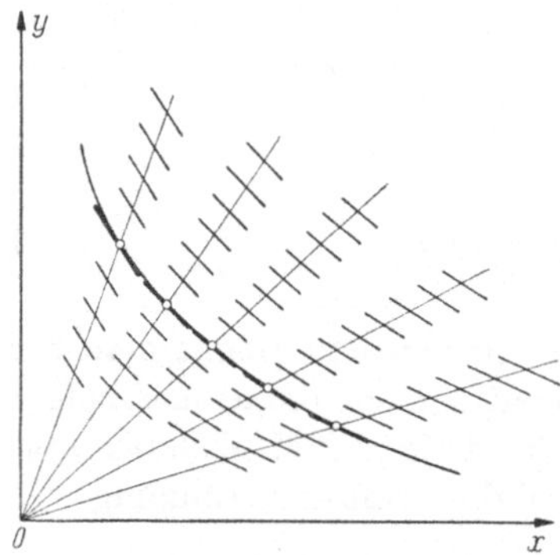

Abb. 15. Isoklinen der homogenen Differentialgleichung

Geometrisch sind die homogenen Differentialgleichungen (44.4) dadurch gekennzeichnet, daß die Isoklinen $\varphi(y/x)$ = const (— also y/x = const —) ein Geradenbüschel mit dem Scheitel im Nullpunkt bilden. Daraus folgt, daß die Integralkurven ähnliche und hinsichtlich des Nullpunktes ähnlich gelegene Kurven sind. Dies ergibt sich natürlich auch sofort aus der Differentialgleichung (44.4), da sich diese nicht ändert, wenn man x und y durch $\varrho\,x$ und $\varrho\,y$ (— also auch dx und dy durch $\varrho\,dx$ und $\varrho\,dy$ —) ersetzt.

Wir betrachten nun die allgemeinere Differentialgleichung

$$y' = \varphi\left(\frac{a_1\,x + a_2\,y + a_3}{b_1\,x + b_2\,y + b_3}\right) \tag{44.7}$$

und unterscheiden die beiden Fälle

a) $a_1\,b_2 - a_2\,b_1 \neq 0$,

b) $a_1\,b_2 - a_2\,b_1 = 0$, $a_1^2 + a_2^2 + b_1^2 + b_2^2 \neq 0$.

Im Fall a) bilden die Isoklinen wiederum ein Geradenbüschel, dessen Scheitel x_s, y_s jetzt aber vom Nullpunkt O verschieden sein kann. x_s, y_s ergibt sich als Schnittpunkt der beiden wegen $a_1 b_2 - a_2 b_1 \neq 0$ nicht parallelen Geraden

$$a_1 x_s + a_2 y_s + a_3 = 0, \quad b_1 x_s + b_2 y_s + b_3 = 0.$$

Durch Parallelverschiebung derart, daß der Punkt x_s, y_s Nullpunkt wird, läßt sich Gl. (44.7) auf Gl. (44.4) zurückführen. Statt mit einer Parallelverschiebung kommt man auch mit der Affintransformation

$$\left. \begin{aligned} a_1\, x + a_2\, y + a_3 &= y^* \\ b_1\, x + b_2\, y + b_3 &= x^* \end{aligned} \right\} > \quad \frac{dy^*}{dx^*} = \frac{a_1 + a_2\, y'}{b_1 + b_2\, y'} \tag{44.8}$$

zum Ziel. Sie führt Gl. (44.7) über in

$$\frac{dy^*}{dx^*} = \frac{a_1 + a_2\, \varphi\, (y^*/x^*)}{b_1 + b_2\, \varphi\, (y^*/x^*)},$$

worauf die Lösung nach Gl. (44.4) bis (44.6) erfolgt.

Im Fall b) sind die Isoklinen parallele Gerade. Die Integralkurven sind daher kongruente und durch Parallelverschiebung auseinander hervorgehende Kurven. Durch eine Drehung derart, daß die Isoklinen zur y-Achse parallel werden, läßt sich Gl. (44.7) auf $y' = f(x)$ zurückführen. Statt mit einer Drehung kommt man, falls $a_1 \neq 0$ ist, auch mit der Affintransformation

$$\left. \begin{aligned} a_1\, x + a_2\, y &= x^* \\ y &= y^* \end{aligned} \right\} > \quad \frac{dy^*}{dx^*} = \frac{y'}{a_1 + a_2\, y'} \tag{44.9}$$

zum Ziel. Wegen $b_1 x + b_2 y = \sigma \cdot (a_1 x + a_2 y)$ führt sie Gl. (44.7) über in

$$\frac{dy^*}{dx^*} = \frac{\varphi\left(\dfrac{x^* + a_3}{\sigma\, x^* + b_3}\right)}{a_1 + a_2 \cdot \varphi\left(\dfrac{x^* + a_3}{\sigma\, x^* + b_3}\right)} = \varphi^*(x^*) > y^* = \int \varphi^*(x^*)\, dx^* + \text{const.}$$

In ähnlicher Weise verfährt man, wenn $a_1 = 0$, aber a_2, b_1 oder b_2 ungleich Null ist.

Beispiele:

(a) $\quad y' = \dfrac{x + y}{x + 1}; \quad x + y = y^*, \ x + 1 = x^* > \dfrac{dy^*}{dx^*} = 1 + y' = 1 + \dfrac{y^*}{x^*}$

usw. nach dem Beispiel zu Gl. (44.6).

(b) $\quad y' = \dfrac{x + y + 1}{x + y - 1}; \quad x + y = x^*, \ y = y^*,$

also

$$\frac{dy^*}{dx^*} = \frac{y'}{1 + y'} = \frac{\dfrac{x^* + 1}{x^* - 1}}{1 + \dfrac{x^* + 1}{x^* - 1}} = \frac{1}{2} + \frac{1}{2x^*} > y^* = \frac{x^*}{2} + \frac{1}{2} \ln x^* + \text{const.}$$

Auf die Differentialgleichung $y' = \dfrac{a_1 x + a_2 y}{b_1 x + b_2 y}$, den einfachsten und wichtigsten Sonderfall der Gl. (44.7), werden wir in Ziff. 46.3 und 48.6 zurückkommen.

44.3 Lineare Differentialgleichung

Eine Differentialgleichung heißt *linear*, wenn die gesuchte Funktion y und ihre Ableitungen nur linear auftreten; die unabhängige Veränderliche x dagegen kann in irgendwelchen Funktionen vorkommen. Die lineare Differentialgleichung erster Ordnung hat daher — nach Division durch den von Null verschieden vorausgesetzten Koeffizienten von y' — die Gestalt

$$y' + p(x)\, y = q(x). \tag{44.10}$$

Wir betrachten zunächst die *verkürzte Gleichung*

$$\eta' + p(x)\, \eta = 0. \tag{44.11}$$

Sind $y_1(x)$ und $y_2(x)$ Lösungen der Gl. (44.10), also

$$y_1' + p\, y_1 = q, \quad y_2' + p\, y_2 = q$$

so folgt durch Subtraktion

$$(y_1 - y_2)' + p\, (y_1 - y_2) = 0.$$

Es gilt also der wichtige Satz:

Die Differenz zweier Lösungen $y_1(x)$, $y_2(x)$ der linearen Differentialgleichung (44.10) ist eine Lösung der verkürzten Gleichung (44.11).   (44.12)

Daraus folgt weiter:

Ist irgendeine einzelne („partikuläre") Lösung $y_p(x)$ der Gl. (44.10) bekannt, so setzt sich jede weitere Lösung $y(x)$ von (44.10) aus $y_p(x)$ und einer Lösung $\eta(x)$ der verkürzten Gl. (44.11) additiv zusammen:

$$y(x) = y_p(x) + \eta(x). \tag{44.13}$$

Um also sämtliche Lösungen $y(x)$ der Gl. (44.10) angeben zu können, genügt es, die sämtlichen Lösungen $\eta(x)$ der verkürzten Gl. (44.11) und eine einzige partikuläre Lösung $y_p(x)$ der Gl. (44.10) zu kennen.

Man beachte, daß für die Herleitung des Satzes (44.12) und demnach auch für die Gültigkeit des Satzes (44.13) die Linearität der Gl. (44.10) hinsichtlich y und y' wesentlich ist.

Die verkürzte Gl. (44.11) ist separierbar. Daher erhält man nach Ziff. 44.1 sofort die sämtlichen Lösungen mittels

$$\int \frac{d\eta}{\eta} + \int p(x)\, dx = \text{const} \;\succ\; \eta = C \cdot e^{-\int\limits_{x_0}^{x} p(\xi)\, d\xi} = C \cdot \eta_1(x). \tag{44.14}$$

Um eine und dadurch nach Satz (44.13) alle Lösungen der Gl. (44.10) zu finden, bedient man sich der *Methode der Variation der Konstanten*: Man macht für $y(x)$ den Ansatz

$$y(x) = u(x)\, \eta_1(x), \tag{44.15}$$

d. h. man ersetzt in Gl. (44.14) die Konstante C durch eine zunächst unbekannte Funktion $u(x)$. Dadurch wird die Aufgabe $y(x)$ zu bestimmen ersetzt durch die gleichwertige Aufgabe die Funktion $u(x) = y/\eta_1$ zu ermitteln. Diese Aufgabe ist aber sehr einfach; denn durch Einsetzen der Gl. (44.15) und der Ableitung

$$y' = u\,\eta_1' + u'\,\eta_1$$

in die Differentialgleichung (44.10) ergibt sich

$$u\,(\eta_1' + p\,\eta_1) + u'\,\eta_1 = q$$

und wegen $\eta_1' + p\,\eta_1 = 0$, d. h. weil η_1 eine Lösung der verkürzten Gl. (44.11) ist, erhält man sofort

$$u' = \frac{q(x)}{\eta_1(x)} > u = \int \frac{q(x)}{\eta_1(x)}\,dx + \text{const}. \qquad (44.16)$$

Nach Satz (44.13) sind hierauf die sämtlichen Lösungen der Gl. (44.10) gegeben durch

$$y = \eta_1(x) \int_{x_0}^{x} \frac{q(\xi)\,d\xi}{\eta_1(\xi)} + C\,\eta_1(x). \qquad (44.17)$$

Man beachte, daß die Integrationskonstante C linear in die Lösung eingeht. Dies entspricht folgendem geometrischen Sachverhalt (Abb. 16): Die Integralkurven schneiden die Parallelen zur y-Achse nach ähnlichen Punktreihen. Aus zwei Integralkurven lassen sich daher alle übrigen leicht konstruieren.

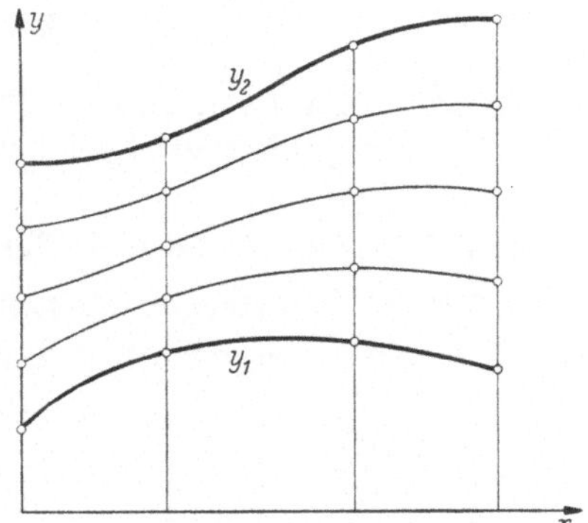

Abb. 16. Integralkurven einer linearen Differentialgleichung erster Ordnung

Beispiel:

$$y' + y = -\,x.$$

Die verkürzte Gleichung

$$\eta' + \eta = 0 \quad \text{oder} \quad \frac{d\eta}{\eta} + dx = 0$$

liefert $\eta = C\,e^{-x} = C\,\eta_1(x)$. Mit $y = u\,e^{-x}$ kommt nach Gl. (44.16)

$$e^{-x}u' = -\,x \quad \text{oder} \quad u = -\int x\,e^{x}\,dx + \text{const} = e^{x}\,(1-x) + \text{const},$$

also

$$y = u\,\eta_1 + C\,\eta_1 = 1 - x + C\,e^{-x}.$$

Hier hätte man offenbar die partikuläre Lösung $y_p = 1 - x$ viel einfacher, nämlich durch den naheliegenden Ansatz $y = a\,x + b$ und Koeffizientenvergleich in

$$-\,x = y' + y = a + a\,x + b > a = -1,\ a + b = 0 > b = 1$$

finden können (vgl. Ziff. 48.4).

44.4 Bernoulli-Gleichung

Die BERNOULLI-Gleichung

$$y' + p(x)\, y + q(x)\, y^n = 0 \qquad (44.18)$$

geht durch eine Substitution

$$y = z^k \; > \; y' = k\, z^{k-1}\, z' \qquad (44.19)$$

in eine ebensolche Gleichung über, nämlich in

$$z' + \frac{1}{k}\, p(x)\, z + \frac{1}{k}\, q(x)\, z^{nk-k+1} = 0. \qquad (44.20)$$

Für $n = 0$ und für $n = 1$ spezialisiert sich Gl. (44.18) zu einer linearen Differentialgleichung (44.10) oder (44.11). Ist $n \neq 0$ und $\neq 1$, dann ist die transformierte Gl. (44.20) linear, wenn $n\,k - k + 1 = 0$, also

$$k = \frac{1}{1-n} \qquad (44.21)$$

gesetzt wird. Man kann also die BERNOULLIsche Gleichung (44.18) stets auf eine lineare Differentialgleichung zurückführen.

44.5 D'Alembertsche und Clairautsche Differentialgleichungen

In Ziff. 44.2 erörterten wir Differentialgleichungen mit geradlinigen Isoklinen, die durch einen festen Punkt gehen oder zueinander parallel

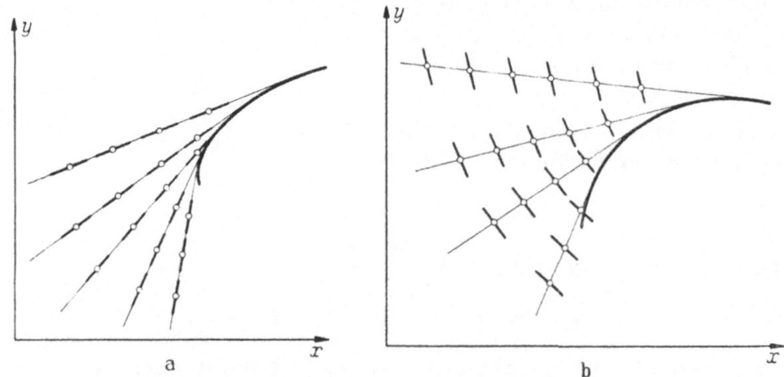

Abb. 17. Isoklinen der CLAIRAUTschen und der D'ALEMBERTschen Differentialgleichung

sind. Jetzt behandeln wir den allgemeineren Fall, in dem lediglich Geradlinigkeit der Isoklinen vorausgesetzt wird; die Isoklinen sind dann i. a. Tangenten einer Kurve (Abb. 17).

Die Differentialgleichungen mit geradlinigen Isoklinen müssen mit $y' = $ const in Geradengleichungen übergehen. Man kann sie daher in die Form

$$y = a(y')\, x + b(y') \qquad (44.22)$$

bringen, wenn man das Koordinatensystem so wählt, daß in dem in Frage kommenden Bereich keine der Isoklinen zur y-Achse parallel ist. Durch Gl. (44.22) ist wie in Gl. (42.1) die Ableitung y' implizit als Funktion von x und y gegeben. Man bezeichnet Gl. (44.22) als D'ALEMBERTsche Differentialgleichung.

Wir wenden uns zunächst zum Spezialfall $a(y') \equiv y'$, der sog. CLAIRAUTschen *Differentialgleichung*

$$y = y'\, x + b(y'). \tag{44.23}$$

In diesem und nur in diesem Fall fällt die durch $\dfrac{dy}{dx} = a(y')$ bestimmte Richtung der Isoklinen mit der durch y' bestimmten Richtung der Integralkurven zusammen. Die Isoklinen sind daher zugleich die Integralkurven, die Lösung der CLAIRAUTschen Gleichung (44.23) läßt sich also sofort hinschreiben, nämlich

$$y = C\, x + b(C). \tag{44.24}$$

Über die „singuläre Lösung" der Gl. (44.23) vgl. § 45.

Nach Ausschluß dieses Spezialfalls, also bei $a(y') \neq y'$, werden die Isoklinen von den Integralkurven nicht-berührend durchsetzt. Diese ergeben sich folgendermaßen:

Wir differenzieren die Gl. (44.22) und erhalten

$$y' = a(y') + [a'(y')\, x + b'(y')]\, y'',$$

wobei die Striche bei a und b Ableitung nach y' bedeuten. Man nimmt nun y' als unabhängige Veränderliche und macht dies durch die Bezeichnung $y' = t$ deutlich. Dann ist $y'' = \dfrac{dt}{dx} = \dfrac{1}{\dfrac{dx}{dt}}$ und die letzte Gleichung geht über in

$$\frac{dx}{dt} + \frac{a'(t)}{a(t) - t}\, x + \frac{b'(t)}{a(t) - t} = 0, \tag{44.25}$$

also in eine lineare Differentialgleichung für $x(t)$. Hat man nach Ziff. 44.3 die Lösungen $x = \varphi(t, C)$ dieser Gleichung gefunden, dann liefert die Differentialgleichung (44.22) sofort $y = a(t) \cdot \varphi(t, C) + b(t) = \psi(t, C)$. Durch $x = \varphi(t, C)$ und $y = \psi(t, C)$ sind dann die Integralkurven mit Hilfe des Parameters t dargestellt.

Beispiel:

$$y = y'^2\, x + 1.$$

Wegen $a(y') = y'^2 \neq y'$ bei Ausschluß von $y' = 1$ und $y' = 0$ liegt der nichtspezielle Fall vor. Die Differentiation der gegebenen Gleichung liefert

$$t = t^2 + 2t\, x\, \frac{dt}{dx} \;>\; \frac{dx}{dt} + \frac{2x}{t-1} = 0 \;>\; \frac{dx}{x} + \frac{2\, dt}{t-1} = 0,$$

also

$$\ln x + \ln (t-1)^2 = \mathrm{const} > x = \frac{C}{(t-1)^2}, \quad y = t^2 x + 1 = \frac{C\,t^2}{(t-1)^2} + 1.$$

Weitere Lösungen sind $y = \mathrm{const} = 1$ und $y = x + 1$; sie ergeben sich aus den vorher ausgeschlossenen Fällen $y' = 0$ und $y' = 1$.

44.6 Methode des integrierenden Faktors

Schreibt man die Differentialgleichung (42.2) in der Form

$$u\,(x,\,y)\,dx + v\,(x,\,y)\,dy = 0, \tag{44.26}$$

so kann der Fall eintreten, daß die linke Seite ein vollständiges Differential ist, also

$$u\,dx + v\,dy = d\,\Phi(x,\,y).$$

Nach Ziff. 41.3 ist dies dann und nur dann der Fall, wenn die Integrierbarkeitsbedingung $u_y = v_x$ erfüllt ist. Dann läßt sich die Funktion $\Phi\,(x,\,y)$ ebenfalls nach Ziff. 41.3 leicht ermitteln und aus $d\Phi = 0$ folgt sofort

$$\Phi\,(x,\,y) = C. \tag{44.27}$$

Hierdurch sind die Lösungen $y = y\,(x,\,C)$ der Differentialgleichung implizit gegeben.

Ist $u\,dx + v\,dy$ kein vollständiges Differential, so kann man versuchen durch Multiplikation mit einem sog. *integrierenden Faktor* $\varrho\,(x,\,y)$ ein vollständiges Differential

$$\varrho\,(u\,dx + v\,dy) = d\Phi$$

zu gewinnen. Hierzu muß ϱ so gewählt werden, daß der Integrierbarkeitsbedingung

$$\frac{\partial}{\partial y}\,(\varrho\,u) = \frac{\partial}{\partial x}\,(\varrho\,v) \tag{44.28}$$

genügt wird.

Auf diese Weise hat das Problem, die gewöhnliche Differentialgleichung (44.26) zu lösen, zwar auf ein schwierigeres Problem geführt, nämlich auf die Aufgabe, Lösungen $\varrho\,(x,\,y)$ der partiellen Differentialgleichung (44.28) zu finden. Trotzdem ist dieses als *„Methode des integrierenden Faktors"* bezeichnete Verfahren in manchen Fällen nützlich, nämlich dann, wenn es leicht gelingt, irgendeine Lösung $\varrho\,(x,\,y)$ der Gl. (44.28) anzugeben.

Beispiel:

$$y\,dx + x\,(2\,x\,y - 1)\,dy = 0.$$

Der integrierende Faktor ϱ muß der Integrierbarkeitsbedingung

$$\frac{\partial}{\partial y}\,(\varrho\,y) = \frac{\partial}{\partial x}\,[\varrho\,x\,(2\,x\,y-1)] > x\,(2\,x\,y-1)\varrho_x - y\,\varrho_y + 2\varrho\,(2\,x\,y-1) = 0$$

genügen. Man sieht leicht, daß sie durch eine nur von x abhängige Funktion $\varrho(x)$ erfüllt werden kann; denn sie geht mit $\varrho = \varrho(x)$, also $\varrho_y = 0$ und $\varrho_x = \varrho'$, bei Ausschluß von $2xy - 1 = 0$ in die gewöhnliche Differentialgleichung

$$x\varrho' + 2\varrho = 0$$

über. Diese hat $\varrho = \dfrac{1}{x^2}$ als partikuläre Lösung, womit sich

$$\frac{1}{x^2}\{y\,dx + x(2xy - 1)\,dy\} = \frac{y}{x^2}\,dx + \left(2y - \frac{1}{x}\right)dy = d\Phi$$

als vollständiges Differential ergibt. Nach Ziff. 41.3 kommt dann

$$\left.\begin{array}{l} \Phi_x = \dfrac{y}{x^2} \qquad > \Phi = -\dfrac{y}{x} \quad + Y(y) \\[2mm] \Phi_y = 2y - \dfrac{1}{x} > \Phi = y^2 - \dfrac{y}{x} + X(x) \end{array}\right\} \quad \Phi = -\frac{y}{x} + y^2 + \text{const.}$$

Die Lösung der vorgelegten Differentialgleichung ist daher durch

$$-\frac{y}{x} + y^2 = C > y = \frac{1}{2x}\left(1 \pm \sqrt{4Cx^2 + 1}\right)$$

gegeben.

§ 45. Kurvenscharen, singuläre Integrale

45.1 Kurvenscharen

Im Vorangehenden zeigte sich, daß die Integralkurven einer gewöhnlichen Differentialgleichung erster Ordnung eine Kurvenschar, d. h. eine einparametrige Menge von Kurven $y = y(x, C)$, bilden. In impliziter, nicht nach y aufgelöster Darstellung ist

$$\Phi(x, y, C) = 0 \qquad\qquad (45.1)$$

die Gleichung einer solchen Kurvenschar. Für jeden festen Wert des Parameters C der Schar in einem gewissen C-Intervall stellt Gl. (45.1) eine Kurve der Schar dar.

(a) *Differentialgleichung einer Kurvenschar*

Die Differentialgleichung $F(x, y, y') = 0$, welche die Kurven einer vorgegebenen Schar $\Phi(x, y, C) = 0$ als Integralkurven hat, ergibt sich folgendermaßen: Man eliminiert C aus Gl. (45.1) und der aus ihr durch Differentiation nach x sich ergebenden Beziehung $\Phi_x + \Phi_y\, y' = 0$, also:

$$\left.\begin{array}{l} \Phi(x, y, C) = 0 \\[2mm] \Phi_x(x, y, C) + \Phi_y(x, y, C)\cdot y' = 0 \end{array}\right\} > F(x, y, y') = 0. \quad (45.2)$$

Hierbei ist vorausgesetzt, daß die verlangten Operationen ausführbar seien. Die Auflösung der Gleichung $\Phi(x, y, C) = 0$ nach C ist nach Satz (30.3) möglich, wenn in dem in Frage kommenden C-Intervall die partielle Ableitung $\Phi_C(x, y, C)$ existiert und nicht verschwindet.

Beispiel:

$$\Phi = (x - 2C)^2 + y^2 - C^2 = 0,$$

$$\Phi_x + \Phi_y\, y' = 2\,(x - 2C + y\,y') = 0 > C = \frac{1}{2}\,(x + y\,y').$$

Hier ist es zweckmäßig, C aus der zweiten Gleichung als Funktion von x, y, y' zu berechnen und in die erste Gleichung einzusetzen. Man erhält hierbei

$$F\,(x, y, y') = 3\,y^2\,y'^2 - 2x\,y\,y' - x^2 + 4y^2 = 0.$$

Die Kurven der Schar $\Phi\,(x, y, C) = 0$ sind Kreise (Abb. 18).

(b) *Hüllkurve (Einhüllende) einer Kurvenschar.*

Wir stellen folgende Forderung: Zwei „hinreichend benachbarte" Kurven der Schar, d.h. zwei Kurven $\Phi(x,y,C) = 0$ und $\Phi(x,y,C+\Delta C) = 0$ mit $|\Delta C| < \varepsilon$, sollen in dem betrachteten x, y, C-Bereich genau einen Schnittpunkt S haben (Abb. 19) und dieser Schnittpunkt soll für $\Delta C \to 0$

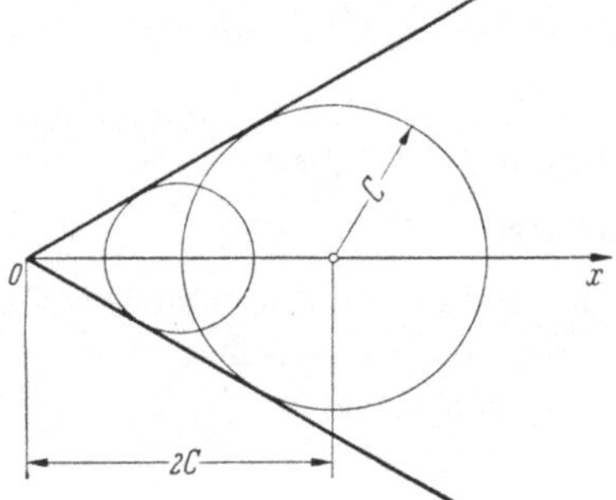

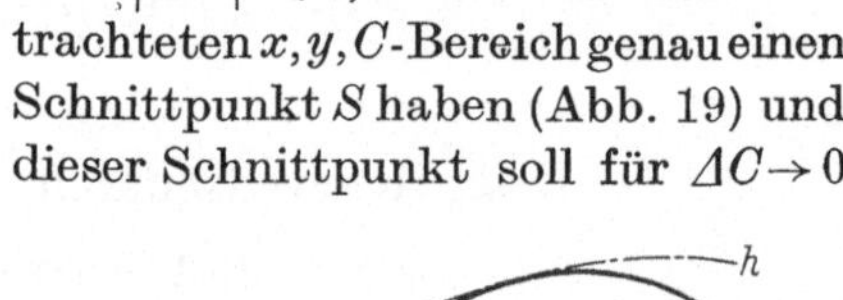

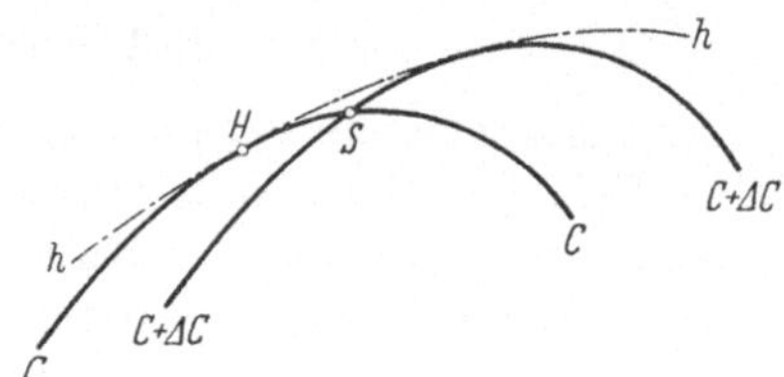

<table>
<tr><td>Abb. 18. Kurvenschar mit der Gleichung
$(x - 2C)^2 + y^2 - C^2 = 0$</td><td>Abb. 19. Hüllkurve einer Kurvenschar</td></tr>
</table>

gegen einen Grenzpunkt H konvergieren. Die Punkte H nennen wir dann *Hüllpunkte* und ihren geometrischen Ort h *Hüllkurve (Enveloppe, Einhüllende)* der gegebenen Kurvenschar.

Die Hüllpunkte H und die Hüllkurve h ergeben sich folgendermaßen:

$$\left.\begin{array}{l} \Phi\,(x, y, C) = 0 \\[2mm] \dfrac{\partial}{\partial C}\,\Phi\,(x, y, C) = 0 \end{array}\right\} \text{Hüllpunkte } H:\ \left\{\begin{array}{l} x = x(C) \\ y = y(C) \end{array}\right\} \text{Hüllkurve } h:\varphi\,(x, y)=0.$$

$$(45.3)$$

Die Koordinaten $x(C), y(C)$ der Punkte H erhält man also durch Auflösung der beiden Gleichungen $\Phi = 0$, $\Phi_C = 0$ nach x und y, die Gleichung der Kurve h durch Elimination von C. Wieder ist vorausgesetzt, daß die betreffenden Operationen ausführbar sind.

Auf die Bedingung $\Phi_C = 0$ kommt man durch folgende Überlegung: Der oben genannte Schnittpunkt S ist durch die beiden Gleichungen

$$\Phi(x, y, C) = 0, \quad \Phi(x, y, C + \Delta C) = 0$$

festgelegt, aus denen mit $\Delta C \neq 0$ für den Differenzenquotienten

$$\frac{\Delta \Phi}{\Delta C} = \frac{\Phi(x, y, C + \Delta C) - \Phi(x, y, C)}{\Delta C} = 0$$

und für $\Delta C \to 0$ der Grenzwert $\Phi_C = 0$ folgt.

Die Hüllpunkte und die Hüllkurve stehen mit der Kurvenschar in folgender geometrischer Beziehung (vgl. Abb. 19):

$$\textit{Die Kurven der Schar } \Phi(x, y, C) = 0 \textit{ werden jeweils im Hüllpunkt } H \atop \textit{von der Hüllkurve } h \textit{ berührt.} \tag{45.4}$$

Dieser nach dem Vorangehenden anschaulich einleuchtende Satz wird in [5] bewiesen.

Beispiel: Wir kommen auf das in Abb. 18 dargestellte Beispiel zurück.

$$\Phi(x, y, C) = (x - 2C)^2 + y^2 - C^2 = 0 \quad > \begin{cases} x = \dfrac{3}{2} C \\ y = \pm \dfrac{\sqrt{3}}{2} C \end{cases} > x = \pm y \sqrt{3}.$$
$$-\frac{1}{2} \Phi_C(x, y, C) = 2x - 3C = 0 > C = \frac{2}{3} x$$

Die Kreise $C = $ const haben also ein Geradenpaar als Hüllkurve.

Es gibt auch Kurvenscharen $\Phi(x, y, C) = 0$, welche die eingangs gestellte Forderung, daß sich hinreichend benachbarte Kurven schneiden sollen, nicht erfüllen. Kurvenscharen dieser Art sind z. B. die in Ziff. 19.8 (vgl. Abb. 107 in Band 1) erörterten Krümmungskreise einer Kurve k; hier wird die Kurve k von den Scharkurven (Krümmungskreisen) bei Ausschluß der Scheitel berührend durchsetzt.

45.2 Singuläre Integrale

Ist die Differentialgleichung $F(x, y, y') = 0$ vorgegeben, so ist $F(x, y, C) = 0$ die Schar der Isoklinen (vgl. Ziff. 43.1). Wir nehmen an, daß diese Kurvenschar die in Ziff. 45.1, Absatz (b), gestellten Voraussetzungen erfüllt, also eine durch die Gleichungen

$$F(x, y, C) = 0, \quad F_C(x, y, C) = 0 \tag{45.5}$$

bestimmte Hüllkurve hat. Falls die Tangentenrichtungen $\dfrac{dy}{dx}$ der Hüllkurve, die sich aus

$$F_x(x, y, C) + F_y(x, y, C) \frac{dy}{dx} = 0 \tag{45.6}$$

ergeben, übereinstimmen mit Richtungen aus dem Richtungsfeld der Differentialgleichung, wenn also die durch Gl. (45.6) gegebene Steigung $\dfrac{dy}{dx}$

gleich C ist, dann erfüllt die Hüllkurve die durch die Differentialgleichung (42.1) ausgedrückte Richtungsbedingung, ist also eine Integralkurve dieser Differentialgleichung. Allerdings genügen solche Integralkurven bzw. Lösungen nicht den Voraussetzungen des Existenz- und Eindeutigkeitssatzes (42.4). Sie werden als *singuläre Integralkurven* bzw. *singuläre Lösungen* bezeichnet.

Wir fassen zusammen, wobei wir jetzt statt C wieder y' schreiben:

Singuläre Lösungen ergeben sich aus den drei Gleichungen

$$F(x, y, y') = 0, \quad F_{y'}(x, y, y') = 0, \quad F_x(x, y, y') + F_y(x, y, y')\, y' = 0 \qquad (45.7)$$

durch Elimination von y'.

Natürlich ist eine solche Elimination keineswegs immer möglich, denn die drei Gln. (45.7) sind i. a. nicht miteinander verträglich. Dies sieht man folgendermaßen ein:

Die beiden ersten der Gln. (45.7) liefern die Hüllkurve h der Isoklinenschar. Die erste und letzte der Gln. (45.7) liefern den geometrischen Ort q der Punkte, in denen die Tangentenrichtungen der Integralkurven mit den Tangentenrichtungen der Isoklinen zusammenfallen, in denen sich also Integralkurven und Isoklinen berühren. Nur wenn die beiden geometrischen Örter h und q zusammenfallen, sind die drei Gln. (45.7) miteinander verträglich.

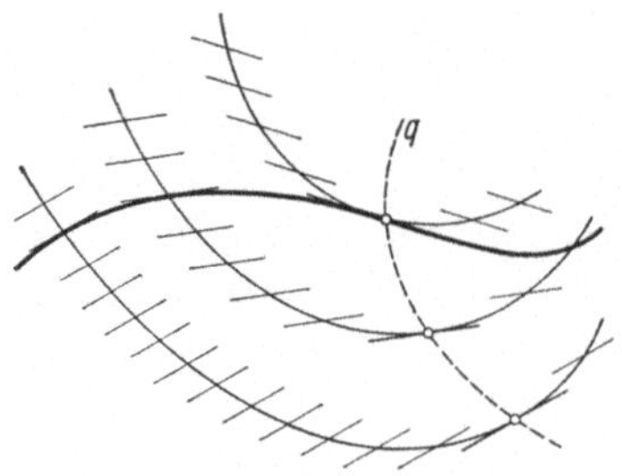

Abb. 20.   Berührpunkte von Isoklinen und Integralkurven

Falls auf der Kurve q die Ableitung $F_{y'} \neq 0$ ist, fällt q wie in Abb. 20 nicht mit der Hüllkurve h der Isoklinen zusammen. Dann genügen längs q die Integralkurven der aus

$$0 = \frac{d}{dx} F\big(x, y(x), y'(x)\big) = F_x + F_y\, y' + F_{y'}\, y'' \quad \text{und} \quad F_x + F_y\, y' = 0$$

folgenden Bedingung $y'' = 0$, die Integralkurven haben also auf q *Wendepunkte* oder *Flachpunkte*.

Zu etwaigen singulären Lösungen der Differentialgleichung (42.1) kommt man auch, wenn man statt von der Isoklinenschar von der Schar $y = y(x, C)$ der nichtsingulären Integralkurven ausgeht und deren etwaige Hüllkurve bestimmt. Dann hat man aber zur Ermittlung dieser Schar erst Integrationsprozesse durchzuführen. Beim Ausgehen von der Isoklinenschar dagegen ergeben sich etwaige singuläre Lösungen aus den Gln. (45.7) *ohne Integrationsprozesse lediglich durch Differentiation und Elimination*.

Beispiele:

(a) CLAIRAUTsche Differentialgleichung (44.23); vgl. Abb. 17 links.

$$F(x, y, y') = y - x\,y' - b(y') = 0, \quad -F_{y'} = x + \frac{db(y')}{dy'} = 0,$$

$$F_x + F_y\,y' = -y' + 1 \cdot y' \equiv 0.$$

Hier wird die dritte der Gln. (45.7) zur Identität $0 \equiv 0$. Da die Isoklinen zugleich Integralkurven sind, ist die Hüllkurve der Isoklinen singuläre Integralkurve. Sie ergibt sich aus den zwei ersten Gln. (45.7) durch die Auflösung $x = -\dfrac{db(y')}{dy'}$, $y = b(y') - y'\dfrac{db(y')}{dy'}$. Der geometrische Ort q entartet in den ganzen von den Isoklinen überdeckten Bereich der x, y-Ebene.

(b) Nichtspezielle D'ALEMBERT-Gleichung (44.22); vgl. Abb. 17 rechts.

$$F(x, y, y') = y - a(y')\,x - b(y') = 0, \quad -F_{y'} = x\frac{da(y')}{dy'} + \frac{db(y')}{dy'} = 0,$$

$$F_x + F_y\,y' = -a(y') + y' = 0.$$

Hier ist die dritte Gleichung mit der Voraussetzung $a(y') \neq y'$, welche aussagt, daß die Differentialgleichung keine CLAIRAUT-Gleichung (44.23) sein soll, unverträglich. Es existiert also kein geometrischer Ort q. Dies ist auch geometrisch evident, da die Isoklinen durchwegs von den Integralkurven nicht berührend durchsetzt werden.

45.3 Isogonale und orthogonale Kurvenscharen

Gegeben seien zwei Kurvenscharen Σ_1, Σ_2 durch ihre Differentialgleichungen

$$y_1' = f_1(x, y), \quad y_2' = f_2(x, y).$$

Aus den Winkeln τ_1, τ_2 der Kurventangenten gegen die positive x-Achse ergibt sich für den Winkel $\omega = \tau_2 - \tau_1$, unter dem sich die beiden Kurvenscharen schneiden,

$$\tan \omega = \tan(\tau_2 - \tau_1) = \frac{\tan \tau_2 - \tan \tau_1}{1 + \tan \tau_1 \cdot \tan \tau_2} = \frac{y_2' - y_1'}{1 + y_1' y_2'}. \tag{45.8}$$

Ist die erste Schar, also die Differentialgleichung $y_1' = f_1(x, y)$, und der Schnittwinkel $\omega(x, y)$ als Funktion des Ortes bekannt, so folgt aus Gl. (45.8)

$$y_2' = f_1(x, y) + [1 + f_1(x, y) \cdot y_2'] \tan \omega(x, y) \tag{45.9}$$

als Differentialgleichung für die zweite Kurvenschar.

Mit $\omega =$ const liefert Gl. (45.9) die zur gegebenen Schar *isogonalen* Kurven. Im Spezialfall $\omega = \dfrac{\pi}{2}$, $\cot \omega = 0$ ergibt sich aus Gl. (45.9)

$$y_2' = f_2(x,y) = -\frac{1}{f_1(x,\,y)} \tag{45.10}$$

als Differentialgleichung der zur gegebenen Schar *orthogonalen* Kurven. Schreibt man die Differentialgleichungen in der Form (44.26), so sind zwei orthogonale Kurvenscharen durch

$$u\,(x,\,y)\,dx + v\,(x,\,y)\,dy = 0 \quad \text{und} \quad u\,(x,\,y)\,dy - v\,(x,\,y)\,dx = 0 \tag{45.11}$$

gegeben; denn dann ist $y_1' = f_1 = -u/v$, $\;y_2' = +v/u = -\dfrac{1}{f_1}$.

Beispiel: Die konzentrischen Kreise um den Nullpunkt $x^2 + y^2 = C$ genügen der Differentialgleichung $x\,dx + y\,dy = 0$, also $y_1' = -\dfrac{x}{y}$. Für die isogonalen Kurven mit $\omega = $ const $\neq \pm\dfrac{\pi}{2}$ erhält man aus Gl. (45.9)

$$y_2' = -\frac{x}{y} + \left(1 - \frac{x}{y}\,y_2'\right)\tan\omega \;>\; y_2' = \frac{y\tan\omega - x}{y + x\tan\omega}\;.$$

Die Lösung ergibt sich nach Ziff. 44.2. Mit $z = \dfrac{y}{x}$ kommt

$$y_2' = z + x\,z' = \frac{z\tan\omega - 1}{z + \tan\omega} \;>\; x\,z' = -\frac{1 + z^2}{z + \tan\omega} \;>\; \frac{z + \tan\omega}{1 + z^2}\,dz + \frac{dx}{x} = 0,$$

also

$$\ln x + \ln \sqrt{1 + z^2} + \tan\omega \cdot \operatorname{arc} \tan z = \text{const},$$

woraus dann mit $\ln x + \ln \sqrt{1 + z^2} = \ln r$ und $\operatorname{arc}\tan z = \varphi$

$$r = C \cdot e^{-\varphi\cdot\tan\omega}$$

folgt; die isogonalen Kurven sind also, wie nach Ziff. 19.10 vorauszusehen war, logarithmische Spiralen.

In Polarkoordinaten r, φ (vgl. Ziff. 19.9) tritt an Stelle der Gl. (45.8)

$$\tan\omega = \tan(\gamma_2 - \gamma_1) = \frac{\tan\gamma_2 - \tan\gamma_1}{1 + \tan\gamma_1 \cdot \tan\gamma_2}\;;$$

dabei ist γ der Winkel der Kurventangenten gegen die Radienvektoren (vgl. Abb. 111 in Band 1). Mit $\tan\gamma = r/r'$ nach Gl. (19.31), wobei der Strich Ableitung nach φ bedeutet, hat man dann

$$\tan\omega = \frac{r\,(r_1' - r_2')}{r_1'\,r_2' + r^2} \tag{45.12}$$

an Stelle der Gl. (45.8). Hieraus ergibt sich mit $\cot\omega = 0$

$$r_1'\,r_2' + r^2 = 0 \;>\; r_2' = -\frac{r^2}{f_1(r,\,\varphi)} \tag{45.13}$$

als Differentialgleichung der zu den Integralkurven der Differentialgleichung

$$r_1' = f_1(r, \varphi)$$

orthogonalen Kurvenschar.

Beispiel: Das vorher betrachtete Beispiel erledigt sich in Polarkoordinaten wesentlich einfacher. Die konzentrischen Kreise $r = \text{const}$
sind durch $r_1' = 0$ gegeben. Gl. (45.12) liefert dann sofort
$\dfrac{r_2'}{r} = -\tan \omega > r = C \cdot e^{-\varphi \cdot \tan \omega}$ wie früher.

§ 46. Gewöhnliche Differentialgleichungen höherer Ordnung und Systeme von Differentialgleichungen

46.1 Zurückführung einer Differentialgleichung höherer Ordnung auf ein System von Differentialgleichungen erster Ordnung

Die Differentialgleichung n-ter Ordnung

$$F(x, y, y', \ldots, y^{(n)}) = 0 \quad \text{bzw.} \quad y^{(n)} = f(x, y, y', \ldots, y^{(n-1)}) \qquad (46.1)$$

führt, indem man neben $y = y_1(x)$ die Ableitungen $y' = y_2(x)$, $y'' = y_3(x)$,
$\ldots, y^{(n-1)} = y_n(x)$ als weitere Funktionen einführt, auf das System
von Differentialgleichung erster Ordnung

$$\left.\begin{array}{l} y_1' = y_2, \; y_2' \,(= y'') = y_3, \ldots, y_{n-1}' \,(= y^{(n-1)}) = y_n, \\[4pt] y_n' \,(= y^{(n)}) = f(x, y_1, y_2, \ldots, y_n) \end{array}\right\} \qquad (46.2)$$

für die n unbekannten Funktionen $y_1(x)$, $y_2(x)$, $\ldots, y_n(x)$.

Wir betrachten sogleich das allgemeinere System

$$\left.\begin{array}{l} y_1' = f_1(x, y_1, \ldots, y_n), \\[2pt] y_2' = f_2(x, y_1, \ldots, y_n), \\[2pt] \cdots\cdots\cdots\cdots\cdots \\[2pt] y_n' = f_n(x, y_1, \ldots, y_n), \end{array}\right\} \;\; \begin{array}{l} \text{kurz: } y_k' = f_k(x, y_1, \ldots, y_n) \\[4pt] \text{mit } k = 1, 2, \ldots, n, \end{array} \qquad (46.3)$$

wobei die n unbekannten Funktionen wieder mit $y_1, y_2, \ldots, y_n$ bezeichnet sind. Auf diese Systeme läßt sich der in Ziff. 42.2 aufgestellte
Existenz- und Eindeutigkeitssatz folgendermaßen übertragen:

(a) Die $f_k(x, y_1, \ldots, y_n)$ sollen in einem gewissen Bereich $|x - x_0| \leq a$,
$|y_j - y_{j0}| \leq b_j$ stetige Funktionen der Veränderlichen $x, y_1, \ldots, y_n$ sein.

(b) Sie sollen in diesem, fortan mit (B) bezeichneten Bereich den
LIPSCHITZ-Bedingungen $(k = 1, 2, \ldots, n)$

$$|f_k(x, y_1^* \ldots, y_n^*) - f_k(x, y_1, \ldots, y_n)| < K\{|y_1^* - y_1)| + \cdots + |y_n^* - y_n|\} \qquad (46.4)$$

genügen. Ähnlich wie in Ziff. 42.2 ist die LIPSCHITZ-Bedingung erfüllt, wenn die f_k stetige erste Ableitungen nach $y_1, \ldots, y_n$ besitzen.

Unter den Voraussetzungen (a) und (b) gilt:

Das Differentialgleichungssystem (46.3) *hat in dem Bereich* (B) *genau eine Lösung* $y_1 = y_1(x), \ldots, y_n = y_n(x)$, *welche für* $x = x_0$ *die Anfangs-*   (46.5) *bedingungen* $y_1(x_0) = y_{10}, \ldots, y_n(x_0) = y_{n0}$ *erfüllt.*

Der Beweis verläuft wie bei Ziff. 42.2, vgl. [3].

Wir wenden Satz (46.5) auf das speziellere System (46.2) an und setzen dabei voraus, daß $f(x, y_1, \ldots, y_n)$ die Voraussetzungen (a) und (b) erfüllt. Für die Differentialgleichung n-ter Ordnung (46.1) in der nach $y^{(n)}$ ausgelösten Form ergibt sich dann:

Die Differentialgleichung n-*ter Ordnung* $y^{(n)} = f(x, y, y', \ldots, y^{(n-1)})$
hat im Bereich (B) *genau eine Lösung, welche für* $x = x_0$ *die Anfangs-bedingungen*

$$y(x_0) = y_0, \quad y'(x_0) = y_0', \quad \cdots, \quad y^{(n-1)}(x_0) = y_0^{(n-1)}$$

erfüllt.   (46.6)

Die Gesamtheit der durch Variieren dieser n Anfangswerte bestimmten Lösungen wird durch $y = y(x, C_1, \ldots, C_n)$ mit n Integrationskonstanten $C_1, \ldots, C_n$ dargestellt.

Nach Satz (46.6) werden Lösungen einer Differentialgleichung n-ter Ordnung durch ihre Anfangswerte $y(x), y'(x_0), \ldots, y^{(n-1)}(x_0)$ festgelegt (*Anfangswertproblem*). Häufig sollen Lösungen in anderer Weise, nämlich aus Werten von y und Ableitungen von y in den Randpunkten eines Intervalls $a_1 \leqq x \leqq a_2$ ermittelt werden (*Randwertprobleme*). Auf die Theorie solcher Randwertprobleme werden wir später (vgl. § 51) zurückkommen. Wir begnügen uns hier mit einem einfachen *Beispiel*:

Die Differentialgleichung $y'' + y = 0$ wird offenbar durch

$$y = C_1 \cos x + C_2 \sin x$$

erfüllt und diese Lösungen sind, wie wir später erkennen werden, die einzigen. Hieraus ergibt sich für das Anfangswertproblem $y(0)=0, y'(0)=1$ die Lösung $y = \sin x$ $(C_1 = 0, C_2 = 1)$. Das im Intervall $0 \leqq x \leqq b$ gestellte Randwertproblem $y(0) = y(b) = 0$ hat für $b \neq n\pi$ nur die triviale Lösung $y \equiv 0$ $(C_1 = C_2 = 0)$, für $b = n\pi$ dagegen die Lösungen $y = C_2 \sin x$ $(C_1 = 0, C_2$ bleibt willkürlich). Denn die Randbedingungen liefern für C_1 und C_2 die Bestimmungsgleichungen $C_1 = 0, C_2 \sin b = 0$ und die zweite dieser Gleichungen liefert $C_2 = 0$ im Fall $b \neq n\pi$, während im Fall $b = n\pi$ die Konstante C_2 unbestimmt bleibt. Das Beispiel zeigt, daß für Randwertprobleme nicht ein so einfacher Existenz- und Eindeutigkeitssatz gilt wie für Anfangswertprobleme.

46.2 Gewöhnliche Differentialgleichungen zweiter Ordnung

Im Fall $n = 2$ spezialisiert sich das System (46.3) zu

$$y' = f_1(x, y, z),$$
$$z' = f_2(x, y, z). \tag{46.7}$$

Wir haben dabei y, z an Stelle von y_1, y_2 geschrieben. Deutet man x, y, z als Cartesische Koordinaten (Abb. 21), dann werden die Lösungen $y = y(x)$, $z = z(x)$ durch Raumkurven dar-gestellt. Nach Satz (46.5) ist in dem Be-reich (B) die Lösung durch Vorgabe des Anfangspunktes x_0, y_0, z_0 festgelegt.

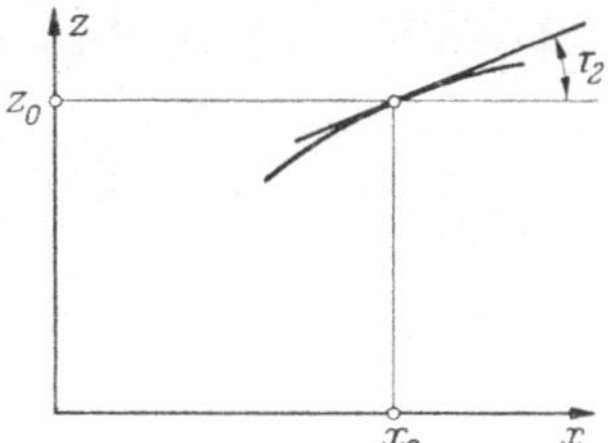

Wie die einzelne Differentialgleichung (42.2) ein Richtungsfeld in der x, y-Ebene bestimmt, entspricht dem Differentialglei-chungssystem (46.7) ein *Richtungsfeld im x, y, z-Raum*: Durch $f_1(x, y, z) = \tan \tau_1$, $f_2(x, y, z) = \tan \tau_2$ ist jedem Raumpunkt x, y, z eine Richtung zugeordnet, die im Grund- und Aufriß durch die Winkel τ_1 und τ_2 gegeben wird. Die Raumkurven $y = y(x)$, $z = z(x)$, welche die Lösungen des Systems (46.7) darstellen, berühren die Linienele-mente des Richtungsfeldes.

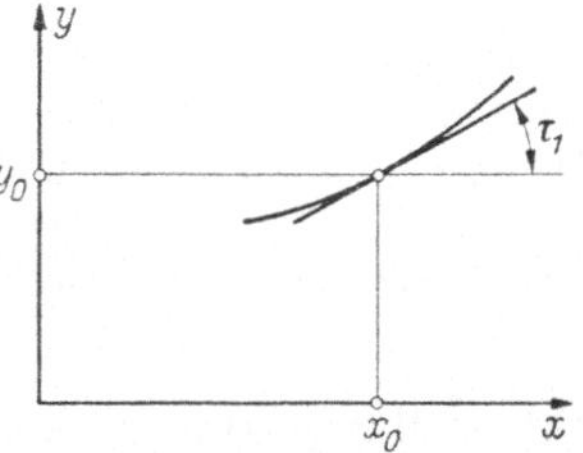

Der Spezialfall $f_1 = z$ führt auf die Differentialgleichnug zweiter Ordnung

Abb. 21.   Geometrische Deutung der Differentialgleichungen (46.7)

$$y'' = f(x, y, y'), \tag{46.8}$$

wobei die rechte Seite statt mit f_2 kurz mit f bezeichnet ist. Neben der eben besprochenen Deutung im x, y, z-Raum ist hier auch in der x, y-Ebene eine einfache geometrische Deutung möglich: Die Differential-gleichung (46.8) ordnet jedem Linienelement $x, y, y' = \tan \tau$ einen Wert y'' und hierdurch nach Gl. (19.14) eine Krümmung

$$\frac{1}{\varrho} = \left| \frac{y''}{(1 + y'^2)^{3/2}} \right| = \left| \cos^3 \tau \cdot f(x, y, \tan \tau) \right| \tag{46.9}$$

zu (*Krümmungsfeld*). Die Integralkurven haben in jedem ihrer Linien-elemente die durch das Krümmungsfeld vorgeschriebene Krümmung. Auf welcher Seite des Linienelements der Krümmungsmittelpunkt liegt, ergibt sich aus dem Vorzeichen von y''. Man kann hieraus ein graphisches Näherungsverfahren zur Konstruktion von Integralkurven (*Krümmungs-kreisverfahren*) entwickeln (Abb. 22):

Ausgehend vom Linienelement P_0, t_0 zeichnet man mit dem zuge-ordneten Radius ϱ_0 einen kurzen Kreisbogen, der mit einem Linienelement P_1, t_1 endet. Dieses legt einen neuen Radius ϱ_1 fest. In P_1 wird dann tangential anschließend ein weiterer kurzer Kreisbogen, jetzt mit dem Radius ϱ_1, angefügt usw.

Die Integralkurven $y = y\,(x,\,C_1,\,C_2)$ der Differentialgleichung zweiter Ordnung (46.8) bilden eine zweiparametrige Schar. Durch jeden Punkt A des in Ziff. 46.1 definierten Bereichs (B) geht ein Büschel von Integralkurven (Abb. 23). Durch Vorgabe des Anfangspunktes A und der Anfangstangente $a\,[y(x_0) = y_0,\; y'\,(x_0) = y_0']$ ist nach Satz (46.6) eine Integralkurve festgelegt (*Anfangswertproblem*). Eine Festlegung einer

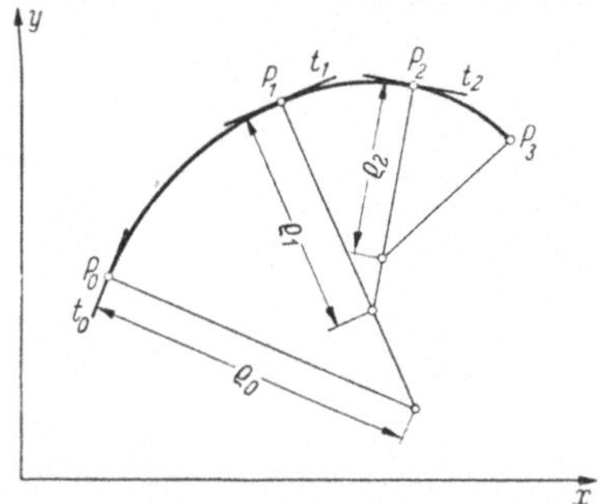

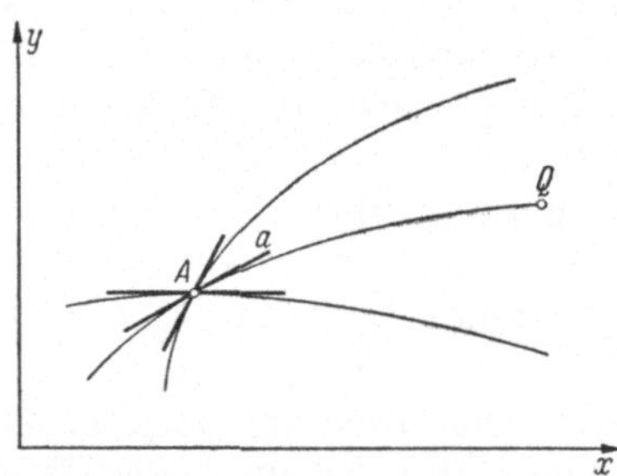

Abb. 22. Krümmungskreisverfahren für die Differentialgleichung zweiter Ordnung

Abb. 23. Festlegung einer Integralkurve der Differentialgleichung (46.8) durch Anfangspunkt und Anfangstangente

Integralkurve durch zwei Randpunkte A und Q (*Randwertproblem*) ist keineswegs immer möglich. Wenn das Büschel der von A ausgehenden Integralkurven sich im Punkt Q schneidet, genügen alle diese Integralkurven den geforderten Randbedingungen (vgl. Schlußabsatz von Ziff. 46.1).

46.3 Skleronome Systeme

Die Gln. (46.7) nennt man ein *skleronomes System*, wenn die unabhängige Veränderliche x nicht explizit auftritt. Wir bezeichnen nun die unabhängige Veränderliche mit t statt x und die gesuchten Funktionen mit y_1, y_2 statt mit y, z. Dann lautet das skleronome System

$$\frac{dy_1}{dt} = f_1(y_1,\,y_2), \qquad \frac{dy_2}{dt} = f_2(y_1,\,y_2). \tag{46.10}$$

Durch Elimination von t ergibt sich hieraus die Differentialgleichung

$$\frac{dy_2}{dy_1} = \frac{f_2\,(y_1,\,y_2)}{f_1\,(y_1,\,y_2)}. \tag{46.11}$$

Die Lösungen der Gln. (46.10) lassen sich, wenn man t als Zeit auffaßt, als die Bahngleichungen eines Punktes mit den Koordinaten $y_1\,(t)$, $y_2\,(t)$ deuten. Dabei treten zwei Integrationskonstanten c und t_0 auf; da die Gln. (46.10) die unabhängige Veränderliche t nicht explizit enthalten, kommen die Integrationskonstante t_0 und die Veränderliche t nur in der Verbindung $t - t_0$ vor. Die Gln. (46.10) liefern also eine einparametrige Schar von Bahnlinien

$$y_1 = \eta_1(t - t_0, c), \quad y_2 = \eta_2(t - t_0, c). \qquad (46.12)$$

Mit $f_1(y_1, y_2) = a_{11}y_1 + a_{12}y_2$, $f_2(y_1, y_2) = a_{21}y_1 + a_{22}y_2$ spezialisiert sich Gl. (46.11) zu

$$\frac{dy_2}{dy_1} = \frac{a_{11}y_1 + a_{12}y_2}{a_{21}y_1 + a_{22}y_2}, \qquad (46.13)$$

also einem Sonderfall der in Ziff. 44.2 behandelten homogenen Differentialgleichungen, und die Gln. (46.10) bilden jetzt ein *lineares skleronomes System*

$$\dot{y}_1 = a_{11}y_1 + a_{12}y_2, \quad \dot{y}_2 = a_{21}y_1 + a_{22}y_2 \quad \left(\dot{y} = \frac{d}{dt}\right) \qquad (46.14)$$

mit konstanten Koeffizienten.

Punkte y_1, y_2, für welche die beiden rechten Seiten der Gln. (46.10) verschwinden, für die also $f_1(y_1, y_2) = f_2(y_1 y_2) = 0$ gilt, heißen *kritische Punkte*. In den Gln. (46.14) ist offenbar der Nullpunkt $y_1 = y_2 = 0$ ein kritischer Punkt. Er kann als entartete Bahnkurve aufgefaßt werden, denn $y_1(x) = \text{const} = 0$, $y_2(x) = \text{const} = 0$ ist eine Lösung des Systems (46.14).

Wir könnten die Lösungen der Gl. (46.13) nach Ziff. 44.2 erhalten. Wir wollen aber statt dessen die Lösungen des linearen skleronomen Systems (46.14) in Ziff. 48.6 auf andere Weise und zwar mit Benützung des Matrizenkalküls gewinnen und diskutieren.

46.4 Numerische Integrationsverfahren

Die in Ziff. 43.2 und 43.3 aufgestellten Differenzenverfahren lassen sich leicht auf Differentialgleichungssysteme (46.3) bzw. auf Differentialgleichungen höherer Ordnung (46.1) übertragen. Im Fall $n = 2$ kann man die Differenzenverfahren wieder als Streckenzugverfahren wie in Abb. 13, jetzt aber im x, y, z-Raum (vgl. Abb. 21), deuten. Wir beschränken uns darauf, das zweistufige Differenzenverfahren (43.3) auf das System (46.7) anzuwenden: An Stelle der Gln. (43.3) tritt jetzt

$$\begin{aligned}
y^{\mathrm{I}}_{k+1} &= y_k + h \cdot f_1(x_k, y_k, z_k), \\
z^{\mathrm{I}}_{k+1} &= z_k + h \cdot f_2(x_k, y_k, z_k), \qquad &y_{k+1} &= \frac{1}{2}(y^{\mathrm{I}}_{k+1} + y^{\mathrm{II}}_{k+1}), \\
y^{\mathrm{II}}_{k+1} &= y_k + h \cdot f_1(x_{k+1}, y^{\mathrm{I}}_{k+1}, z^{\mathrm{I}}_{k+1}), \qquad &z_{k+1} &= \frac{1}{2}(z^{\mathrm{I}}_{k+1} + z^{\mathrm{II}}_{k+1}). \\
z^{\mathrm{II}}_{k+1} &= z_k + h \cdot f_2(x_{k+1}, y^{\mathrm{I}}_{k+1}, z^{\mathrm{I}}_{k+1}),
\end{aligned}$$

$$\qquad (46.15)$$

Beispiel: $y'' = x + y + y'$ mit den Anfangswerten $y(1) = y'(1) = 1$. Zurückführung auf ein System (46.7):

$$y' = f_1(x, y, z) = z, \quad z' = f_2(x, y, z) = x + y + z \quad \text{mit} \quad y(1) = z(1) = 1.$$

Durchrechnung in zwei Schritten $h = 0,2$

x	y	z	$f_1 = z$	$f_2 = x + y + z$	$h \cdot f_1$	Mittelwert	$h \cdot f_2$	Mittelwert
1,0000	1,0000	1,0000	1,0000	3,0000	0,2000		0,6000	
						0,2600		0,7000
1,2000	1,2000	1,6000	1,6000	4,0000	0,3200		0,8000	
1,2000	1,2600	1,7000	1,7000	4,1600	0,3400		0,8320	
						0,4232		0,9692
1,4000	1,6000	2,5320	2,5320	5,5320	0,5064		1,1064	
1,4000	1,6832	2,6692						

Die Fehlerabschätzung geschieht nach Ziff. 43.3.

46.5 Differentialgleichungen zweiter Ordnung, die sich auf Differentialgleichungen erster Ordnung zurückführen lassen

(a) $y'' = f(x, y')$.

Mit $y' = t$ kommt

$$t' = \frac{dt}{dx} = f(x, t) > \frac{dy}{dx} = t = \varphi(x, C_1) > y = \int \varphi(x, C_1)\, dx + C_2.$$

(b) $y'' = f(y, y')$.

Wir nehmen y an Stelle von x als unabhängige Veränderliche $\left(' = \dfrac{d}{dx}, \cdot = \dfrac{d}{dy}\right)$.

$$y' = \frac{1}{\dot{x}} > y'' = -\frac{\ddot{x}}{\dot{x}^2}\frac{dy}{dx} = -\frac{\ddot{x}}{\dot{x}^3} = f\left(y, \frac{1}{\dot{x}}\right)$$

$$> \ddot{x} = -\dot{x}^3 f\left(y, \frac{1}{\dot{x}}\right) = g(y, \dot{x}).$$

Hiermit ist Fall (b) auf Fall (a) zurückgeführt.

(c) $y'' = f(y)$.

Dies ist ein Spezialfall von (b). Er kann auch folgendermaßen behandelt werden:

$$y'^2 = t > 2y'y'' = t' > \frac{t'}{y'} = \frac{dt}{dy} = 2y'' = 2f(y) > t = 2\int f(y)\,dy + C_1.$$

Hierauf hat man

$$\frac{dy}{dx} = t^{1/2} = \sqrt{2\int f(y)\,dy + C_1} > x = \int \frac{dy}{\sqrt{2\int f(y)\,dy + C_1}} + C_2.$$

Beispiele:

Zu (b) und (a): $2y'' = y\,y'$.

$$y' = \frac{1}{\dot{x}} > y'' = -\frac{\ddot{x}}{\dot{x}^3} = \frac{y}{2\,\dot{x}} > \ddot{x} = -\frac{1}{2}\,y\,\dot{x}^2.$$

Hiermit ist die Aufgabe auf den Fall (a) zurückgeführt. Mit $\dot{x} = t$ kommt

$$\frac{dt}{dy} = -\frac{1}{2}\,y\,t^2 > \frac{1}{t} = \frac{1}{4}\,(y^2 \pm C_1^2) > t = \frac{dx}{dy} = \frac{4}{y^2 \pm C_1^2}$$

$$> x = 4\int \frac{dy}{y^2 \pm C_1^2} + C_2,$$

also (für $C_1 \neq 0$)

$$x = \frac{4}{C_1}\,\text{arc tan}\,\frac{y}{C_1} + C_2 \quad \text{bzw.} \quad x = \frac{2}{C_1}\,\ln\left|\frac{y - C_1}{y + C_1}\right| + C_2.$$

Die Gleichungen lassen sich leicht nach y auflösen.

Zu (c): $y'' = y$.

$$y'^2 = t > \frac{dt}{dy} = 2y > t = y^2 \pm C_1^2,$$

$$y' = \sqrt{y^2 \pm C_1^2} > x = \int \frac{dy}{\sqrt{y^2 \pm C_1^2}} + C_2$$

$$= \begin{cases} \text{ar sinh}\,y/C_1 + C_2 \\ \text{ar cosh}\,y/C_1 + C_2 \end{cases} \text{(für } C_1 \neq 0\text{)} > \begin{cases} y = C_1 \sinh(x - C_2) \\ y = C_1 \cosh(x - C_2). \end{cases}$$

Die Fälle $C_1 = 0$ möge sich der Leser selbst zurechtlegen.
Wir werden später diese Differentialgleichung wesentlich einfacher lösen (vgl. § 48).

46.6 Zurückführung eines Systems von Differentialgleichungen auf eine Differentialgleichung höherer Ordnung

In Ziff. 46.1 haben wir eine Differentialgleichung n-ter Ordnung auf ein System von Differentialgleichungen erster Ordnung zurückgeführt. Da wir im folgenden Sätze und Lösungsmethoden für Differentialgleichungen n-ter Ordnung entwickeln, wollen wir zeigen, daß man auch umgekehrt Systeme von Differentialgleichungen auf eine Differentialgleichung n-ter Ordnung zurückführen kann. Dadurch werden wir in den Stand gesetzt, Systeme von Differentialgleichungen durch Übergang auf eine Differentialgleichung n-ter Ordnung zu lösen.

Wir nehmen an, daß das vorliegende Differentialgleichungssystem auf die Form

$$y_1' = f_1(x, y_1, \ldots, y_n), \quad y_2' = f_2(x, y_1, \ldots, y_n), \ldots, y_n' = f_n(x, y_1, \ldots, y_n)$$

$$(46.16)$$

gebracht sei. Wenn in dem vorgelegten System höhere Ableitungen vorkommen, kann man wie in Ziff. 46.1 durch Einführung weiterer unbekannter Funktionen (z. B. $y_1' = z_1 > y'' = z_1'$) auf lauter Ableitungen erster Ordnung zurückkommen. Die Zurückführung auf *eine* Differentialgleichung höherer Ordnung geschieht folgendermaßen, wobei wir die jeweils verlangten Eliminationen als ausführbar voraussetzen:

Die erste Gleichung (46.16) sei nach y_2 auflösbar und es sei

$$y_2 = \varphi\,(x,\, y_1,\, y_1',\, y_3,\, \ldots,\, y_n).$$

Durch Einsetzen in die nach x differenzierte erste Gleichung und in die $(n-2)$ letzten Gleichungen (46.16) ergibt sich dann ein System folgender Gestalt:

$$y_1'' = g_2\,(x,\, y_1,\, y_1',\, y_3,\, \ldots,\, y_n),$$
$$y_3' = g_3\,(x,\, y_1,\, y_1',\, y_3,\, \ldots,\, y_n),$$
$$\cdots\cdots\cdots\cdots\cdots\cdots\cdots\cdots$$
$$y_n' = g_n\,(x,\, y_1,\, y_1',\, y_3,\, \ldots,\, y_n)$$

für die $n-1$ Funktionen $y_1, y_3, \ldots, y_n$. Hierbei ist auf der rechten Seite der ersten Gleichung $y_2', \ldots, y_n'$ mit Hilfe der Gln. (46.16) eliminiert. Fährt man auf dieselbe Weise fort, indem man der Reihe nach y_3, y_4 usw. beseitigt, so kommt man schließlich zu einer Differentialgleichung höherer Ordnung für y_1 allein.

Beispiel:

Vorgegeben sei das System

$$y'' + z' + z = 0, \quad z'' + y' + y = 0.$$

Wir setzen $y = y_1, y' = y_2, z = y_3, z' = y_4$ und erhalten dann ein System (46.16), nämlich

$$y_1' = y_2, \ y_2' = -y_3 - y_4, \ y_3' = y_4, \ y_4' = -y_1 - y_2.$$

Nach Differentiation der ersten Gleichung nach x und Elimination von y_2 kommt

$$y_1'' = -y_3 - y_4, \ y_3' = y_4, \ y_4' = -y_1 - y_1'.$$

In analoger Weise ergibt sich hierauf bei Elimination von y_3

$$y_1''' = -y_4 + y_1 + y_1', \ y_4' = -y_1 - y_1'$$

und schließlich

$$y_1^{(4)} = -y_4' + y_1' + y_1'' = y_1 + 2\,y_1' + y_1'' > y_1^{(4)} - y_1'' - 2\,y_1' - y_1 = 0.$$

Aus der letzten Gleichung ergibt sich $y_1 = y_1\,(x,\, C_1,\, C_2,\, C_3,\, C_4)$ mit vier Integrationskonstanten. Aus den vorangehenden Gleichungen erhält man dann

$$y_4 = - y_1''' + y_1' + y_1,$$
$$y_3 = - y_1'' - y_4 = y_1''' - y_1'' - y_1' - y_1,$$
$$y_2 = y_1',$$

wobei keine weiteren Integrationskonstanten hinzukommen.

§ 47. Theorie der linearen gewöhnlichen Differentialgleichungen n-ter Ordnung und der Systeme linearer Differentialgleichungen erster Ordnung

47.1 Existenz- und Eindeutigkeitssatz

Wie wir schon aus Ziff. 44.3 wissen, heißt eine Differentialgleichung *linear*, wenn y und die Ableitungen von y nur linear auftreten. Die lineare Differentialgleichung n-ter Ordnung hat daher — nach Division durch den von Null verschieden vorausgesetzten Koeffizienten von $y^{(n)}$ — die Gestalt

$$y^{(n)} + p_1(x)\, y^{(n-1)} + \cdots + p_{n-1}(x)\, y' + p_n(x)\, y = q(x). \quad (47.1)$$

Der Spezialfall $n = 1$ wurde in Ziff. 44.3 behandelt.

Wir ersetzen Gl. (47.1) mit $y = y_1$ durch das System

$$\left. \begin{aligned} &y_1' = y_2, \; y_2' = y_3, \ldots, y_{n-1}' = y_n, \\ &y_n' = q(x) - p_n(x)\, y_1 - p_{n-1}(x)\, y_2 - \cdots - p_1(x)\, y_n \\ &\quad = f(x, y_1, \ldots, y_n) \end{aligned} \right\} \quad (47.2)$$

und setzen voraus, daß die Funktionen $p_1(x), \ldots, p_n(x)$ und die Funktion $q(x)$ in einem abgeschlossenen Intervall $|x - x_0| \leqq a$ stetig seien. Die Stetigkeitsbedingung in Ziff. 46.1 ist also für $|x - x_0| \leqq a$ und alle $y_1, \ldots, y_n$ erfüllt. Die LIPSCHITZ-Bedingung ist bei den $n - 1$ ersten Gln. (47.2) in trivialer Weise erfüllt und wird für $|x - x_0| \leqq a$ auch für die letzte der Gln. (47.2) wegen

$$|f(x, y_1^*, \ldots, y_n^*) - f(x, y_1, \ldots, y_n)| \leq |p_n(x)| \cdot |y_1^* - y_1| + \cdots$$
$$+ |p_1(x)| \cdot |y_n^* - y_n| < K \cdot \{|y_1^* - y_1| + \cdots + |y_n^* - y_n|\}$$

befriedigt. Da also die Voraussetzungen des Existenz- und Eindeutigkeitssatzes im Intervall $|x - x_0| \leqq a$ erfüllt sind, gilt:

Die lineare Differentialgleichung n-ter Ordnung (47.1) hat im Intervall $|x - x_0| \leqq a$ genau eine Lösung $y = y(x)$, die zusammen mit ihren Ableitungen $y', y'' \ldots, y^{(n-1)}$ an der Stelle x_0 vorgeschriebene Werte $y_0 = y(x_0)$, $y_0' = y'(x_0), \ldots, y_0^{(n-1)} = y^{(n-1)}(x_0)$ annimmt. $\quad (47.3)$

Wie in Ziff. 44.3 betrachten wir neben der Differentialgleichung (47.2) die *verkürzte Gleichung*

$$\eta^{(n)} + p_1(x)\, \eta^{(n-1)} + \cdots + p_{n-1}(x)\, \eta' + p_n(x)\, \eta = 0. \quad (47.4)$$

Die Sätze (44.12) und (44.13) lassen sich dann ohne weiteres auf die linearen Differentialgleichungen n-ter Ordnung übertragen:

Die Differenz zweier Lösungen $y_I(x)$, $y_{II}(x)$ der Differentialgleichung (47.1) ist eine Lösung der verkürzten Gleichung (47.4). Man erhält daher die allgemeine Lösung $y(x)$ — d. h. die sämtlichen durch beliebige Anfangswerte y_0, y_0', ..., $y_0^{(n-1)}$ sich ergebenden Lösungen — der nichtverkürzten Gleichung (47.1), indem man einer einzelnen („partikulären") Lösung $y_p(x)$ der Gl. (47.1) die allgemeine Lösung $\eta(x)$ der verkürzten Gleichung (47.4) überlagert, also   (47.5)

$$y(x) = y_p(x) + \eta(x).$$

Um die allgemeine Lösung $y(x)$ zu finden, hat man hiernach folgende zwei Aufgaben zu lösen:

  I. *Ermittlung der allgemeinen Lösung der verkürzten Gleichung* (47.4),

  II. *Ermittlung einer partikulären Lösung der nicht verkürzten Gleichung* (47.1).

Dem Satz (47.5) über die Lösungen linearer Differentialgleichungen entspricht in der Theorie der linearen algebraischen Gleichungen der analoge Satz (36.15).

47.2 Aufbau der allgemeinen Lösung der verkürzten Gleichung (47.4)

Wegen der Linearität hinsichtlich η und der Ableitungen von η und der verschwindenden rechten Seite der Gl. (47.4) ist offenbar jede Linearkombination $\eta = C_1\eta_1(x) + C_2\eta_2(x) + \cdots + C_m\eta_m(x)$ irgendwelcher m Lösungen $\eta_1(x)$, ..., $\eta_m(x)$ der Gl. (47.4) mit beliebigen Konstanten C_1, ..., C_m wiederum eine Lösung dieser Gleichung. *Aus diesem Grunde gelten für lineare Differentialgleichungen wesentlich einfachere Beziehungen als für nichtlineare.*

Im Spezialfall der linearen Differentialgleichung erster Ordnung ergab sich nach Gl. (44.14) die allgemeine Lösung $\eta(x) = C_1\eta_1(x)$ aus einer einzigen — nicht identisch verschwindenden — Lösung $\eta_1(x)$. Bei der linearen Differentialgleichung n-ter Ordnung gilt der folgende entsprechende Satz:

Sind $\eta_1(x)$, ..., $\eta_n(x)$ irgendwelche n linear unabhängige Lösungen der verkürzten Differentialgleichung (47.4), so ist deren allgemeine Lösung   (47.6)

$$\eta = C_1\,\eta_1(x) + \cdots + C_n\,\eta_n(x).$$

Man bezeichnet n linear unabhängige $\eta_\nu(x)$ als ein *Fundamentalsystem* der Differentialgleichung (47.4). Der in Satz (47.6) auftretende Begriff der *linearen Unabhängigkeit* ist folgendermaßen definiert (vgl. hierzu die Definitionen in Ziff. 23.7, 24.2 und 35.4):

n Lösungen $\eta_1(x)$, ..., $\eta_n(x)$ heißen linear abhängig, wenn eine von ihnen Linearkombination der übrigen ist, wenn also n Konstante C_k, die nicht alle gleich Null sind, angegeben werden können, so daß

$$C_1\,\eta_1(x) + \cdots + C_n\,\eta_n(x) \equiv 0 \tag{47.7}$$

ist; für ein von Null verschiedenes C_k läßt sich dann diese Identität nach $\eta_k(x)$ auflösen und dadurch $\eta_k(x)$ als Linearkombination der übrigen $n-1$ Lösungen darstellen. Im gegenteiligen Fall, d. h. wenn die n Lösungen nicht linear abhängig sind, heißen sie linear unabhängig.

Hiernach kann offenbar die triviale Lösung $\eta_1(x) \equiv 0$ in einem System linear unabhängiger Lösungen nicht enthalten sein; denn für $\eta_1(x) \equiv 0$ gilt $C_1\eta_1 + \cdots + C_n\eta_n \equiv 0$ mit $C_1 \neq 0$ und $C_2 = C_3 = \cdots = C_n = 0$.

Im Fall $n = 2$ läßt sich die lineare Abhängigkeit in einfacher Weise geometrisch erläutern (Abb. 24): Aus $C_1\eta_1(x) + C_2\eta_2(x) \equiv 0$ mit etwa $C_2 \neq 0$ folgt $\eta_2(x) = -\dfrac{C_1}{C_2}\eta_1(x)$, d. h. die Kurven $\eta = \eta_1(x)$ und $\eta = \eta_2(x)$ sind hinsichtlich der y-Richtung zueinander affin.

Im Anhang wird unter [6] folgendes Kriterium für die lineare Unabhängigkeit hergeleitet:

n Lösungen $\eta_1(x), \ldots, \eta_n(x)$ der Gl. (47.4) sind dann und nur dann linear unabhängig, wenn ihre WRONSKI-*Determinante*

$$W(x) = \begin{vmatrix} \eta_1(x) & \ldots\ldots & \eta_n(x) \\ \eta_1'(x) & \ldots\ldots & \eta_n'(x) \\ \ldots & \ldots\ldots\ldots & \ldots \\ \eta_1^{(n-1)}(x) & \ldots & \eta_n^{(n-1)}(x) \end{vmatrix} \qquad (47.8)$$

an der Stelle x_0 nicht verschwindet, wenn also $W(x_0) \neq 0$ ist. Sie ist dann im ganzen Intervall $|x - x_0| \leqq a$ von Null verschieden. Sind die n Lösungen linear abhängig, dann ist $W(x) \equiv 0$ im ganzen Intervall $|x - x_0| \leqq a$.

Im Fall $n = 2$ ist $W(x) = \eta_1(x)\,\eta_2'(x) - \eta_2(x)\,\eta_1'(x)$. Aus $W(x) \equiv 0$, also $\eta_1'/\eta_1 = \eta_2'/\eta_2$ folgt sofort $\ln\eta_1 = \ln\eta_2 + \text{const}$, also $C_1\eta_1 + C_2\eta_2 = 0$.

Aus dem Kriterium (47.8) und dem Existenz- und Eindeutigkeitssatz (47.3) ergibt sich, daß die verkürzte Differentialgleichung (47.4) tatsächlich n linear unabhängige Lösungen besitzt; denn die durch die Anfangswerte

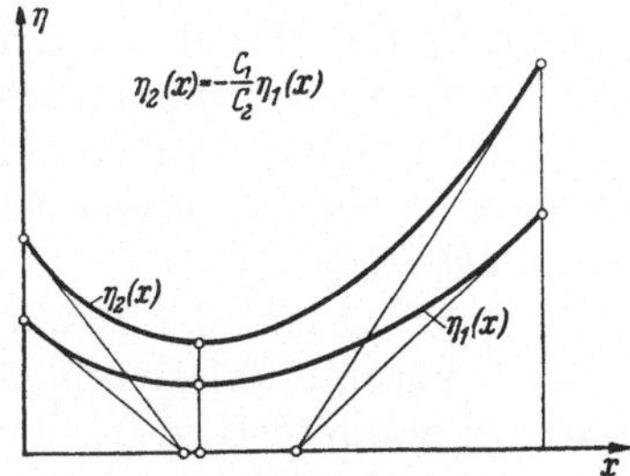

Abb. 24. Geometrische Deutung der linearen Abhängigkeit

$$\boxed{\eta_1(x_0) = 1,}\ \ \eta_1'(x_0) = 0, \ldots\ldots\ldots\ldots, \eta_1^{(n-1)}(x_0) = 0,$$

$$\eta_2(x_0) = 0,\ \ \boxed{\eta_2'(x_0) = 1,}\ \ \eta_2''(x_0) = 0, \ldots, \eta_2^{(n-1)}(x_0) = 0,$$

$$\cdots\cdots\cdots\cdots\cdots\cdots\cdots\cdots\cdots$$

$$\eta_n(x_0) = 0, \ldots\ldots\ldots\ldots, \eta_n^{(n-2)}(x_0) = 0,\ \ \boxed{\eta_n^{(n-1)}(x_0) = 1}$$

gegebenen Lösungen liefern

$$W(x_0) = \begin{vmatrix} 1 & 0 \cdots\cdots\cdots 0 \\ 0 & 1 & 0 \cdots\cdots 0 \\ \cdots\cdots\cdots\cdots\cdots \\ 0 \cdots\cdots\cdots 0 & 1 \end{vmatrix} = 1,$$

sind also linear unabhängig.

Daß sich jede Lösung $\eta(x)$ aus n linear unabhängigen Lösungen $\eta_1(x), \ldots, \eta_n(x)$ linear kombinieren läßt, daß Satz (47.6) also richtig ist, sieht man jetzt folgendermaßen ein:

Jede Lösung $\eta(x)$ ist durch ihre Anfangswerte $\eta_0, \eta_0', \ldots, \eta_0^{(n-1)}$ für $x = x_0$ nach Satz (47.3) eindeutig bestimmt. Um den Satz (47.6) zu beweisen, müssen wir also lediglich zeigen, daß sich n Konstante $C_1, \ldots, C_n$ so bestimmen lassen, daß die Linearkombination $C_1 \eta_1(x) + \cdots + C_n \eta_n(x)$ für $x = x_0$ die vorgeschriebenen Anfangswerte annimmt. Dies führt auf das lineare Gleichungssystem

$$C_1 \eta_1(x_0) + \cdots\cdots + C_n \eta_n(x_0) = \eta_0,$$
$$C_1 \eta_1'(x_0) + \cdots\cdots + C_n \eta_n'(x_0) = \eta_0',$$
$$\cdots\cdots\cdots\cdots\cdots\cdots\cdots\cdots\cdots\cdots$$
$$C_1 \eta_1^{(n-1)}(x_0) + \cdots + C_n \eta_n^{(n-1)}(x_0) = \eta_0^{(n-1)}.$$

Die WRONSKI-Determinante $W(x_0)$ ist die Koeffizientendeterminante dieses linearen Gleichungssystems. Da die $\eta_1(x), \ldots, \eta_n(x)$ als linear unabhängig vorausgesetzt sind, ist $W(x_0) \neq 0$ und nach Satz (36.4) hat das Gleichungssystem daher genau eine Lösung $C_1, \ldots, C_n$, die gesuchte Lösung $\eta(x)$ ist also als Linearkombination der $\eta_1(x), \ldots, \eta_n(x)$ darstellbar, wie Satz (47.6) behauptet.

Offenbar kann man Satz (47.6) auch so formulieren: $(n+1)$ *Lösungen einer verkürzten linearen Differentialgleichung n-ter Ordnung sind stets linear abhängig.*

Satz (47.6) gibt die Struktur der allgemeinen Lösung $\eta(x)$ der verkürzten linearen Differentialgleichung (47.4) an: $\eta(x)$ enthält n Integrationskonstante $C_1, \ldots, C_n$ und diese gehen linear und homogen in $\eta(x)$ ein. Wie man ein System linear unabhängiger Lösungen $\eta_1(x), \ldots, \eta_n(x)$ tatsächlich ermitteln kann, werden wir in § 48 für spezielle Differentialgleichungen erörtern.

47.3 Ermittlung einer partikulären Lösung der nicht verkürzten Gleichung (47.1)

Wir nehmen an, daß die allgemeine Lösung $C_1\eta_1(x) + \cdots + C_n\eta_n(x)$ der verkürzten Gl. (47.4), also ein System linear unabhängiger Lösungen $\eta_1(x), \ldots, \eta_n(x)$, bekannt sei. Dann kann man durch die *Methode der*

Variation der Konstanten, die wir in Ziff. 44.3 im Spezialfall der linearen Differentialgleichung erster Ordnung bereits kennenlernten, eine partikuläre Lösung $y_p(x)$ und damit die allgemeine Lösung $y(x)$ der nicht verkürzten Gl. (47.1) folgendermaßen gewinnen:

Wir machen für $y(x)$ den Ansatz

$$y(x) = u_1(x)\,\eta_1(x) + \cdots + u_n(x)\,\eta_n(x), \qquad (47.9)$$

wobei n zunächst unbestimmte, stetig differenzierbar vorausgesetzte Funktionen $u_1(x), \ldots, u_n(x)$ eingehen. Für diese Funktionen fordern wir nun n Bedingungen, nämlich die $(n-1)$ Gleichungen

$$
\begin{aligned}
u_1'\,\eta_1 + \cdots\cdots + u_n'\,\eta_n &= 0, \\
u_1'\,\eta_1' + \cdots\cdots + u_n'\,\eta_n' &= 0, \\
&\cdots\cdots\cdots\cdots\cdots\cdots\cdots \\
u_1'\,\eta_1^{(n-2)} + \cdots + u_n'\,\eta_n^{(n-2)} &= 0,
\end{aligned}
\qquad (47.10)
$$

sowie das Erfülltsein der Differentialgleichung (47.1). Auf Grund der Gln. (47.9) und (47.10) ist

$$
\begin{aligned}
y' &= u_1\,\eta_1' + \cdots\cdots + u_n\,\eta_n', \\
y'' &= u_1\,\eta_1'' + \cdots\cdots + u_n\,\eta_n'', \\
&\cdots\cdots\cdots\cdots\cdots\cdots\cdots \\
y^{(n-1)} &= u_1\,\eta_1^{(n-1)} + \cdots + u_n\,\eta_n^{(n-1)}, \\
y^{(n)} &= u_1\,\eta^{(n)} + \cdots\cdots + u_n\,\eta_n^{(n)} + u_1'\,\eta_1^{(n-1)} + \cdots + u_n'\,\eta_n^{(n-1)}.
\end{aligned}
$$

Durch Einsetzen dieser Ausdrücke in die Differentialgleichung (47.1) und bei Berücksichtigung der Tatsache, daß die $\eta_1, \ldots, \eta_n$ der verkürzten Gleichung (47.4) genügen, kommt

$$q(x) = u_1'\,\eta_1^{(n-1)} + \cdots\cdots + u_n'\,\eta_n^{(n-1)}. \qquad (47.11)$$

Die Gln. (47.10) und (47.11) sind n lineare Gleichungen für die n Unbekannten $u_1'(x), \ldots, u_n'(x)$. Die Koeffizientendeterminante dieses Gleichungssystems ist die WRONSKI-Determinante $W(x)$, und diese verschwindet nicht, da die $\eta_1(x), \ldots, \eta_n(x)$ linear unabhängig sind. Daher kann man nach Satz (36.4) die Unbekannten $u_1'(x), \ldots, u_n'(x)$ in eindeutiger Weise durch die $\eta_\nu(x)$ ausdrücken und erhält hierauf durch Integration die vorher unbestimmten Funktionen

$$u_1(x) = \int u_1'(x)\,dx + C_1, \ldots, u_n(x) = \int u_n'(x)\,dx + C_n. \quad (47.12)$$

Legt man die C_ν in irgendeiner bestimmten Weise fest, so ergibt sich durch Einsetzen der Ausdrücke (47.12) in Gl. (47.9) eine partikuläre Lösung $y_p(x)$; läßt man die C_ν unbestimmt, so ergibt sich sogleich die allgemeine Lösung $y(x)$.

47.4 Reduktion der Ordnung einer linearen Differentialgleichung

Nach Ziff. 47.3 läßt sich die allgemeine Lösung $y(x)$ der Gl. (47.1) auf Integrationen über Funktionen $u'_\nu(x)$, die aus einem linearen Gleichungssystem berechnet werden können, zurückführen, falls n linear unabhängige Lösungen $\eta_1(x), \ldots, \eta_n(x)$ der verkürzten Gl. (47.4) bekannt sind. Wenn man nur *eine* Lösung $\eta_1(x)$ kennt, läßt sich ebenfalls eine, wenn auch nicht so weitgehende Vereinfachung des Problems erreichen. Man kann dann nämlich die Lösungen der gegebenen linearen Differentialgleichung n-ter Ordnung (47.1) auf die Lösung einer linearen Differentialgleichung $(n-1)$-ter Ordnung zurückführen:

Nach der *Methode der Variation der Konstanten* setzen wir

$$y = u(x)\,\eta_1(x), \qquad (47.13)$$

wobei jetzt nur eine zunächst unbestimmte Funktion $u(x)$ eingeht, die stetige Ableitungen bis zur n-ten Ordnung haben soll. Durch Einsetzen des Ausdrucks (47.13) und der Ableitungen

$$
\begin{aligned}
y' &= u\,\eta_1' + u'\,\eta_1, \\
y'' &= u\,\eta_1'' + 2\,u'\,\eta_1' + u''\,\eta_1, \\
&\cdots\cdots\cdots\cdots\cdots \\
y^{(n)} &= u\,\eta_1^{(n)} + n\,u'\,\eta_1^{(n-1)} + \cdots + u^{(n)}\,\eta_1
\end{aligned}
\qquad (47.14)
$$

in Gl. (47.1) und bei Berücksichtigung der Tatsache, daß $\eta_1(x)$ eine Lösung der verkürzten Gl. (47.4) ist, ergibt sich für $u(x)$

$$q(x) = \psi(x)\,u' + \cdots + \eta_1(x)\,u^{(n)}, \qquad (47.15)$$

also für $v = u'(x)$ eine lineare Differentialgleichung $(n-1)$-ter Ordnung.

Der Leser überlege sich, welche Vereinfachung des Problems sich ergibt, wenn eine zwischen 1 und n liegende Anzahl m linear unabhängiger Lösungen $\eta_1(x), \ldots, \eta_m(x)$ der verkürzten Gl. (47.4) bekannt ist.

47.5 Beispiel

Wir erläutern die Sätze und Methoden der beiden vorhergehenden Ziffern an der linearen Differentialgleichung zweiter Ordnung

$$y'' + y = \sin x. \qquad (47.16)$$

Die verkürzte Gleichung

$$\eta'' + \eta = 0 \qquad (47.17)$$

wird offenbar durch

$$\eta_1 = \cos x \quad \text{und} \quad \eta_2 = \sin x \qquad (47.18)$$

erfüllt. Wegen $W(x) = \eta_1\,\eta_2' - \eta_2\,\eta_1' = 1 \neq 0$ sind η_1 und η_2 linear unabhängig, $\eta = C_1 \cos x + C_2 \sin x$ ist also die allgemeine Lösung der verkürzten Gleichung (47.17).

Um die Lösungen der nicht verkürzten Gleichung (47.16) zu finden, setzen wir nach Ziff. 47.3

$$y = u_1\,\eta_1 + u_2\,\eta_2 = u_1 \cos x + u_2 \sin x$$

und verlangen außerdem

$$0 = u_1'\,\eta_1 + u_2'\,\eta_2 = u_1' \cos x + u_2' \sin x. \qquad (47.19)$$

Dann ist

$$y' = u_1\,\eta_1' + u_2\,\eta_2' = -\,u_1 \sin x + u_2 \cos x,$$

$$y'' = \qquad\qquad -\,u_1 \cos x - u_2 \sin x - u_1' \sin x + u_2' \cos x.$$

Einsetzen in Gl. (47.16) liefert

$$\sin x = -\,u_1' \sin x + u_2' \cos x. \qquad (47.20)$$

Aus den Gln. (47.19) und (47.20) ergibt sich

$$u_1' = -\,\sin^2 x, \quad u_2' = \sin x \cos x,$$

also unter Weglassung der Integrationskonstanten

$$u_1 = \frac{1}{4} \sin 2x - \frac{x}{2}, \quad u_2 = -\frac{1}{4} \cos 2x$$

und hiermit

$$y_p = u_1\,\eta_1 + u_2\,\eta_2 = \frac{1}{4}\,(\sin 2x \cos x - \cos 2x \sin x) - \frac{x}{2} \cos x$$

$$= \frac{1}{4} \sin x - \frac{x}{2} \cos x.$$

Mit Rücksicht auf die Gln. (47.18) ist hiernach

$$y = -\frac{x}{2} \cos x + C_1 \cos x + C_2 \sin x \qquad (47.21)$$

die allgemeine Lösung der Gl. (47.16).

Nehmen wir an, daß nur die eine Lösung

$$\eta_1 = \cos x \qquad (47.22)$$

bekannt sei. Dann setzen wir nach Ziff. 47.4

$$y = u\,\eta_1 = u \cos x,$$

$$y' = \qquad -\,u \sin x + u' \cos x,$$

$$y'' = \qquad -\,u \cos x - 2u' \sin x + u'' \cos x.$$

Einsetzen in Gl. (47.16) liefert

$$\sin x = -\,2u' \sin x + u'' \cos x = -\,2v \sin x + v' \cos x,$$

wenn wir $u' = v$ setzen. Für v haben wir also die lineare Differentialgleichung erster Ordnung

$$v' - 2v \cdot \tan x = \tan x,$$

4*

welche nach Ziff. 44.3 die Lösung $v = -\dfrac{1}{2} + \dfrac{C_1}{\cos^2 x}$ liefert. Durch Integration ergibt sich

$$u = \int v\, dx + C_2 = -\frac{x}{2} + C_1 \tan x + C_2 \,,$$

$$y = u\,\eta_1 = -\frac{x}{2} \cos x + C_1 \sin x + C_2 \cos x.$$

47.6 Integrationstheorie der Systeme linearer Differentialgleichungen mit Verwendung des Matrizenkalküls

Die hier entwickelte Integrationstheorie für die lineare Differentialgleichung n-ter Ordnung (47.1) bzw. das hiermit äquivalente System (47.2) linearer Differentialgleichungen erster Ordnung soll jetzt mit Verwendung des Matrizenkalküls dargestellt werden. Dabei wird sich zeigen, wie sehr die Matrizenschreibweise die Untersuchungen durchsichtiger macht und formal vereinfacht.

An Stelle der speziellen Gln. (47.2) betrachten wir das allgemeine System von n linearen Differentialgleichungen erster Ordnung

$$\frac{d\mathfrak{y}}{dx} - \mathfrak{A}(x)\,\mathfrak{y}(x) = \mathfrak{b}(x). \tag{47.23}$$

Dabei ist $\mathfrak{A}(x)$ eine (n, n)-Matrix, deren Elemente $a_{ik}(x)$ im Intervall $|x - x_0| \leq a$ stetige Funktionen sind. Die n gesuchten Funktionen $y_1,(x), \ldots, y_n(x)$ sind im Spaltenvektor

$$\mathfrak{y}(x) = \begin{pmatrix} y_1(x) \\ \vdots \\ y_n(x) \end{pmatrix}$$

und die rechten Seiten $b_1(x), \ldots, b_n(x)$ der Gln. (47.23) im Spaltenvektor

$$\mathfrak{b}(x) = \begin{pmatrix} b_1(x) \\ \vdots \\ b_n(x) \end{pmatrix}$$

zusammengefaßt. Die $b_i(x)$ sollen im Intervall $|x - x_0| \leq a$ ebenso wie die $a_{ik}(x)$ stetige Funktionen sein.

Neben dem System (47.23) werden wir auch das zugeordnete *verkürzte System*

$$\mathfrak{z}'(x) - \mathfrak{A}(x)\,\mathfrak{z}(x) = 0 \quad \left(' = \frac{d}{dx}\right) \tag{47.24}$$

betrachten.

Unter $\mathfrak{z}'(x)$ bzw. $\mathfrak{y}'(x)$ verstehen wir die Spaltenvektoren mit den Komponenten $z_i'(x)$ bzw. $y_i'(x)$. Ähnlich werden wir später unter der Ableitung $\mathfrak{P}'(x)$ einer Matrix $\mathfrak{P}(x)$ die Matrix mit den Elementen $p_{ik}'(x)$ verstehen.

An Stelle des Satzes (47.3) gilt für das System (47.23) folgender *Existenz- und Eindeutigkeitssatz*:

Das System (47.23) hat im Intervall $|x - x_0| \leqq a$ genau eine stetig differenzierbare Lösung $\mathfrak{y}(x)$, die an der Stelle x_0 die Anfangsbedingung $\mathfrak{y}(x_0) = \mathfrak{y}_0$ erfüllt.

Satz (47.5) geht in folgende Aussage über:

Die Differenz zweier Lösungen $\mathfrak{y}_I(x)$ und $\mathfrak{y}_{II}(x)$ der Gleichungen (47.23) ist eine Lösung des verkürzten Systems (47.24). Man erhält daher die allgemeine Lösung $\mathfrak{y}(x)$ — d. h. die sämtlichen durch beliebige Anfangsbedingungen $\mathfrak{y}_0$ sich ergebenden Lösungen — des nichtverkürzten Systems (47.23), indem man einer einzelnen („partikulären") Lösung des Systems (47.23) die allgemeine Lösung des verkürzten Systems (47.24) überlagert.

Die allgemeine Lösung des verkürzten Systems (47.24) setzt sich analog zu Satz (47.6) aus n linear unabhängigen Lösungen $\mathfrak{z}_1^*(x)$, ..., $\mathfrak{z}_n^*(x)$ durch lineare Überlagerung mit n Integrationskonstanten c_1, ..., c_n zusammen. Diese Aussage kann man in Matrizenschreibweise kurz darstellen durch

$$\mathfrak{z}(x) = \mathfrak{Z}^*(x)\,\mathfrak{c} \quad \text{mit} \quad \mathfrak{Z}^*(x) = (\mathfrak{z}_1^*, \ldots, \mathfrak{z}_n^*) = \begin{pmatrix} z_{11}^* & \cdots & z_{n1}^* \\ \cdots\cdots\cdots \\ z_{1n}^* & \cdots & z_{nn}^* \end{pmatrix} \quad \text{und} \quad \mathfrak{c} = \begin{pmatrix} c_1 \\ \vdots \\ c_n \end{pmatrix}.$$

$$(47.25)$$

Dabei sind die c_i beliebige Konstante und die z_{i1}^*, ..., z_{in}^* sind die Komponenten des Spaltenvektors $\mathfrak{z}_i^*$. Entsprechend Ziff. 47.2 bezeichnen wir die Matrix $\mathfrak{Z}^*(x)$ als *Fundamentalsystem* der verkürzten Differentialgleichungen (47.24). Ebenfalls entsprechend Ziff. 47.2 benützen wir weiterhin das spezielle Fundamentalsystem, bei dem die $\mathfrak{z}_i^*(x)$ durch die Anfangsbedingungen $\mathfrak{z}_i^*(x_0) = \mathfrak{e}_i$ mit

$$\mathfrak{e}_1 = \begin{pmatrix} 1 \\ 0 \\ \cdot \\ \cdot \\ 0 \end{pmatrix}, \ldots, \mathfrak{e}_n = \begin{pmatrix} 0 \\ \cdot \\ \cdot \\ 0 \\ 1 \end{pmatrix}$$

festgelegt sind. Die $\mathfrak{e}_i$ sind die Spaltenvektoren der Einheitsmatrix $\mathfrak{E}$. Infolgedessen lassen sich die n Gleichungen

$$\mathfrak{z}_1^{*\prime}(x) = \mathfrak{A}(x)\,\mathfrak{z}_1^*(x), \ldots, \mathfrak{z}_n^{*\prime}(x) = \mathfrak{A}(x)\,\mathfrak{z}_n^*(x) \qquad \left(' = \frac{d}{dx}\right)$$

sowie die n Anfangsbedingungen

$$\mathfrak{z}_1^*(x_0) = \mathfrak{e}_1, \ldots, \mathfrak{z}_n^*(x_0) = \mathfrak{e}_n$$

in Matrizenschreibweise zusammenfassen in

$$\mathfrak{Z}^{*\prime}(x) = \mathfrak{A}(x)\,\mathfrak{Z}^*(x) \quad \text{mit} \quad \mathfrak{Z}^*(x_0) = \mathfrak{E}. \qquad (47.26)$$

Ist das Fundamentalsystem $\mathfrak{Z}^*(x)$ bekannt, so ist die durch die Anfangsbedingung $\mathfrak{z}(x_0) = \mathfrak{z}_0$ festgelegte Lösung des verkürzten Systems (47.24) gegeben durch

$$\mathfrak{z}(x) = \mathfrak{Z}^*(x)\,\mathfrak{c} \quad \text{mit} \quad \mathfrak{c} = \mathfrak{z}_0; \tag{47.27}$$

denn es ist

$$\mathfrak{z}(x_0) = \mathfrak{Z}^*(x_0)\,\mathfrak{c} = \mathfrak{E}\,\mathfrak{c} = \mathfrak{c}.$$

Die Lösungen der nichtverkürzten Gl. (47.23) erhält man nach Ermittlung des Fundamentalsystems $\mathfrak{Z}^*(x)$ ebenso wie in Ziff. 47.3 durch die *Methode der Variation der Konstanten*: Wir setzen

$$\mathfrak{y}(x) = \mathfrak{Z}^*(x)\,\mathfrak{u}(x)$$

und suchen $\mathfrak{u}(x)$ so zu bestimmen, daß $\mathfrak{y}(x)$ der Differentialgleichung (47.23) genügt. Aus

$$\mathfrak{y}'(x) = \mathfrak{Z}^{*\prime}(x)\,\mathfrak{u}(x) + \mathfrak{Z}^*(x)\,\mathfrak{u}'(x) = \mathfrak{A}(x)\,\mathfrak{y}(x) + \mathfrak{b}(x)$$

$$= \mathfrak{A}(x)\,\mathfrak{Z}^*(x)\,\mathfrak{u}(x) + \mathfrak{b}(x),$$

also

$$\left(\mathfrak{Z}^{*\prime}(x) - \mathfrak{A}(x)\,\mathfrak{Z}^*(x)\right)\mathfrak{u}(x) + \mathfrak{Z}^*(x)\,\mathfrak{u}'(x) = \mathfrak{b}(x),$$

folgt wegen Gl. (47.26)

$$\mathfrak{Z}^*(x)\,\mathfrak{u}'(x) = \mathfrak{b}(x).$$

Da die Spaltenvektoren $\mathfrak{z}_i^*(x)$ der Matrix $\mathfrak{Z}^*(x)$ linear unabhängig sind, ist $\mathfrak{Z}^*$ eine nicht singuläre Matrix, besitzt also eine Inverse $\mathfrak{Z}^{*-1}(x)$. Daher ist

$$\mathfrak{u}'(x) = \mathfrak{Z}^{*-1}(x)\,\mathfrak{b}(x),$$

$$\mathfrak{u}(x) = \int\limits_{x_0}^{x} \mathfrak{Z}^{*-1}(\xi)\,\mathfrak{b}(\xi)\,d\xi + \mathfrak{u}(x_0)$$

und schließlich

$$\mathfrak{y}(x) = \mathfrak{Z}^*(x) \int\limits_{x_0}^{x} \mathfrak{Z}^{*-1}(\xi)\,\mathfrak{b}(\xi)\,d\xi + \mathfrak{Z}^*(x)\,\mathfrak{c}. \tag{47.28}$$

Für $\mathfrak{c} = \mathfrak{y}_0$ liefert Gl. (47.28) die Lösung der Gl. (47.23) mit der Anfangsbedingung $\mathfrak{y}(x_0) = \mathfrak{y}_0$.

§ 48. Lineare gewöhnliche Differentialgleichungen mit konstanten Koeffizienten

48.1 Allgemeine Lösung der verkürzten Differentialgleichung

Die verkürzte lineare Differentialgleichung n-ter Ordnung mit konstanten Koeffizienten

$$\eta^{(n)} + p_1\,\eta^{(n-1)} + \cdots + p_{n-1}\,\eta' + p_n\,\eta = 0 \tag{48.1}$$

wird durch eine Exponentialfunktion

$$\eta = e^{\lambda x} \tag{48.2}$$

bei passender Wahl von λ befriedigt: Bei Einsetzen des Ausdrucks (48.2) und der Ableitungen $\eta' = \lambda\, e^{\lambda x}$, $\eta'' = \lambda^2\, e^{\lambda x}$ usw. ergibt sich nämlich die Gleichung n-ten Grades

$$P_n(\lambda) \equiv \lambda^n + p_1 \lambda^{n-1} + \cdots + p_{n-1}\lambda + p_n = 0 \qquad (48.3)$$

als Bestimmungsgleichung für λ. Man nennt sie die *charakteristische Gleichung* der Differentialgleichung (48.1) und $P_n(\lambda)$ das *charakteristische Polynom*.

Die Koeffizienten p_k sind reell. Nach Ziff. 17.4 sind daher die Nullstellen λ_ν des Polynoms $P_n(\lambda)$ reell oder imaginär und paarweise konjugiert komplex $\lambda_{\nu,\mu} = \alpha \pm i\,\beta$. Jede reelle Nullstelle λ_ν liefert eine reelle Lösung $\eta_\nu = e^{\lambda_\nu x}$ der Differentialgleichung (48.1), jedes Paar konjugiert komplexer imaginärer Nullstellen $\lambda_{\nu,\mu} = \alpha \pm i\,\beta$ liefert in der formalen Schreibweise der EULERschen Formel (17.24) zwei konjugiert komplexe Lösungen $\eta_\nu = e^{\alpha x}\, e^{i\beta x}$ und $\eta_\mu = e^{\alpha x}\, e^{-i\beta x}$. Dieses formale Rechnen mittels EULER-Formel ist auch beim Differenzieren zulässig; denn

$$\frac{d}{dx}\, e^{(\alpha \pm i\beta)x} = (\alpha \pm i\,\beta) \cdot e^{(\alpha \pm i\beta)x}$$

liefert wegen

$$\frac{d}{dx}\left\{ e^{\alpha x}\,(\cos\beta\,x \pm i\sin\beta\,x) \right\}$$
$$= e^{\alpha x}\left\{ (\alpha\cos\beta\,x - \beta\sin\beta\,x) \pm i\,(x\sin\beta\,x + \beta\cos\beta\,x) \right\}$$
$$= (\alpha \pm i\,\beta)\, e^{\alpha x}\,(\cos\beta\,x \pm i\sin\beta\,x)$$

die richtigen Ausdrücke für die Ableitungen des Real- und Imaginärteils.

Da jede Linearkombination von Lösungen nach Ziff. 47.2 wiederum eine Lösung ist, ergeben sich aus η_ν und η_μ mittels der EULER-Formel (17.24) zwei reelle Lösungen

$$\eta_1 = \frac{1}{2}\,(\eta_\nu + \eta_\mu) = e^{\alpha x}\cdot \cos\beta\,x, \quad \eta_2 = \frac{1}{2i}\,(\eta_\nu - \eta_\mu) = e^{\alpha x}\cdot\sin\beta\,x. \quad (48.4)$$

Auf diese Weise liefert die charakteristische Gleichung $P_n(\lambda) = 0$ genau n reelle Lösungen $\eta_1(x), \ldots, \eta_n(x)$, falls $P_n(\lambda)$ lauter einfache reelle oder konjugiert komplexe imaginäre Nullstellen hat.

Falls $P_n(\lambda)$ eine mehrfache, etwa r-fache Nullstelle λ hat, wird die Differentialgleichung (48.1) nicht nur von $e^{\lambda x}$, sondern auch von $x\, e^{\lambda x}$, $x^2\, e^{\lambda x}, \ldots, x^{r-1}\, e^{\lambda x}$ erfüllt, wie im Anhang unter [7] gezeigt wird. Eine r-fache reelle Nullstelle λ liefert also die r Lösungen

$$\eta_1 = e^{\lambda x},\ \eta_2 = x\cdot e^{\lambda x},\ \ldots,\ \eta_r = x^{r-1}\cdot e^{\lambda x}. \qquad (48.5)$$

Falls $P_n(\lambda)$ eine r-fache nicht reelle Nullstelle $\lambda = \alpha + i\,\beta$ hat, dann ist auch die konjugiert komplexe Nullstelle $\lambda = \alpha - i\,\beta$ eine r-fache Nullstelle. Man erhält dann zu diesen beiden konjugiert komplexen r-fachen

Nullstellen durch Linearkombination konjugiert komplexer Lösungen wie in Gl. (48.4) $2r$ reelle Lösungen

$$\eta_1 = e^{\alpha x} \cos \beta x, \quad \eta_2 = x \cdot e^{\alpha x} \cos \beta x, \ldots, \eta_r = x^{r-1} \cdot e^{\alpha x} \cos \beta x,$$

$$(48.6)$$

$$\eta_{r+1} = e^{\alpha x} \sin \beta x, \ \eta_{r+2} = x \cdot e^{\alpha x} \sin \beta x, \ldots, \eta_{2r} = x^{r-1} \cdot e^{\alpha x} \sin \beta x.$$

Wir fassen zusammen:

Aus den Nullstellen λ des charakteristischen Polynoms $P_n(\lambda)$ ergeben sich genau n Lösungen $\eta_\nu(x)$ der Differentialgleichung (48.1) nach folgender Vorschrift:

λ = einfache reelle Nullstelle $> \eta = e^{\lambda x}$,

λ = r-fache reelle Nullstelle $> \eta_1, \ldots, \eta_r$ nach Gl. (48.5), $\qquad\qquad$ (48.7)

$$\lambda = \alpha \pm i\beta \begin{cases} \text{einfache konjugiert komplexe} \\ \text{nicht-reelle Nullstellen} \end{cases} > \begin{aligned} &\eta_1 = e^{\alpha x}\cos \beta x, \\ &\eta_2 = e^{\alpha x}\sin \beta x, \end{aligned}$$

$$\lambda = \alpha \pm i\beta \begin{cases} \text{r-fache konjugiert komplexe} \\ \text{nicht-reelle Nullstellen} \end{cases} > \eta_1, \ldots, \eta_{2r} \text{ nach Gl. (48.6).}$$

Im Anhang werden wir unter [8] nachweisen, daß die aus der Vorschrift (48.7) sich ergebenden n Lösungen $\eta_1(x), \ldots, \eta_n(x)$ linear unabhängig sind. Daraus folgt dann:

Die nach der Vorschrift (48.7) ermittelten Lösungen $\eta_1(x), \ldots, \eta_n(x)$ liefern die allgemeine Lösung $\eta = C_1\eta_1(x) + \cdots + C_n\eta_n(x)$ der Diffe- $\qquad$ (48.8) *rentialgleichung (48.1).*

Beispiel:

(a) $\quad \eta^{(4)} - \eta = 0 > \lambda^4 - 1 = 0 > \lambda_{1,2} = \pm 1, \ \lambda_{3,4} = \pm i,$

$$\eta_1 = e^x, \ \eta_2 = e^{-x}, \ \eta_3 = \cos x, \ \eta_4 = \sin x.$$

(b) $\quad \eta^{(4)} - 2\eta'' + \eta = 0 > \lambda^4 - 2\lambda^2 + 1 = (\lambda^2 - 1)^2 = 0$

$$> \lambda_1 = \lambda_2 = 1, \ \lambda_3 = \lambda_4 = -1,$$

$$\eta_1 = e^x, \ \eta_2 = x\,e^x, \ \eta_3 = e^{-x}, \ \eta_4 = x\,e^{-x}.$$

(c) $\quad \eta^{(4)} + 2\eta'' + \eta = 0 > \lambda^4 + 2\lambda^2 + 1 = (\lambda^2 + 1)^2 = 0$

$$> \lambda_1 = \lambda_2 = i, \ \lambda_3 = \lambda_4 = -i,$$

$$\eta_1 = \cos x, \ \eta_2 = x \cos x, \ \eta_3 = \sin x, \ \eta_4 = x \sin x.$$

(d) $\quad \eta''' + \eta'' + 3\eta' - 5\eta = 0 > \lambda^3 + \lambda^2 + 3\lambda - 5 = 0$

$$> \lambda_1 = 1, \ \lambda_{2,3} = -1 \pm 2i,$$

$$\eta_1 = e^x, \ \eta_2 = e^{-x} \cos 2x, \ \eta_3 = e^{-x} \sin 2x.$$

48.2 Erläuterung an der Differentialgleichung zweiter Ordnung

Bei der Differentialgleichung zweiter Ordnung

$$\eta'' + p_1 \eta' + p_2 \eta = 0 \tag{48.9}$$

mit der charakteristischen Gleichung

$$\lambda^2 + p_1 \lambda + p_2 = 0$$

sind folgende drei Fälle zu unterscheiden:

$$p_1^2 > 4p_2 : \begin{cases} \lambda_1 \neq \lambda_2 \text{ und beide reell} \\ \lambda_{1,2} = -\dfrac{p_1}{2} \pm \dfrac{1}{2}\sqrt{p_1^2 - 4p_2} \end{cases}$$
$$\succ \eta_1 = e^{\lambda_1 x}, \ \eta_2 = e^{\lambda_2 x};$$

$$p_1^2 < 4p_2 : \begin{cases} \lambda_1 \neq \lambda_2 \text{ und beide nicht-reell} \\ \lambda_{1,2} = -\dfrac{p_1}{2} \pm \dfrac{i}{2}\sqrt{4p_2 - p_1^2} = \alpha \pm i\beta \end{cases}$$
$$\succ \eta_1 = e^{\alpha x}\cos\beta x, \quad \eta_2 = e^{\alpha x}\sin\beta x;$$

$$p_1^2 = 4p_2 : \ \lambda_1 = \lambda_2 = -\frac{p_1}{2} \text{ reell}$$
$$\succ \eta_1 = e^{-\frac{p_1}{2}x}, \ \eta_2 = x\,e^{-\frac{p_1}{2}x}.$$

Hier kann man leicht bestätigen, daß $\eta_2 = x \cdot e^{\lambda x}$ die Gl. (48.9) erfüllt, wenn λ eine zweifache Nullstelle des charakteristischen Polynoms ist; denn aus

$$\eta_2 = x\,e^{\lambda x}, \ \eta_2' = (\lambda x + 1)\,e^{\lambda x}, \ \eta_2'' = (\lambda^2 x + 2\lambda)\,e^{\lambda x}$$

folgt durch Einsetzen in die linke Seite der Gl. (48.9)

$$e^{\lambda x}\left[(\lambda^2 x + 2\lambda) + p_1(\lambda x + 1) + p_2 x\right] = e^{\lambda x}\left[x(\lambda^2 + p_1\lambda + p_2) \right.$$
$$\left. + (2\lambda + p_1)\right]$$

und für $\lambda = -\dfrac{p_1}{2}$ und $p_1^2 = 4p_2$ verschwindet dieser Ausdruck.

Man kann außerdem durch Berechnung der WRONSKI-Determinante (vgl. Ziff. 47.2) leicht bestätigen, daß in jedem der drei Fälle η_1 und η_2 linear unabhängig sind. So erhält man beispielsweise im ersten Fall

$$W(x) = \eta_1 \eta_2' - \eta_2 \eta_1' = e^{(\lambda_1 + \lambda_2)x} \cdot (\lambda_2 - \lambda_1) \neq 0.$$

48.3 Eulersche Differentialgleichung

Die hinsichtlich x homogene (— d.h. gegen Substitutionen $x = \varrho\,x^*$ mit $\varrho = \text{const} \neq 0$ invariante —) lineare Differentialgleichung n-ter Ordnung (EULERsche Gleichung)

$$x^n \eta^{(n)} + p_1 x^{n-1} \eta^{(n-1)} + \cdots + p_{n-1} x \eta' + p_n \eta = 0, \tag{48.10}$$

in der die Größen p_k wiederum konstant sein sollen, läßt sich für $x > 0$ durch die Substitution

$$x = e^t, \quad \frac{d\eta}{dx} = \frac{d\eta}{dt}\frac{dt}{dx} = \frac{1}{x}\frac{d\eta}{dt}, \quad \frac{d^2\eta}{dx^2} = -\frac{1}{x^2}\frac{d\eta}{dt} + \frac{1}{x^2}\frac{d^2\eta}{dt^2} \quad \text{usw.} \qquad (48.11)$$

auf eine verkürzte Differentialgleichung n-ter Ordnung mit konstanten Koeffizienten zurückführen und dann nach Ziff. 48.1 lösen. Für $x < 0$ setzt man $x = -e^t$.

Wir erläutern das Verfahren an der Differentialgleichung zweiter Ordnung

$$x^2\,\eta'' + p_1\,x\,\eta' + p_2\,\eta = 0 \;>\; \frac{d^2\eta}{dt^2} + (p_1 - 1)\frac{d\eta}{dt} + p_2\,\eta = 0. \qquad (48.12)$$

Der Ansatz $\eta = e^{\lambda t}$ führt dann auf die charakteristische Gleichung $\lambda^2 + (p_1 - 1)\,\lambda + p_2 = 0$ mit den drei Fällen:

$$(p_1 - 1)^2 > 4p_2: \quad \lambda_1 \neq \lambda_2 \text{ und beide reell}$$
$$> \eta_1 = e^{\lambda_1 t} = x^{\lambda_1}, \quad \eta_2 = e^{\lambda_2 t} = x^{\lambda_2};$$

$$(p_1 - 1)^2 < 4p_2: \begin{cases} \lambda_1 \neq \lambda_2 \text{ und beide nicht-reell} \\ \lambda_{1,2} = \alpha \pm i\,\beta \end{cases}$$
$$> \begin{cases} \eta_1 = e^{\alpha t}\cos\beta\, t = x^\alpha \cos(\beta \ln x), \\ \eta_2 = e^{\alpha t}\sin\beta\, t = x^\alpha \sin(\beta \ln x); \end{cases}$$

$$(p_1 - 1)^2 = 4p_2: \quad \lambda_1 = \lambda_2 = \frac{1 - p_1}{2}$$
$$> \begin{cases} \eta_1 = e^{\lambda_1 t} = x^{\lambda_1} = x^{\frac{1-p_1}{2}}, \\ \eta_2 = t\,e^{\lambda_1 t} = \ln x \cdot x^{\frac{1-p_1}{2}}. \end{cases}$$

Man kann die charakteristische Gleichung auch unmittelbar aus der Differentialgleichung (48.10) bzw. $x^2\,\eta'' + p_1\,x\,\eta' + p_2\,\eta = 0$ mit dem Ansatz $\eta = x^\lambda$ bekommen.

48.4 Ermittlung einer partikulären Lösung der nichtverkürzten Gleichung

Wenn die allgemeine Lösung $\eta(x)$ der verkürzten Gleichung (48.1) ermittelt ist, benötigt man zur Auffindung der allgemeinen Lösung der nicht verkürzten Gleichung

$$y^{(n)} + p_1\,y^{(n-1)} + \cdots + p_{n-1}\,y' + p_n\,y = q(x) \qquad (48.13)$$

lediglich noch die Kenntnis einer partikulären Lösung $y_p(x)$ (vgl. Ziff. 47.1). In jedem Fall führt die Methode der Variation der Konstanten (vgl. Ziff. 47.3) zum Ziel. In speziellen Fällen kann man aber eine partikuläre Lösung auf wesentlich einfachere Art gewinnen:

Die Differentialgleichung (48.13) *mit der rechten Seite*

$$q(x) = e^{\mu x} (a_0 + a_1 x + \cdots + a_m x^m)$$

hat eine partikuläre Lösung von der Form

$$y_p(x) = e^{\mu x} (b_0 + b_1 x + \cdots + b_m x^m),$$

falls μ mit keiner Nullstelle λ des charakteristischen Polynoms $P_n(\lambda)$ (48.14)
zusammenfällt, und eine partikuläre Lösung von der Form

$$y_p(x) = x^r e^{\mu x} (b_0 + b_1 x + \cdots + b_m x^m),$$

*falls μ gleich einer r-fachen Nullstelle λ ist. Die Koeffizienten $b_0, b_1, \ldots, b_m$
ergeben sich nach Einsetzen von $y_p(x)$ in die Differentialgleichung* (48.13)
durch Koeffizientenvergleich und sind eindeutig bestimmt.

Der Beweis wird im Anhang unter [9] erbracht. Wir beschränken
uns hier darauf, Satz (48.14) für die Differentialgleichung zweiter Ordnung

$$y'' + p_1 y' + p_2 y = a_0 e^{\mu x} \tag{48.15}$$

zu verifizieren:

Falls μ mit keiner Nullstelle des Polynoms $P_2(\lambda)$ zusammenfällt, ist
$\mu^2 + p_1 \mu + p_2 \neq 0$. Wir setzen dann

$$y_p = b_0 e^{\mu x} > y_p' = \mu b_0 e^{\mu x}, \; y'' = \mu^2 b_0 e^{\mu x}$$

und erhalten nach Einsetzen in Gl. (48.15)

$$b_0 e^{\mu x} (\mu^2 + p_1 \mu + p_2) = a_0 e^{\mu x} > b_0 = \frac{a_0}{\mu^2 + p_1 \mu + p_2}.$$

Falls μ mit einer einfachen Nullstelle von $P_2(\lambda)$ zusammenfällt, ist
$\mu^2 + p_1 \mu + p_2 = 0$, $2\mu + p_1 \neq 0$. Mit dem Ansatz

$$y_p = b_0 x e^{\mu x} > y_p' = b_0 e^{\mu x} (\mu x + 1), \; y_p'' = b_0 e^{\mu x} (\mu^2 x + 2\mu)$$

kommt dann

$$b_0 e^{\mu x} [x (\mu^2 + p_1 \mu + p_2) + (2\mu + p_1)] = b_0 e^{\mu x} (2\mu + p_1) = a_0 e^{\mu x}$$

$$> b_0 = \frac{a_0}{2\mu + p_1}.$$

Falls μ mit einer zweifachen Nullstelle von $P_2(\lambda)$ zusammenfällt, ist
$\mu^2 + p_1 \mu + p_2 = 0$ und $2\mu + p_1 = 0$. Mit dem Ansatz

$$y_p = b_0 x^2 e^{\mu x} > y_p' = b_0 e^{\mu x} (\mu x^2 + 2 x), \; y_p'' = b_0 e^{\mu x} (\mu^2 x^2 + 4\mu x + 2)$$

kommt dann

$$b_0 e^{\mu x} [x^2 (\mu^2 + p_1 \mu + p_2) + 2 x (2\mu + p_1) + 2] = 2 b_0 e^{\mu x} = a_0 e^{\mu x}$$

$$> b_0 = \frac{a_0}{2}.$$

Beispiele:

(a) $y^{(4)} - y = e^{2x}$: $P_4(\lambda) = \lambda^4 - 1$, $\mu = 2 > P_4(\mu) = 15 \neq 0$.

$$y_p = b_0 e^{2x} > y_p^{(4)} = 16 b_0 e^{2x} > 15 b_0 e^{2x} = e^{2x} > b_0 = \frac{1}{15}.$$

(b) $y^{(4)} - y = e^x$: $\mu = 1 = \lambda_1$ (einfache Nullstelle).

$$y_p = b_0 x e^x > y_p^{(4)} = b_0 e^x (x + 4) > 4 b_0 e^x = e^x > b_0 = \frac{1}{4}.$$

(c) $y^{(4)} - y = x^5$: $\mu = 0$, $P_4(\mu) = -1 \neq 0$.

$$y_p = b_0 + b_1 x + \cdots + b_5 x^5 > y_p^{(4)} = 24 b_4 + 120 b_5 x.$$

$$(24 b_4 - b_0) + (120 b_5 - b_1) x - b_2 x^2 - b_3 x^3 - b_4 x^4 - b_5 x^5 \equiv x^5,$$

also $b_5 = -1$, $b_4 = b_3 = b_2 = b_0 = 0$, $b_1 = -120 > y_p = -120 x - x^5$.

(d) $y'' - y = x e^x$: $\mu = 1 = \lambda_1$ (einfache Nullstelle).

$$y_p = x e^x (b_0 + b_1 x) = \frac{x}{4} e^x (x - 1).$$

48.5 Superpositionssatz und Zerlegungssatz

Wegen der Linearität in y und den Ableitungen von y gilt für die Differentialgleichung

$$y^{(n)} + p_1(x) y^{(n-1)} + \cdots + p_{n-1}(x) y' + p_n(x) y = q_1(x) + \cdots + q_s(x),$$

$$(48.16)$$

in der die Koeffizienten $p_1(x), \ldots, p_n(x)$ wie in Ziff. 47.1 beliebige stetige Funktionen sind und die rechte Seite eine Summe von s ebenfalls stetigen Funktionen $q_1(x), \ldots, q_s(x)$ ist, folgender *Superpositionssatz*:

Sind $y_k(x)$ mit $k = 1, 2, \ldots, s$ Lösungen der Differentialgleichungen

$$y_k^{(n)} + p_1(x) y_k^{(n-1)} + \cdots + p_{n-1}(x) y_k' + p_n(x) y_k = q_k(x), \quad (48.17)$$

so ist

$$y(x) = y_1(x) + \cdots + y_s(x)$$

eine Lösung der Differentialgleichung (48.16).

Mit Hilfe dieses Satzes kann man das Verfahren von Ziff. 48.4 auf Differentialgleichungen (48.13) ausdehnen, in denen die rechte Seite $q(x)$ als Summe

$$q(x) = e^{\mu_1 x} (a_{10} + a_{11} x + \cdots + a_{1 m_1} x^{m_1}) + \cdots$$

$$+ e^{\mu_s x} (a_{s0} + a_{s1} x + \cdots + a_{s m_s} x^{m_s})$$

darstellbar ist.

Die Linearität der Differentialgleichung (47.1)

$$y^{(n)} + p_1(x) y^{(n-1)} + \cdots + p_{n-1}(x) y' + p_n(x) y = q(x)$$

führt außerdem zu folgendem *Zerlegungssatz*:

Ist die rechte Seite $q(x)$ Realteil oder Imaginärteil einer komplexen Funktion, also $q(x) = \mathrm{Re}\,\{Q(x)\}$ bzw. $\mathrm{Im}\,\{Q(x)\}$, und ist $Y(x)$ eine Lösung der Differentialgleichung

$$Y^{(n)} + p_1(x)\, Y^{(n-1)} + \cdots + p_{n-1}(x)\, Y' + p_n(x)\, Y = Q(x), \qquad (48.18)$$

wobei x und die $p_1(x), \ldots, p_n(x)$ natürlich nach wie vor reell sind, dann ist $y(x) = \mathrm{Re}\,\{Y(x)\}$ bzw. $\mathrm{Im}\,\{Y(x)\}$ eine Lösung der gegebenen Differentialgleichung (43.1) mit $q(x) = \mathrm{Re}\,\{Q(x)\}$ bzw. $\mathrm{Im}\,\{Q(x)\}$.

Man beachte, daß in den Sätzen (48.17) und (48.18) die Koeffizienten $p_1, \ldots, p_n$ nicht konstant zu sein brauchen. Man macht von Satz (48.18) jedoch insbesondere bei linearen Differentialgleichungen (48.13) mit konstanten Koeffizienten p_k,

$$y^{(n)} + p_1\, y^{(n-1)} + \cdots + p_{n-1}\, y' + p_n\, y = q(x)$$

Gebrauch, und zwar, wenn auf der rechten Seite ein Ausdruck von der Form

$$q(x) = (a_0 + a_1 x + \cdots + a_m x^m) \cdot e^{\alpha x} \cdot \begin{cases} \cos \beta x \\ \sin \beta x \end{cases} \qquad (48.19)$$

$$(a_k, \alpha, \beta \ \text{reell})$$

steht. Dann ist nämlich mit $\mu = \alpha + i\beta$ auf Grund der Euler-Formel (vgl. Ziff. 17.6)

$$q(x) = \mathrm{Re} \ \text{bzw.} \ \mathrm{Im}\,\{(a_0 + a_1 x + \cdots + a_m x^m)\, e^{\mu x}\}.$$

Man kann nun partikuläre Lösungen $Y_p(x)$ nach der Vorschrift (48.14) und schließlich mit $y_p(x) = \mathrm{Re}$ oder $\mathrm{Im}\,\{Y_p(x)\}$ partikuläre Lösungen der Differentialgleichung (48.13) mit der rechten Seite (48.19) erhalten.

Beispiele:

(a) $\quad y'' + 2y' + 5y = e^{-x} \cos x = \mathrm{Re}\,\{e^{(-1+i)x}\};$

$\qquad \lambda_{1,2} = -1 \pm 2i, \ \mu = -1 + i \neq \lambda_1 \ \text{und} \ \neq \lambda_2.$

Nach der Vorschrift (48.14) setzen wir

$$Y_p = b_0\, e^{\mu x} > Y_p' = b_0 \mu\, e^{\mu x}, \ Y_p'' = b_0 \mu^2\, e^{\mu x}.$$

Durch Einsetzen in die Differentialgleichung kommt

$$b_0\, e^{\mu x}\,(\mu^2 + 2\mu + 5) = e^{\mu x} > b_0 = \frac{1}{\mu^2 + 2\mu + 5} = \frac{1}{3},$$

$$\text{also } Y_p = \frac{1}{3}\, e^{(-1+i)x}, \ y_p = \mathrm{Re}\,\{Y_p\} = \frac{1}{3}\, e^{-x} \cos x.$$

(b) $\quad y'' + 2y' + 5y = e^{-x} \cos 2x = \mathrm{Re}\,\{e^{(-1+2i)x}\};$

$\qquad \lambda_{1,2} = -1 \pm 2i, \ \mu = -1 + 2i = \lambda_1 \neq \lambda_2.$

Nach der Vorschrift (48.14) hat man jetzt

$$Y_p = b_0\, x\, e^{\mu x} > Y_p' = b_0\, e^{\mu x}\,(\mu x + 1), \ Y_p'' = b_0\, e^{\mu x}\,(\mu^2 x + 2\mu).$$

Durch Einsetzen in die Differentialgleichung kommt

$$b_0\, e^{\mu x}\,[x\,(\mu^2 + 2\mu + 5) + 2\,(\mu + 1)] = 4\,i\,b_0\,e^{\mu x} = e^{\mu x} \;>\; b_0 = -\frac{i}{4}\,,$$

$$\text{also}\quad Y_p = -\frac{i}{4}\,x \cdot e^{(-1+2i)x} = \frac{1}{4}\,e^{-x}\cdot x\,(\sin 2x - i\cos 2x),$$

$$y_p = \mathrm{Re}\,\{Y_p\} = \frac{x}{4}\,e^{-x}\sin 2x.$$

Man beachte, daß bei dem Ansatz Y_p nach Gl. (48.14) die Koeffizienten $b_0,\ldots,b_m$ komplexe Zahlen sind, die nicht reell zu sein brauchen; dies ist bei der Bildung des Realteils $y_p = \mathrm{Re}\,\{Y_p\}$ stets zu berücksichtigen.

48.6 Integration der linearen skleronomen Systeme (46.14)

Ebenso wie in Ziff. 47.6 gehen wir jetzt von der Untersuchung einer Differentialgleichung n-ter Ordnung auf die Untersuchung von Systemen von Differentialgleichungen erster Ordnung über. Wir beschränken uns dabei aber auf den Fall $n = 2$, d. h. wir übertragen die in Ziff. 48.2 gewonnenen Ergebnisse für die lineare Differentialgleichung zweiter Ordnung mit konstanten Koeffizienten auf die linearen skleronomen Systeme (46.14). Die Gln. (46.14) lauten in Matrixform

$$\dot{\mathfrak{y}}(t) = \mathfrak{A}\,\mathfrak{y}(t); \qquad \left(\dot{} = \frac{d}{dt}\right) \tag{48.20}$$

die Elemente a_{ik} der Matrix $\mathfrak{A}$ sind Konstante.

Durch den Lösungsansatz

$$\mathfrak{y}(t) = e^{\lambda t}\mathfrak{q}, \quad \mathfrak{q} = \begin{pmatrix} q_1 \\ q_2 \end{pmatrix}, \; q_{1,2} = \mathrm{const}, \tag{48.21}$$

ergibt sich

$$\dot{\mathfrak{y}}(t) = \lambda e^{\lambda t}\mathfrak{q}$$

und durch Einsetzen in Gl. (48.20) kommt

$$e^{\lambda t}(\mathfrak{A}\mathfrak{q} - \lambda\mathfrak{q}) = 0 \;>\; (\mathfrak{A} - \lambda\mathfrak{E})\,\mathfrak{q} = 0. \tag{48.22}$$

Der Ansatz (48.21) ist nur dann sinnvoll, wenn es einen nicht verschwindenden Vektor $\mathfrak{q}$ gibt, welcher der Gl. (48.22) genügt. Hierfür ist nach Ziff. 38.4 notwendig und hinreichend, daß λ der *charakteristischen Gleichung*

$$\det(\mathfrak{A} - \lambda\mathfrak{E}) = \begin{pmatrix} a_{11} - \lambda & a_{12} \\ a_{21} & a_{22} - \lambda \end{pmatrix} = 0 \tag{48.23}$$

genügt. λ muß also ein *Eigenwert* der Matrix $\mathfrak{A}$ sein und $\mathfrak{q}$ ein dazu gehöriger *Eigenvektor*.

Um die allgemeine Lösung des Systems (48.20) zu finden, benötigen wir ein Fundamentalsystem mit zwei linear unabhängigen Lösungen. Dabei ergibt sich dieselbe Falluntersuchung wie in Ziff. 48.2. Die Fälle, in denen verschwindende Eigenwerte auftreten, sollen von der Betrachtung ausgeschlossen bleiben.

a) *zwei verschieden reelle Eigenwerte* $\lambda_1 \neq \lambda_2$
In der Lösung der charakteristischen Gleichung

$$\lambda_{1,2} = \frac{a_{11} + a_{22}}{2} \pm \frac{1}{2} \sqrt{(a_{11} - a_{22})^2 + 4 a_{12} a_{21}} \qquad (48.24)$$

ist dann

$$D = (a_{11} - a_{22})^2 + 4 a_{12} a_{21} > 0. \qquad (48.25)$$

Als allgemeine Lösung des Systems (48.20) erhält man

$$\mathfrak{y}(t) = e^{\lambda_1 t} \mathfrak{q}_1 + e^{\lambda_2 t} \mathfrak{q}_2. \qquad (48.26)$$

b) *zwei konjugiert komplexe Eigenwerte* $\lambda_{1,2} = \mu \pm i\nu$. Hierbei ist D negativ und $\mu = \dfrac{a_{11} + a_{22}}{2}$, $\nu = \dfrac{1}{2} \sqrt{-D} > 0$. Als allgemeine Lösung des Systems (48.20) kommt

$$\mathfrak{y}(t) = e^{\mu t} (\cos \nu t \, \mathfrak{q}_1 + \sin \nu t \, \mathfrak{q}_2). \qquad (48.27)$$

c) *ein zweifacher reeller Eigenwert* $\lambda_1 = \lambda_2 = \lambda$. Hier ist $\lambda = \dfrac{a_{11} + a_{22}}{2}$ und $D = (a_{11} - a_{22})^2 + 4 a_{12} a_{21} = 0$. Der Ansatz (48.21) liefert hier nur im Spezialfall

$$a_{11} = a_{22}, \quad a_{12} = a_{21} = 0 \qquad (48.27^*)$$

zwei linear unabhängige Lösungen, da nur dann die Matrix $\mathfrak{A} - \lambda \mathfrak{E}$ zur Nullmatrix wird und infolgedessen jeder Vektor Eigenvektor ist. Als allgemeine Lösung ergibt sich daher in diesem Spezialfall

$$\mathfrak{y}(t) = e^{\lambda t} (\mathfrak{q}_1 + \mathfrak{q}_2) \qquad (48.28)$$

mit irgend zwei linear unabhängigen Vektoren $\mathfrak{q}_1, \mathfrak{q}_2$.

Wenn die Bedingungen (48.27*) nicht erfüllt sind, machen wir neben dem Ansatz (48.21) den weiteren Ansatz

$$\mathfrak{y}(t) = e^{\lambda t} (\mathfrak{q}_1 + t \mathfrak{q}_2), \qquad (48.29)$$

also

$$\dot{\mathfrak{y}}(t) = e^{\lambda t} (\lambda \mathfrak{q}_1 + \mathfrak{q}_2) + \lambda t e^{t} \mathfrak{q}_2.$$

Durch Einsetzen in Gl. (48.20) kommt

$$(\mathfrak{A} - \lambda \mathfrak{E}) \mathfrak{q}_2 = 0 \quad \text{und} \quad (\mathfrak{A} - \lambda \mathfrak{E}) \mathfrak{q}_1 = \mathfrak{q}_2.$$

Aus der ersten Gleichung erhält man $\mathfrak{q}_2$ mit einem beliebigen konstanten Zahlenfaktor c_1 und hierauf aus der zweiten Gleichung wegen $D = 0$ den Vektor $\mathfrak{q}_1$, wobei eine weitere Konstante c_2 eingeht.

So ergibt sich, wenn wir etwa $a_{21} \neq 0$ annehmen,

$$q_2 = c_1 \begin{pmatrix} 2a_{12} \\ a_{22} - a_{11} \end{pmatrix}, \quad q_1 = \begin{pmatrix} (c_2 - c_1)\dfrac{a_{11} - a_{22}}{a_{21}} \\ 2c_2 \end{pmatrix}.$$

Es sei dem Leser überlassen, die allgemeine Lösung des Systems (48.20) in den drei Fällen a), b), c) in die Form der Gl. (46.12) zu bringen.

48.7 Diskussion der Bahnkurven des skleronomen Systems (48.20)

Wie in Ziff. 46.3 deuten wir die Lösungen des Systems (48.20) als Gleichungen von Bahnkurven in der Umgebung des kritischen Punktes $\mathfrak{y} = 0$. Wir betrachten hierbei q_1 und q_2 als Grundvektoren eines i. a. schiefwinkligen Koordinatensystems, so daß die Zahlenfaktoren von q_1 und q_2 die Koordinaten in diesem System sind (vgl. Ziff. 30.4). Dann ergeben sich für die kritischen Punkte folgende Typen (Abb. 25):

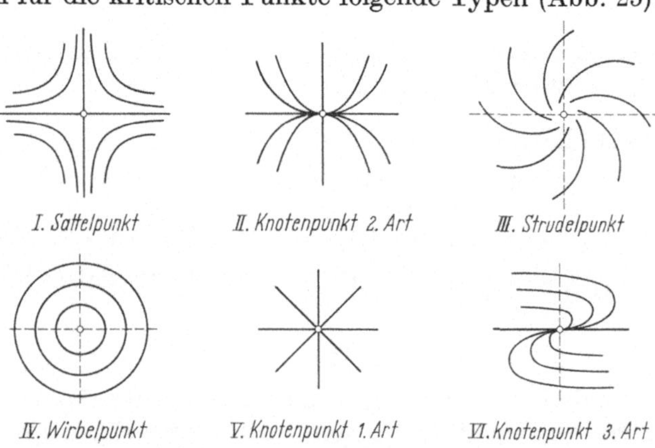

Abb. 25. Kritische Punkte eines linearen skleronomen System

   I. *Sattelpunkt*: Gl. (48.26) mit $\lambda_1\lambda_2 < 0$.

  II. *Knotenpunkt 2. Art*: Gl. (48.26) mit $\lambda_1\lambda_2 > 0$. Durch den kritischen Punkt gehen zwei geradlinige Bahnkurven.

 III. *Strudelpunkt*: Gl. (48.27a) mit $\mu \neq 0$.

 IV. *Wirbelpunkt*: Gl. (48.27a) mit $\mu = 0$.

  V. *Knotenpunkt 1. Art*: Gl. (48.28). Durch den kritischen Punkt gehen lauter geradlinige Bahnkurven.

 VI. *Knotenpunkt 3. Art*: Gl. (48.29). Durch den kritischen Punkt geht eine einzige geradlinige Bahnkurve.

In Abb. 25 sind die sechs auftretenden Typen jeweils in einer bestimmten Normierung durch geeignete affine Transformation dargestellt. Die Fallunterscheidung ist für *Stabilitätsbetrachtungen* wichtig. Wirbelpunkte sind in einem Bahnkurvensystem stets *stabile*, Sattelpunkte stets *instabile* Punkte.

Als Anwendung untersuchen wir den qualitativen Verlauf der Lösungen der *Pendelgleichung*

$$\ddot{\varphi} = - g/l \sin \varphi,$$

φ = Ausschlag, l = Länge des Pendels, g = Schwerebeschleunigung. Durch den Ansatz $\dot{\varphi} = \psi$ ergibt sich das skleronome System

$$\dot{\varphi} = \psi, \quad \dot{\psi} = - \omega^2 \sin \varphi \quad \text{mit} \quad \omega^2 = g/l.$$

Die Punkte $\psi = 0$, $\sin \varphi = 0$, also $\psi = 0$ und $\varphi = k\pi$ sind kritische Punkte. Mit $y_1 = \varphi - k\pi$, $y_2 = \psi$ erhält man

$$\dot{y}_1 = y_2, \quad \dot{y}_2 = - (-1)^k \omega^2 \sin y_1.$$

Da wir uns nur für die Umgebung der kritischen Punkte interessieren, linearisieren wir das System, indem wir $\sin y_1$ durch y_1 ersetzen, und haben dann

$$\dot{y}_1 = y_2, \quad \dot{y}_2 = - (-1)^k \omega^2 y_1.$$

Man sieht hieraus, daß für gerade k Wirbelpunkte und für ungerade k Sattelpunkte vorliegen. Der Verlauf der Kurven $\varphi = \varphi(t)$, $\psi = \dot{\varphi}(t)$ ist in Abb. 26 schematisch dargestellt.

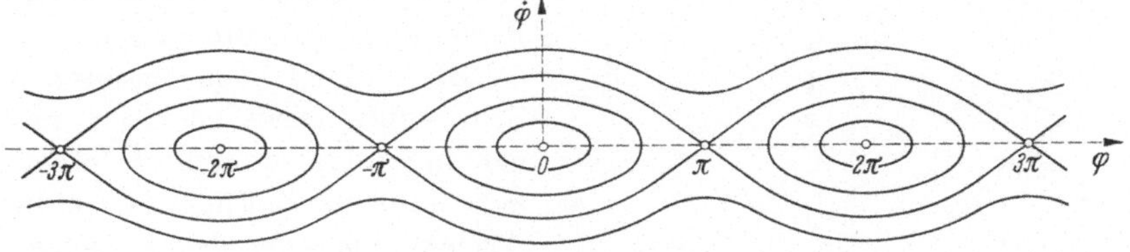

Abb. 26. Kritische Punkte der Pendelgleichung

§ 49. Anwendung auf Schwingungsprobleme

Wir wenden die in § 48 entwickelte Theorie auf Schwingungsprobleme an. In den Ziffern 49.1 bis 49.3 betrachten wir Schwingungen mit einem Freiheitsgrad, die durch eine Differentialgleichung zweiter Ordnung für eine gesuchte Funktion dargestellt werden. In Ziff. 49.4 behandeln wir ein Schwingungssystem mit zwei Freiheitsgraden, das auf zwei Differentialgleichungen zweiter Ordnung für zwei gesuchte Funktionen führt.

Den verkürzten Differentialgleichungen entsprechen *freie Schwingungen*, den nicht-verkürzten entsprechen *erzwungene Schwingungen*. Bei den Schwingungen mit einem Freiheitsgrad werden wir der Reihe nach folgende Fälle behandeln:

(a) Freie Schwingungen: $q(t) = 0$,
(b) erzwungene Schwingungen mit ungedämpfter harmonischer Anregung:

$$q(t) = a \cos \nu t = a \operatorname{Re} \{e^{i\nu t}\}, \quad a \neq 0 \text{ und } \nu > 0,$$

(c) erzwungene Schwingungen mit gedämpfter harmonischer Anregung:

$$q(t) = a\, e^{-\varrho t}\, \cos \nu\, t = a\, \mathrm{Re}\,\{e^{(-\varrho\, +\, i\nu)t}\}, \quad a \neq 0,\ \varrho > 0,\ \nu > 0,$$

oder allgemein

$$q(t) = (a_1 \cos \nu t + a_2 \sin \nu t)e^{-\varrho t} = \mathrm{Re}\,\{(a_1 - i\,a_2)\, e^{(-\varrho\, +\, i\nu)t}\}.$$

49.1 Freie Schwingungen mit einem Freiheitsgrad

In der Differentialgleichung der freien Schwingung

$$\ddot{y} + 2\,\delta\,\dot{y} + (\delta^2 + \varkappa^2)\,y = 0, \quad \left(\dot{\ } = \frac{d}{dt}\right) \tag{49.1}$$

in der die Zeit t als unabhängige Veränderliche auftritt, sollen $\delta \geqq 0$ und $\varkappa > 0$ Konstante sein. Allgemeinere Schwingungsvorgänge, bei denen δ und $\varkappa$ Funktionen von t sind, bleiben hier unerörtert. Die Bezeichnung der Koeffizienten mit $2\,\delta$ und $\delta^2 + \varkappa^2$ hat den Vorteil, daß die Wurzeln der charakteristischen Gleichung die einfache Form $-\,\delta \pm i\,\varkappa$ annehmen.

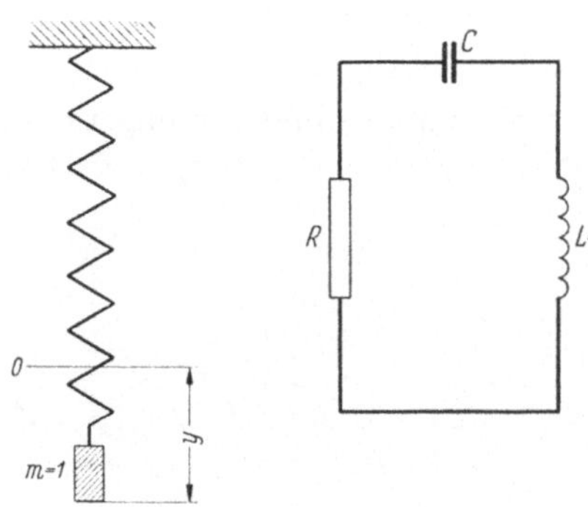

Abb. 27.
Mechanische und elektrische Schwingungen

Bei einer mechanischen Schwingung eines elastisch aufgehängten Massenpunktes (Masse $m = 1$; Abb. 27 links) ist y die Auslenkung aus der Gleichgewichtslage; $2\,\delta\,\dot{y}$ stellt die Dämpfung durch den Widerstand des Mediums und $(\delta^2 + \varkappa^2)\,y$ die elastische Rückstellkraft dar. Bei einem elektrischen Schwingungskreis (Induktivität $L = 1$, Abb. 27 rechts) ist y die Stromstärke; $2\,\delta\,\dot{y}$ stellt die Dämpfung $R\,\dot{y}$ durch den Ohmschen Widerstand R und $(\delta^2 + \varkappa^2)\,y = \dfrac{1}{C}\,y$ die Wirkung der Kapazität C dar.

Nach Ziff. 48.2 ergibt sich aus der charakteristischen Gleichung

$$\lambda^2 + 2\,\delta\,\lambda + (\delta^2 + \varkappa^2) = 0 > \lambda_{1,2} = -\,\delta \pm i\,\varkappa$$

als allgemeine Lösung der Gl. (49.1) die Schwingung (vgl. Ziff. 4.4 und 12.5)

$$y = e^{-\delta t}\,(C_1 \cos \varkappa\,t + C_2 \sin \varkappa\,t) = C\,e^{-\delta t} \cdot \cos (\varkappa\,t - \gamma) \tag{49.2}$$

mit den Integrationskonstanten C_1 und C_2 bzw. C und γ. Durch die Anfangsbedingungen $y(0) = y_0$ und $\dot{y}(0) = \dot{y}_0$ sind die Integrationskonstanten festgelegt; so folgt z. B. aus $y(0) = 0$ und $\dot{y}(0) = 1$:

$$0 = C_1, \quad 1 = -\,\delta\,C_1 + \varkappa\,C_2 > C_1 = 0, \quad C_2 = \frac{1}{\varkappa} > y = \frac{1}{\varkappa}\,e^{-\delta t} \sin \varkappa\,t.$$

Für $\delta > 0$ stellt Gl. (49.2) eine gedämpfte, für $\delta = 0$ eine ungedämpfte harmonische Schwingung dar. Wenn die elastische Kraft bzw. die Wirkung der Kapazität nicht größer ist als $\delta^2 y$, ist $\delta^2 + \varkappa^2$ durch $\delta^2 - \varkappa'^2$ mit $0 \leqq \varkappa' < \delta$ zu ersetzen. Dann hat die charakteristische Gleichung reelle Wurzeln, nämlich $\lambda_{1,2} = -\delta \pm \varkappa'$. Es ergeben sich dann keine harmonischen Schwingungen, sondern aperiodische Vorgänge

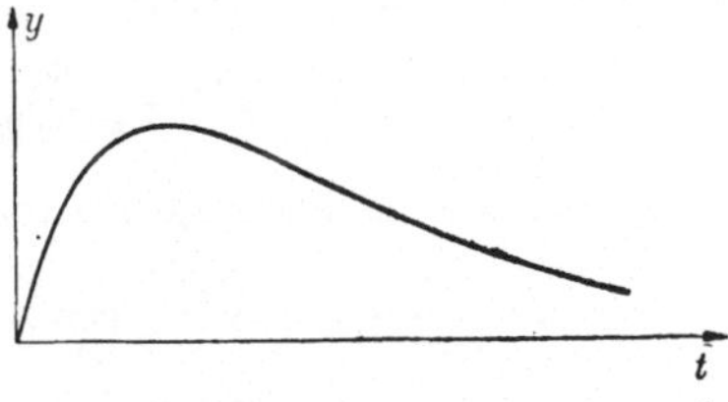

Abb. 28. Darstellung der Funktion $y = t \cdot e^{-\delta t}$

$$y = C_1 \cdot e^{-(\delta - \varkappa')t} + C_2 \cdot e^{-(\delta + \varkappa')t} \quad \text{für } \varkappa' \neq 0,$$
$$y = e^{-\delta t} \cdot (C_1 + C_2 t) \qquad \text{für } \varkappa' = 0, \tag{49.3}$$

die für $t \to \infty$ asymptotisch auf Null abklingen. In Abb. 28 ist die Funktion $y = t\, e^{-\delta t}$ dargestellt.

49.2 Erzwungene Schwingungen
mit ungedämpfter harmonischer Anregung

Bei Hinzunahme einer ungedämpften harmonischen Anregung, wie sie in einem elektrischen Schwingungskreis durch Anlegen einer Wechselspannung hervorgerufen werden kann, handelt es sich um die Lösung der nicht verkürzten Differentialgleichung

$$\ddot{y} + 2\delta\,\dot{y} + (\delta^2 + \varkappa^2)\,y = q(t) = a \cos \nu t = a \,\mathrm{Re}\,\{e^{i\nu t}\} \tag{49.4}$$

$$\text{mit } a \neq 0 \text{ und } \nu > 0.$$

Zu den in Ziff. 49.1 gefundenen freien Schwingungen [d. h. zur allgemeinen Lösung der verkürzten Gleichung (49.1)] ist jetzt noch eine partikuläre Lösung der nicht-verkürzten Gl. (49.4) hinzuzufügen. Wir verfahren nach Ziff. 48.4 und 48.5 und unterscheiden dabei zwei Fälle:

I. $\delta = 0$: *Die freien Schwingungen sind ungedämpft.*

$$\text{Wir setzen } \quad y = \begin{cases} \mathrm{Re}\,\{b\, e^{i\nu t}\}, & \text{falls } \nu \neq \varkappa, \\ t \cdot \mathrm{Re}\,\{b\, e^{i\varkappa t}\}, & \text{falls } \nu = \varkappa \end{cases}$$

und erhalten durch Einsetzen von y, $\dot{y}$ und $\ddot{y}$ in die Differentialgleichung (49.4)

$$b \cdot (\varkappa^2 - \nu^2) = a \;>\; b = \frac{a}{\varkappa^2 - \nu^2}, \quad \text{also} \quad y = \frac{a}{\varkappa^2 - \nu^2} \cos \nu t, \text{ falls } \nu \neq \varkappa, \tag{49.5}$$

$$2\,i\,\varkappa\,b = a \;>\; b = -\frac{i\,a}{2\varkappa}, \quad \text{also} \quad y = \frac{a}{2\varkappa}\, t \sin \varkappa t, \text{ falls } \nu = \varkappa.$$

Der *Resonanzfall* $v = \varkappa$ (Frequenz der freien Schwingungen = Frequenz der Anregung) ist in Band 1, Abb. 24, dargestellt. Er ergibt sich aus der Lösung

$$y^* = \frac{a}{\varkappa^2 - v^2} \left(\cos v\,t - \cos \varkappa\,t\right)$$

des Falles $v \neq \varkappa$ durch Grenzübergang $v \to \varkappa$. Dabei hat man

$$y^* = \frac{a}{\varkappa^2 - v^2} \left(\cos v\,t - \cos \varkappa\,t\right) = \frac{2a}{\varkappa^2 - v^2} \sin \frac{\varkappa - v}{2}\,t \,\sin \frac{\varkappa + v}{2}\,t$$

$$= \frac{2a}{\varkappa + v} \cdot \frac{\sin \dfrac{\varkappa - v}{2}\,t}{\dfrac{\varkappa - v}{2}\,t} \cdot \frac{t}{2} \cdot \sin \frac{\varkappa + v}{2}\,t \;\longrightarrow\; \frac{a}{2\varkappa}\,t \sin \varkappa\,t.$$

Auf diese Weise erscheint die Resonanzschwingung als Grenzfall von Schwebungen (vgl. Band 1, Abb. 23).

II. $\delta \neq 0$: *Die freien Schwingungen sind gedämpft*

Hier liefert der Ansatz $y = \mathrm{Re}\,\{b\,e^{i v t}\}$ in jedem Fall

$$b\,[(\varkappa^2 + \delta^2 - v^2) + 2\,i\,v\,\delta)] = a,$$

$$b = a \cdot \frac{(\varkappa^2 + \delta^2 - v^2) - 2\,i\,v\,\delta}{(\varkappa^2 + \delta^2 - v^2)^2 + 4v^2\,\delta^2} = b_1 + i\,b_2 = |b| \cdot (\cos \varphi + i \sin \varphi) = |b|\,e^{i\varphi}, \tag{49.6}$$

also

$$|b| = \frac{|a|}{\sqrt{(\varkappa^2 + \delta^2 - v^2)^2 + 4v^2\,\delta^2}}, \quad \tan \varphi = -\frac{2\,v\,\delta}{\varkappa^2 + \delta^2 - v^2} \tag{49.7}$$

und schließlich

$$y = \mathrm{Re}\,\{(b_1 + i\,b_2)\,e^{i v t}\} = \mathrm{Re}\,\{|b|\,e^{i\varphi}\,e^{i v t}\} = |b|\,\cos(v\,t + \varphi). \tag{49.8}$$

Der Phasenwinkel φ wird $\pm \dfrac{\pi}{2}$ für $v^2 = \varkappa^2 + \delta^2$.

49.3 Erzwungene Schwingungen
mit gedämpfter harmonischer Anregung

An Stelle der Differentialgleichung (49.4) tritt jetzt

$$\ddot{y} + 2\delta\,\dot{y} + (\delta^2 + \varkappa^2)\,y = q(t) = a\,e^{-\varrho t}\cos v\,t = a\,\mathrm{Re}\,\{e^{(-\varrho + i v)t}\}$$

$$\text{mit } a \neq 0,\; v > 0 \text{ und } \varrho > 0. \tag{49.9}$$

$$\text{Wir setzen } y = \begin{cases} \mathrm{Re}\,\{b\,e^{(-\varrho + i v)\,t}\}, & \text{falls } -\varrho + i v \neq -\delta + i\varkappa, \\[2mm] t \cdot \mathrm{Re}\,\{b\,e^{(-\delta + i\varkappa)t}\}, & \text{falls } -\varrho + i v = -\delta + i\varkappa. \end{cases}$$

Der zweite Fall liegt vor, wenn sowohl $\varrho = \delta$ als auch $v = \varkappa$ ist, sonst handelt es sich um den ersten Fall. Durch Einsetzen in die Differentialgleichung (49.9) kommt

$$b \cdot [\varkappa^2 - v^2 + (\delta - \varrho)^2 + 2\,i\,v\,(\delta - \varrho)] = a, \text{ falls } -\varrho + i\,v \neq -\delta + i\,\varkappa,$$
$$(49.10)$$
$$b \cdot 2\,i\,\varkappa = a, \text{ falls } -\varrho + i\,v = -\delta + i\,\varkappa.$$

Für $-\varrho + i\,v \neq -\delta + i\,\varkappa$ folgt aus der ersten Gl. (49.10)

$$b = a \cdot \frac{[\varkappa^2 - v^2 + (\delta - \varrho)^2] - 2\,i\,v\,(\delta - \varrho)}{[\varkappa^2 - v^2 + (\delta - \varrho)^2]^2 + 4v^2(\delta - \varrho)^2} = b_1 + i\,b_2 = |b| \cdot (\cos\varphi + i\sin\varphi),$$
$$(49.11)$$

also

$$|b| = \frac{|a|}{\sqrt{[\varkappa^2 - v^2 + (\delta - \varrho)^2]^2 + 4v^2(\delta - \varrho)^2}}, \quad \tan\varphi = -\frac{2v\,(\delta - \varrho)}{\varkappa^2 - v^2 + (\delta - \varrho)^2}$$
$$(49.12)$$

und schließlich

$$y = \mathrm{Re}\,\{(b_1 + i\,b_2)\,e^{(-\varrho + i\,v)t}\} = e^{-\varrho t} \cdot (b_1 \cos v\,t - b_2 \sin v\,t)$$
$$= |b|\,e^{-\varrho t} \cdot \cos\,(v\,t + \varphi). \qquad (49.13)$$

Der *Phasenwinkel* φ wird $\pm \dfrac{\pi}{2}$ für $v^2 = \varkappa^2 + (\delta - \varrho)^2$.

Für $-\varrho + i\,v = -\delta + i\,\varkappa$ folgt aus der zweiten Gl. (49.10)

$$b = -i\,\frac{a}{2\varkappa},$$

also

$$y = \frac{a}{2\varkappa}\,t\,e^{-\delta t}\sin \varkappa\,t. \qquad (49.14)$$

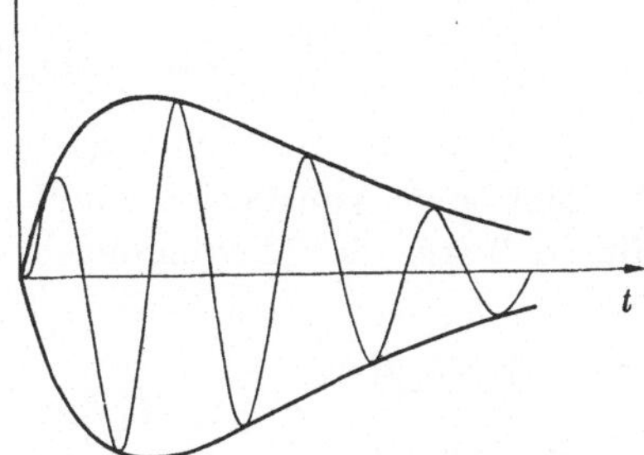

Abb. 29. Darstellung der Funktion
$y = t\,e^{-\delta t} \cdot \sin \varkappa\,t$

In Abb. 29 ist dieser Schwingungsverlauf dargestellt. Zuerst überwiegt der Faktor t und bewirkt ein resonanzartiges Anwachsen, dann überwiegt der Faktor $e^{-\delta t}$ und führt ein asymptotisches Abklingen auf Null herbei.

49.4 Gekoppeltes Schwingungssystem mit zwei Freiheitsgraden

Zwei induktiv gekoppelte elektrische Schwingungskreise ohne Ohmschen Widerstand führen für die Stromstärken y_1 und y_2 auf die beiden Differentialgleichungen zweiter Ordnung

$$\left.\begin{aligned}\ddot{y}_1 + k_1\,\ddot{y}_2 + \omega_1^2\,y_1 &= 0\\ \ddot{y}_2 + k_2\,\ddot{y}_1 + \omega_2^2\,y_2 &= 0\end{aligned}\right\} \text{ mit } k_\nu = \frac{L_{12}}{L_\nu} > 0, \; \omega_\nu^2 = \frac{1}{L_\nu\,C_\nu} > 0 \; (\nu = 1, 2).$$
$$(49.15)$$

Dabei sind C_ν die Kapazitäten, L_ν die Induktionskoeffizienten der beiden Stromkreise; L_{12} ist der Koeffizient der gegenseitigen Induktion. Wir setzen voraus, daß $L_{12}^2 < L_1 L_2$, also $k_1 k_2 < 1$ sei.

Durch Elimination von y_2 ergibt sich aus den Gln. (49.15) die Differentialgleichung vierter Ordnung für y_1

$$(1 - k_1 k_2) y_1^{(4)} + (\omega_1^2 + \omega_2^2) \ddot{y}_1 + \omega_1^2 \omega_2^2 y_1 = 0. \qquad (49.16)$$

Hat man diese Gleichung nach Ziff. 48.1 gelöst, wobei vier Integrationskonstanten $C_1, \ldots, C_4$ eingehen, so ergibt sich y_2 unmittelbar aus der Beziehung

$$k_1 \omega_2^2 y_2 = (1 - k_1 k_2) \ddot{y}_1 + \omega_1^2 y_1, \qquad (49.17)$$

ohne daß weitere Integrationskonstanten hinzukommen. Die Beziehung (49.17) ist eine Linearkombination der beiden Gln. (49.15).

Man kann das Gleichungssystem (49.15) auch ohne Zurückführung auf eine Differentialgleichung vierter Ordnung lösen und zwar auf folgende Weise:

Wir setzen versuchsweise

$$y_1 = a\, e^{\lambda t}, \quad y_2 = b\, e^{\lambda t}$$

und erhalten dann für a, b und λ aus den Differentialgleichungen (49.15) die Bedingungen

$$\begin{aligned} a \cdot (\lambda^2 + \omega_1^2) + b\, k_1 \lambda^2 &= 0, \\ a\, k_2 \lambda^2 + b \cdot (\lambda^2 + \omega_2^2) &= 0. \end{aligned} \qquad (49.18)$$

Da nicht beide Konstanten a und b verschwinden sollen, ergibt sich (vgl. Ziff. 36.2) aus den Bedingungen (49.18) für λ die Gleichung vierten Grades

$$\begin{vmatrix} \lambda^2 + \omega_1^2 & k_1 \lambda^2 \\ k_2 \lambda^2 & \lambda^2 + \omega_2^2 \end{vmatrix} = (1 - k_1 k_2) \lambda^4 + (\omega_1^2 + \omega_2^2) \lambda^2 + \omega_1^2 \omega_2^2 = 0. \qquad (49.19)$$

Sie hätte sich ebenso aus Gl. (49.16) als charakteristische Gleichung ergeben.

Wir formen Gl. (49.19) um in

$$\frac{1}{\lambda^4} + \left(\frac{1}{\omega_1^2} + \frac{1}{\omega_2^2}\right) \frac{1}{\lambda^2} + \frac{1 - k_1 k_2}{\omega_1^2 \omega_2^2} = 0$$

und erhalten hieraus

$$\frac{1}{\lambda^2} = -\frac{1}{2}\left(\frac{1}{\omega_1^2} + \frac{1}{\omega_2^2}\right) \pm \frac{1}{2} \sqrt{\left(\frac{1}{\omega_1^2} - \frac{1}{\omega_2^2}\right)^2 + \frac{4 k_1 k_2}{\omega_1^2 \omega_2^2}}.$$

Wegen $k_1 k_2 < 1$ ist der Betrag der Quadratwurzel kleiner als $\frac{1}{\omega_1^2} + \frac{1}{\omega_2^2}$.

Es ergeben sich für $\frac{1}{\lambda^2}$ zwei negative und zwar verschiedene Werte $-\frac{1}{\nu_1^2}$ und $-\frac{1}{\nu_2^2}$ und für λ vier rein imaginäre Werte $\lambda_{1,2} = \pm i\, \nu_1$, $\lambda_{3,4} = \pm i\, \nu_2$.

Wir erhalten auf diese Weise, wenn wir wie in Ziff. 48.1 mittels der EULER-Formel zu reellen Lösungen übergehen, für y_1 die vier Ausdrücke

$$(y_1)_1 = a_1 \cos v_1 t, \quad (y_1)_2 = a_2 \sin v_1 t, \quad (y_1)_3 = a_3 \cos v_2 t, \quad (y_1)_4 = a_4 \sin v_2 t.$$
$$(49.20)$$

Dann ergibt sich aus jeder der beiden Gln. (49.18) zu jedem a ein zugeordnetes b aus der Beziehung

$$b = a \cdot \frac{\omega_1^2 - v^2}{k_1 v^2} \left(= a \cdot \frac{k_2 v^2}{\omega_2^2 - v^2} \right),$$

wobei für a und b jeweils $a_1, b_1; a_2, b_2$ usw. und v_1 bzw. v_2 für v einzusetzen ist. Somit erhält man für y_2 die vier zugeordneten Ausdrücke

$$(y_2)_1 = b_1 \cos v_1 t, \quad (y_2)_2 = b_2 \sin v_1 t, \quad (y_2)_3 = b_3 \cos v_2 t, \quad (y_2)_4 = b_4 \sin v_2 t.$$
$$(49.21)$$

Die vier Konstanten $a_1, \ldots, a_4$ sind beliebig, die zugehörigen $b_1, \ldots, b_4$ aber sind durch die $a_1, \ldots, a_4$ festgelegt. Man hat also insgesamt wiederum genau vier Integrationskonstanten. Sie können aus den Anfangsdaten $y_1(0)$, $y_2(0)$, $\dot{y}_1(0)$ und $\dot{y}_2(0)$ bestimmt werden.

§ 50. Fourier-Reihen

50.1 Lineare Differentialgleichungen (48.13) mit einer periodischen Funktion $q(x)$

Durch Linearkombination der harmonischen Schwingungen $\cos v\, t$ und $\sin v\, t$ mit den Kreisfrequenzen $v = 1, 2, \ldots$ ergeben sich allgemeinere Schwingungen (vgl. Abb. 31 in Ziff. 50.3)

$$f_n(t) = \frac{a_0}{2} + \{a_1 \cos t + a_2 \cos 2\,t + \cdots + a_n \cos n\,t\}$$
$$+ \{b_1 \sin t + b_2 \sin 2\,t + \cdots + b_n \sin n\,t\}$$
$$(50.1)$$

mit der Periode 2π. Setzt man $a_v = C_v \cos \varphi_v$, $b_v = C_v \sin \varphi_v$, so geht Gl. (50.1) über in

$$f_n(t) = \frac{a_0}{2} + C_1 \cos (t - \varphi_1) + C_2 \cos (2t - \varphi_2) + \cdots + C_n \cos (n\,t - \varphi_n);$$
$$(50.2)$$

vgl. Ziff. 4.4, insbesondere Gl. (4.16). Wir bezeichnen den Ausdruck (50.1) als *trigonometrisches Polynom*.

Wenn $f_n(t)$ als rechte Seite q einer linearen Differentialgleichung mit konstanten Koeffizienten, z. B. der Schwingungsgleichung (49.4) auftritt, bestimmt man zunächst Lösungen dieser Schwingungsgleichung für die rechten Seiten

$$q = \frac{a_0}{2}, \quad q = a_v \cos v\, t \quad \text{und} \quad q = b_v \sin v\, t \quad (v = 1, 2, \ldots, n)$$

gemäß Ziff. 49.2. Durch Überlagerung dieser Lösungen ergibt sich dann auf Grund des Superpositionssatzes (48.17) eine Lösung der Schwingungsgleichung mit der durch Gl. (50.1) gegebenen rechten Seite $q = f_n(t)$.

Mit $n \to \infty$ geht das trigonometrische Polynom $f_n(t)$ in die sog. Fourier-*Reihe*   (50.3)

$$f(t) = \frac{a_0}{2} + \sum_{\nu=1}^{\infty} (a_\nu \cos \nu t + b_\nu \sin \nu t) = \frac{a_0}{2} + \sum_{\nu=1}^{\infty} C_\nu \cos (\nu t - \varphi_\nu)$$

über; vgl. Ziff. 14.6, Gl. (14.23). Neben den Potenzreihen sind die Fourier-Reihen besonders wichtige Funktionenreihen der reinen und angewandten Mathematik. Sehr allgemeine Funktionen lassen sich in einem Intervall von der Länge 2π durch eine Fourier-Reihe (50.3) darstellen bzw. durch trigonometrische Polynome (50.1) für hinreichend großes n beliebig gut approximieren. In Ziff. 50.2 und 50.5 werden wir dies näher präzisieren.

Im folgenden wird eine kurze Einführung in die Theorie der Fourier-Reihen gegeben. Hier seien zunächst einige einfache Bemerkungen vorausgeschickt.

Eine. Funktion $f(t)$, die durch eine Fourier-Reihe gegeben ist, die neben dem konstanten Glied $\frac{a_0}{2}$ nur Cosinus-Glieder enthält $(b_1 = b_2 = \cdots = 0)$, ist eine *gerade Funktion*, $f(t) = f(-t)$; wenn das konstante Glied verschwindet und nur Sinusglieder auftreten, ist $f(t)$ eine *ungerade Funktion*, $f(t) = -f(-t)$.

Die Fourier-Reihen (50.3) haben ebenso wie die trigonometrischen Polynome (50.1) die Periode 2π. Ersetzt man ν durch $\frac{\pi}{p} \nu$ mit $p > 0$, also

$$f(t) = \frac{a_0}{2} + \sum_{\nu=1}^{\infty} \left(a_\nu \cos \frac{\pi \nu t}{p} + b_\nu \sin \frac{\pi \nu t}{\pi} \right),$$

so ergeben sich Fourier-Reihen bzw. trigonometrische Polynome mit der Periode $2p$.

Es wird sich vielfach als nützlich erweisen, Fourier-Reihen mit Hilfe der Eulerschen Formel (17.24) in der komplexen Darstellung

$$f(t) = \sum_{-\infty}^{+\infty} c_\nu e^{i\nu t} \left(= \sum_{\nu=0}^{\infty} c_\nu e^{i\nu t} + \sum_{\nu=-1}^{-\infty} c_\nu e^{i\nu t} \right) \qquad (50.4)$$

anzusetzen. Dann ist

$$f(t) = \sum_{-\infty}^{+\infty} c_\nu (\cos \nu t + i \sin \nu t)$$

$$= c_0 + \sum_{1}^{\infty} [(c_\nu + c_{-\nu}) \cos \nu t + i (c_\nu - c_{-\nu}) \sin \nu t].$$

Koeffizientenvergleich mit der reellen Darstellung durch Gl. (50.3) liefert

$$a_0 = 2c_0, \quad a_\nu = c_\nu + c_{-\nu}, \quad b_\nu = i (c_\nu - c_{-\nu})$$
$$> c_\nu = \frac{1}{2} (a_\nu - i b_\nu), \quad c_{-\nu} = \frac{1}{2} (a_\nu + i b_\nu). \qquad (50.5)$$

c_ν und $c_{-\nu}$ sind also konjugiert komplex.

Physikalische Deutung: Überlagerungen von Schwingungen, deren Frequenzen nach ganzen Zahlen fortschreiten, treten beispielsweise in der Akustik als Überlagerungen des Grundtons und der Obertöne auf.

50.2 Approximation einer Funktion $g(t)$ durch ein trigonometrisches Polynom

Vorgegeben sei im Intervall $-\pi \leqq t \leqq \pi$ eine bis auf endlich viele Sprungstellen stetige Funktion $g(t)$. An den Sprungstellen $t = \tau$ soll ihr jeweils der Mittelwert des rechts- und linksseitigen Grenzwerts, also

$$g(\tau) = \frac{1}{2} \left[\lim_{\varepsilon \to 0} g(\tau + \varepsilon) + \lim_{\varepsilon \to 0} g(\tau - \varepsilon) \right] \tag{50.6}$$

als Funktionswert zugewiesen werden. Indem wir die Kurve $g(t)$ rechts und links in Intervallen von der Länge 2π kongruent wiederholen, entsteht eine periodische Funktion (Periode 2π), welche neben den Sprungstellen im Innern der Intervalle auch noch Sprungstellen an den Intervall-Endpunkten haben kann.

Beispiel (Abb. 30):

$$g(t) = \begin{cases} -1 & \text{für} \quad -\pi < t < 0, \\ 0 & \text{für} \quad t = -\pi,\ 0,\ +\pi, \\ +1 & \text{für} \quad 0 < t < \pi. \end{cases} \tag{50.7}$$

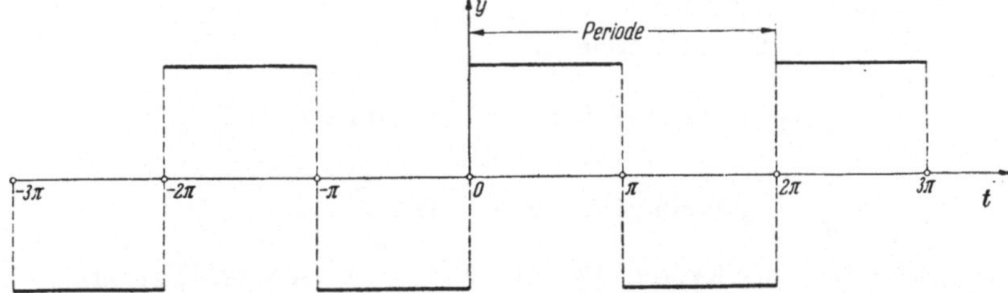

Abb. 30. Darstellung der Funktion $g(t)$, Gl. (50.7), samt ihrer periodischen Fortsetzung

Die Funktionen $g(t)$ sollen jetzt in dem Intervall $-\pi \leqq t \leqq \pi$ durch ein trigonometrisches Polynom $f_n(t)$, Gl. (50.1), mit vorgeschriebenem n im Sinne des Gaussschen *Prinzips der kleinsten Fehlerquadrate* (vgl. Ziff. 29.3) im Mittel approximiert werden. Das heißt, die $2n + 1$ Koeffizienten $a_0, a_1, \ldots, a_n, b_1, b_2, \ldots, b_n$ sollen so gewählt werden, daß das Integral über die Fehlerquadrate

$$F(a_0, a_1, \ldots, a_n, b_1, \ldots, b_n) = \int\limits_{-\pi}^{+\pi} [g(t) - f_n(t)]^2\, dt \tag{50.8}$$

ein Minimum wird. Durch Nullsetzen der Ableitungen von F nach den $2n+1$ Koeffizienten erhält man die $2n+1$ notwendigen Bedingungen

$$-\frac{\partial F}{\partial a_0} = \int_{-\pi}^{+\pi} [g(t) - f_n(t)]\, dt = 0,$$

$$-\frac{1}{2}\frac{\partial F}{\partial a_\nu} = \int_{-\pi}^{+\pi} [g(t) - f_n(t)]\cos \nu t\, dt = 0$$

$$-\frac{1}{2}\frac{\partial F}{\partial b_\nu} = \int_{-\pi}^{+\pi} [g(t) - f_n(t)]\sin \nu t\, dt = 0$$

$$\left. \right\} \quad \text{für } \nu = 1, 2, \ldots, n. \tag{50.9}$$

Daß diese Bedingungen für das Eintreten eines Minimums auch hinreichend sind, wird im Anhang unter [10] gezeigt.

Auf Grund der Beziehungen

$$\int_{-\pi}^{+\pi} \cos t\, dt = \int_{-\pi}^{+\pi} \cos \nu t\, dt = \int_{-\pi}^{+\pi} \sin \nu t\, dt = 0,$$

$$\int_{-\pi}^{+\pi} \cos \nu t \cos \mu t\, dt = \frac{1}{2}\int_{-\pi}^{+\pi} [\cos (\nu + \mu)\, t + \cos (\nu - \mu)\, t]\, dt = \begin{cases} 0 \ \text{für } \nu \neq \mu, \\ \pi \ \text{für } \nu = \mu, \end{cases}$$

$$\tag{50.10}$$

$$\int_{-\pi}^{+\pi} \sin \nu t \sin \mu t\, dt = \frac{1}{2}\int_{-\pi}^{+\pi} [\cos (\nu - \mu)\, t - \cos (\nu + \mu)\, t]\, dt = \begin{cases} 0 \ \text{für } \nu \neq \mu, \\ \pi \ \text{für } \nu = \mu, \end{cases}$$

$$\int_{-\pi}^{+\pi} \sin \nu t \cos \mu t\, dt = \frac{1}{2}\int_{-\pi}^{+\pi} [\sin (\nu + \mu)\, t + \sin (\nu - \mu)\, t]\, dt = 0$$

für ganze positive Zahlen ν und μ ($\nu, \mu = 1, 2, \ldots, n$) liefern die Gln. (50.9) sofort die eindeutige Lösung

$$a_\nu = \frac{1}{\pi}\int_{-\pi}^{+\pi} g(t)\cos \nu t\, dt \ \text{für } \nu = 0 \text{ und } \nu = 1, 2, \ldots, n,$$

$$b_\nu = \frac{1}{\pi}\int_{-\pi}^{+\pi} g(t)\sin \nu t\, dt \ \text{für } \nu = 1, 2, \ldots, n. \tag{50.11}$$

Tritt an Stelle von 2π die Periode $2p$, so ist Gl. (50.11) zu ersetzen durch

$$a_\nu = \frac{1}{p}\int_{-p}^{+p} g(t)\cos \frac{\nu \pi t}{p}\, dt \ \text{für } \nu = 0 \text{ und } \nu = 1, 2, \ldots, n,$$

$$b_\nu = \frac{1}{p}\int_{-p}^{+p} g(t)\sin \frac{\nu \pi t}{p}\, dt \ \text{für } \nu = 1, 2, \ldots, n. \tag{50.11*}$$

In der komplexen Schreibweise (50.4) und (50.5) läßt sich die Lösung (50.11) in die übersichtlichere Form

$$c_\nu = \frac{a_\nu - i\, b_\nu}{2} = \frac{1}{2\pi}\int_{-\pi}^{+\pi} g(t)\, e^{-i\nu t}\, dt \ \text{für } \nu = 0 \text{ und } \nu = 1, 2, \ldots, n$$

$$\tag{50.12}$$

bringen. Gl. (50.12) ergibt sich auch unmittelbar aus dem Ansatz (50.8)
mit $f_n(t) = \sum\limits_{-n}^{+n} c_\nu\, e^{i\nu t}$ durch die $2n + 1$ Bedingungen

$$\frac{\partial F}{\partial c_\nu} = 0 \quad \text{mit } \nu = 0, \pm 1, \pm 2, \ldots, \pm n;$$

an Stelle der Beziehungen (50.10) hat man hierbei lediglich die einfachere
Beziehung

$$\int\limits_{-\pi}^{+\pi} e^{i\nu t}\, e^{i\mu t}\, dt = \begin{cases} 0 & \text{für } \nu + \mu \neq 0, \\ 2\pi & \text{für } \nu + \mu = 0 \end{cases} \tag{50.13}$$

zu berücksichtigen.

Man beachte, daß die so ermittelten Koeffizienten a_ν und b_ν von der
zugrunde gelegten Zahl n unabhängig sind. Geht man also zu höheren
Zahlen n, d. h. zu trigonometrischen Polynomen (50.1) mit einer größeren
Gliederzahl über, so bleiben die bereits ermittelten a_ν und b_ν erhalten.

50.3 Beispiel

Zur Erläuterung diene die durch Gl. (50.7) gegebene Funktion $g(t)$
(vgl. Abb. 30). Sie ist in Abb. 31 samt den approximierenden trigonometrischen Polynomen mit $n = 1$, $n = 3$ und $n = 5$ dargestellt.

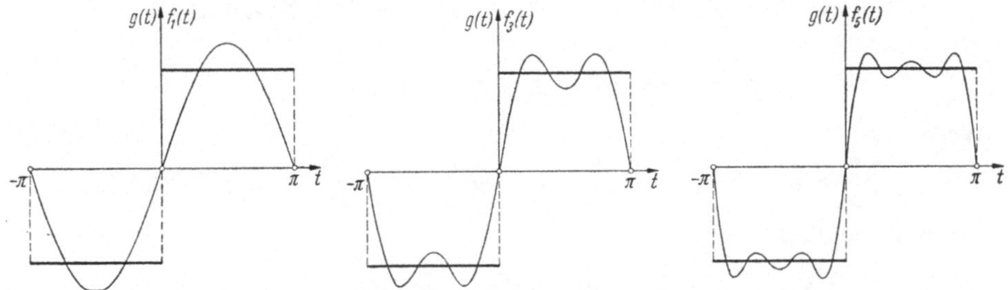

Abb. 31. Darstellung der Funktion $g(t)$, Gl. (50.7), und der approximierenden trigonometrischen
Polynome mit $n = 1$, $n = 3$ und $n = 5$

Die Koeffizienten lassen sich nach Gl. (50.12) leicht berechnen:

$$2\pi\, c_\nu = \int\limits_0^\pi e^{-i\nu t}\, dt - \int\limits_{-\pi}^0 e^{-i\nu t}\, dt = -\frac{1}{i\nu}\left[e^{-i\nu t}\right]_{t=0}^{t=\pi} + \frac{1}{i\nu}\left[e^{-i\nu t}\right]_{t=-\pi}^{t=0}.$$

also

$$2\pi\, c_\nu = -\frac{1}{i\nu}\left[(-1)^\nu - 1\right] + \frac{1}{i\nu}\left[1 - (-1)^\nu\right] = -\frac{2}{i\nu}\left[(-1)^\nu - 1\right]$$

$$> \quad c_\nu = \begin{cases} -\dfrac{2\,i}{\pi\,\nu} & \text{für ungerade } \nu, \\[2mm] 0 & \text{für gerade } \nu. \end{cases}$$

Daraus folgt nach Gl. (50.5)

$$a_\nu = 0, \quad b_\nu = \begin{cases} \dfrac{4}{\pi\,\nu} & \text{für ungerade } \nu, \\[2mm] 0 & \text{für gerade } \nu. \end{cases} \tag{50.14}$$

Somit hat man für ungerades n

$$f_n(t) = \frac{4}{\pi}\left(\sin t + \frac{1}{3}\sin 3t + \frac{1}{5}\sin 5t + \cdots + \frac{1}{n}\sin n\,t\right), \quad (50.15)$$

bei geradem n endet das trigonometrische Polynom $f_n(t)$ mit dem Glied $\frac{1}{n-1}\sin(n-1)\,t$.

50.4 Besselsche Ungleichung

Das Minimum des Fehlerquadratintegrals F ergibt sich durch Einsetzen der in Ziff. 50.2 bestimmten Koeffizienten in den Ausdruck (50.8). Zweckmäßig benützt man die komplexen Koeffizienten c_ν und hat dann

$$F_{\min} = \int\limits_{-\pi}^{+\pi}\left[g(t) - \sum_{-n}^{+n} c_\nu\,e^{i\nu t}\right]^2 dt$$

$$= \int\limits_{-\pi}^{+\pi} g^2(t)\,dt - 2\int\limits_{-\pi}^{+\pi}\left\{\sum_{-n}^{+n} g(t)\,c_\nu\,e^{i\nu t}\right\}dt + \int\limits_{-\pi}^{+\pi}\left\{\sum_{-n}^{+n} c_\nu\,e^{i\nu t}\right\}^2 dt.$$

Mit Berücksichtigung der Gl. (50.12) und der Beziehungen (50.13) folgt hieraus

$$F_{\min} = \int\limits_{-\pi}^{+\pi} g^2(t)\,dt - 2\cdot 2\pi\sum_{-n}^{+n} c_\nu\,c_{-\nu} + 2\pi\sum_{-n}^{+n} c_\nu\,c_{-\nu}$$

$$= \int\limits_{-\pi}^{+\pi} g^2(t)\,dt - 2\pi\sum_{-n}^{+n} c_\nu\,c_{-\nu}.$$

Wegen

$$\sum_{\nu=-n}^{+n} c_\nu\,c_{-\nu} = c_0^2 + 2\sum_{\nu=1}^{n} c_\nu\,c_{-\nu} = \frac{a_0^2}{4} + \frac{1}{2}\sum_{\nu=1}^{n}(a_\nu^2 + b_\nu^2) \quad (50.16)$$

hat man schließlich

$$F_{\min} = \int\limits_{-\pi}^{+\pi} g^2(t)\,dt - \pi\left[\frac{a_0^2}{2} + \sum_{1}^{n}(a_\nu^2 + b_\nu^2)\right].$$

Da $F_{\min}$ seiner Definition nach nicht-negativ ist, ergibt sich hieraus die als BESSELsche *Ungleichung* bezeichnete Relation

$$\frac{a_0^2}{2} + \sum_{1}^{n}(a_\nu^2 + b_\nu^2) = 2c_0^2 + 4\sum_{1}^{n}|c_\nu|^2 \le \frac{1}{\pi}\int\limits_{-\pi}^{+\pi} g^2(t)\,dt. \quad (50.17)$$

50.5 Darstellung stückweise glatter Funktionen durch Fourier-Reihen

Wir gehen nun von den *trigonometrischen Polynomen* (50.1) durch den Grenzprozeß $n \to \infty$ zu den FOURIER-Reihen (50.3) über. Die BESSELsche Ungleichung (50.17) zeigt dann, daß die Reihe der Quadrate der Koeffizienten konvergiert. Wenn in der BESSELschen Ungleichung für $n \to \infty$ das Gleichheitszeichen gilt, also

$$\lim_{n\to\infty}\int\limits_{-\pi}^{+\pi}[g(t) - f_n(t)]^2\,dt = 0,$$

sagt man: Die Fourier-Reihe (50.3) *konvergiert im Mittel* gegen die vorgegebene Funktion $g(t)$.

Wir nehmen jetzt umgekehrt an, eine Fourier-Reihe (50.3) sei vorgegeben und sie *konvergiere im gewöhnlichen Sinn*, und zwar gleichmäßig im abgeschlossenen Intervall $-\pi \leqq t \leqq \pi$, wegen der Periodizität also für alle Werte von t. Aus Satz (14.24) folgt dann:

Wenn eine Fourier-Reihe in einem abgeschlossenen Intervall gleichmäßig konvergiert, stellt sie dort eine stetige Funktion $g(t)$ dar. (50.18)

Nach Satz (14.25) über die gliedweise durchführbare Integration gleichmäßig konvergenter Funktionenreihen gelten zwischen der Funktion $g(t)$ und den Koeffizienten der sie darstellenden Fourier-Reihe dieselben Beziehungen (50.11) bzw. (50.12) wie bei den trigonometrischen Polynomen; denn die Integrale

$$\int\limits_{-\pi}^{+\pi} g(t)\cos\nu t\, dt = \frac{a_0}{2}\int\limits_{-\pi}^{+\pi}\cos\nu t\, dt$$

$$+ \sum_{\mu=1}^{\infty}\int\limits_{-\pi}^{+\pi} (a_\mu\cos\mu t + b_\mu\sin\mu t)\cos\nu t\, dt,$$

$$\int\limits_{-\pi}^{+\pi} g(t)\sin\nu t\, dt = \frac{a_0}{2}\int\limits_{-\pi}^{+\pi}\sin\nu t\, dt$$

$$+ \sum_{\mu=1}^{\infty}\int\limits_{-\pi}^{+\pi} (a_\mu\cos\mu t + b_\mu\sin\mu t)\sin\nu t\, dt$$

liefern unter Berücksichtigung der Identitäten (50.10) sofort die Formeln (50.11).

Eine *hinreichende Bedingung* für die gleichmäßige Konvergenz einer Fourier-Reihe ist offenbar die Bedingung, daß die Reihe der Koeffizienten absolut konvergiert, also:

Wenn $\sum\limits_{1}^{\infty}|a_\nu|$ und $\sum\limits_{1}^{\infty}|b_\nu|$ konvergiert, dann konvergiert die Fourier-Reihe (50.3) gleichmäßig. (50.19)

Wichtiger als die Fourier-*Synthese*, bei der ein trigonometrisches Polynom bzw. eine Fourier-Reihe vorgegeben und die dadurch erzeugte Funktion $g(t)$ gesucht wird, ist die Fourier-*Analyse*, die man auch als *harmonische Analyse* bezeichnet. Bei dieser ist die Funktion $g(t)$ gegeben und es ist zu untersuchen, ob sie durch eine Fourier-Reihe darstellbar ist, d. h. ob die Funktionenreihe (50.3) bzw. (50.4) mit den Koeffizienten, die sich aus $g(t)$ nach den Gln. (50.11) bzw. (50.12) ergeben, konvergiert und $g(t)$ zum Grenzwert hat. Für viele praktische Bedürfnisse genügt folgender Satz:

Jede Funktion g(t), die im abgeschlossenen Intervall $-\pi \leq t \leq \pi$ bis auf endlich viele Sprungstellen stetig und bis auf endlich viele Sprung- oder Knickstellen glatt ist, läßt sich durch eine FOURIER-*Reihe darstellen. Diese konvergiert in jedem abgeschlossenen Intervall, das keine Sprungstelle enthält, gleichmäßig. An den Sprungstellen selbst liefert sie den Mittelwert der rechts- und linksseitigen Grenzwerte, den wir bereits in Gl.* (50.6) *als Funktionswert an einer Sprungstelle definiert hatten.*   (50.20)

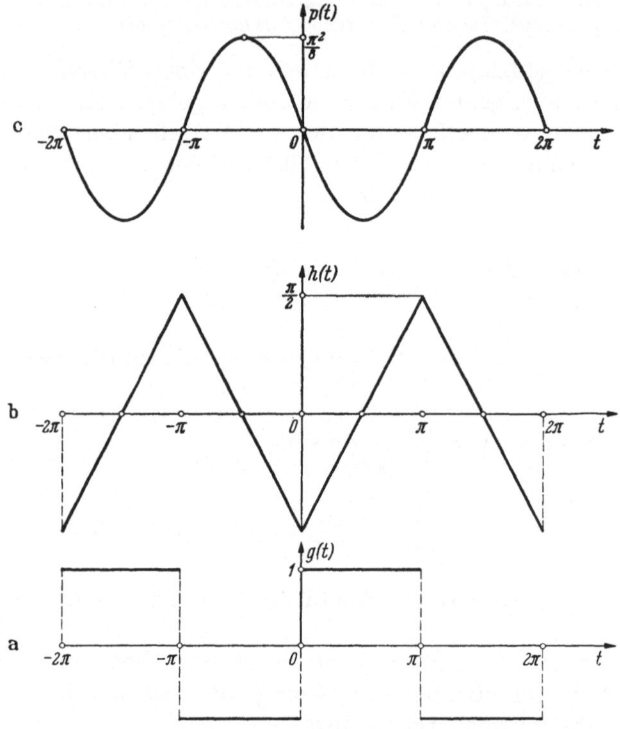

Abb. 32. Darstellung der Funktionen $g(t)$, $h(t)$, $p(t)$, Gl. (50.21)

Wir beschränken uns darauf, diesen Satz durch Beispiele zu erläutern. Sein Beweis übersteigt die uns hier zur Verfügung stehenden Hilfsmittel.

Als *Beispiele* wählen wir die in Abb. 32 dargestellte Funktion $g(t)$, die an den Stellen $t = 0$, $\pm\,\pi$, $\pm\,2\pi$ usw. Sprungstellen hat, und die durch ein- und zweimalige Integration sich ergebenden Funktionen

$$h(t) = \int\limits_{\pi/2}^{t} g(\tau)\, d\tau \quad \text{und} \quad p(t) = \int\limits_{0}^{t} h(\tau)\, d\tau \quad (\text{Abb. 32}).$$

Bei der ersten Integration werden die Sprünge zu Knicken, bei der zweiten Integration die Knicke zu Krümmungsunstetigkeiten geglättet.

Die Funktionen $g(t)$, $h(t)$ und $p(t)$, nämlich

$$g(t) = \begin{cases} -1 \\ 0 \\ +1 \end{cases} \quad \text{für} \quad \begin{cases} -\pi < t < 0, \\ t = -\pi,\ 0,\ +\pi, \\ 0 < t < \pi, \end{cases}$$

$$h(t) = \begin{cases} -\dfrac{\pi}{2} - t \\[2mm] -\dfrac{\pi}{2} + t \end{cases} \quad \text{für} \quad \begin{cases} -\pi \leqq t \leqq 0, \\[2mm] 0 \leqq t \leqq \pi, \end{cases} \tag{50.21}$$

$$p(t) = \begin{cases} -\dfrac{t}{2}\,(\pi + t) \\[2mm] -\dfrac{t}{2}\,(\pi - t) \end{cases} \quad \text{für} \quad \begin{cases} -\pi \leqq t \leqq 0, \\[2mm] 0 \leqq t \leqq \pi, \end{cases}$$

liefern die Fourier-Darstellungen

$$\left.\begin{aligned} g(t) &= \frac{4}{\pi}\left(\sin t + \frac{1}{3}\sin 3t + \frac{1}{5}\sin 5t + \cdots\right), \\[2mm] h(t) &= -\frac{4}{\pi}\left(\cos t + \frac{1}{3^2}\cos 3t + \frac{1}{5^2}\cos 5t + \cdots\right), \\[2mm] p(t) &= -\frac{4}{\pi}\left(\sin t + \frac{1}{3^3}\sin 3t + \frac{1}{5^3}\sin 5t + \cdots\right). \end{aligned}\right\} \tag{50.21*}$$

Die Koeffizienten der Fourier-Reihe $g(t)$ kennen wir bereits aus Gl. (50.15). Nach Satz (50.20) konvergiert die Fourier-Reihe $g(t)$ gleichmäßig in jedem abgeschlossenen Intervall, das keine der Unstetigkeitsstellen $t = 0$, $\pm \pi$, $\pm 2\pi$ usw. enthält. An den Unstetigkeitsstellen liefert sie, wie Satz (50.20) verlangt, die Mittelwerte $g = 0$ der rechts- und linksseitigen Grenzwerte $g = \pm 1$. Durch gliedweise Integration ergeben sich die Fourier-Reihen $h(t)$, $p(t)$. Sie sind nach Satz (50.20) im ganzen Periodenintervall $-\pi \leqq 0 \leqq \pi$ gleichmäßig konvergent, da die Sprungstellen zu Knicken bzw. Krümmungsunstetigkeiten geglättet sind.

Die Fourier-Reihen (50.21*) zeigen, daß die Beträge der Koeffizienten um so rascher abnehmen, je „schwächer" die Unstetigkeiten der dargestellten Funktion sind. Hierfür gilt folgender Satz:

Wenn $g(t)$ samt den Ableitungen $g'(t)$, $g''(t)$, ..., $g^{(r-1)}(t)$ stetig, die Ableitung $g^{(r)}(t)$ bis auf endlich viele Sprungstellen ebenfalls stetig und die Ableitung $g^{(r+1)}(t)$ über das Intervall $-\pi < t < +\pi$ integrierbar ist, gibt es eine positive Zahl M derart, daß für alle ν die Ungleichung

$$\sqrt{a_\nu^2 + b_\nu^2} \leqq \frac{M}{\nu^{r+1}} \tag{50.22}$$

gilt. D. h. die Beträge $\sqrt{a_\nu^2 + b_\nu^2}$ gehen wie $\dfrac{1}{\nu^{r+1}}$ gegen Null.

Der Beweis wird im Anhang unter [11] erbracht. An den FOURIER-Reihen (50.21*) kann man Satz (50.22) leicht verifizieren: Bei $g(t)$ ist $r = 0$, bei $h(t)$ ist $r = 1$ und bei $p(t)$ ist $r = 2$ zu setzen.

50.6 Gibbssches Phänomen

Das Konvergenzverhalten der FOURIER-Reihen an einer Sprungstelle erläutern wir am Beispiel der bereits in Gl. (50.21*) angegebenen und in Abb. 31 dargestellten Funktion

$$g(t) = \frac{4}{\pi}\left(\sin t + \frac{1}{3}\sin 3t + \frac{1}{5}\sin 5t + \cdots\right).$$

Wir untersuchen zunächst die Teilsummen:

$$f_{2n+1}(t) = \frac{4}{\pi}\sum_{\nu=0}^{n}\frac{\sin(2\nu+1)t}{2\nu+1} = \frac{4}{\pi}\sum_{0}^{n}\int_{0}^{t}\cos(2\nu+1)\tau\,d\tau$$

$$= \frac{2}{\pi}\int_{0}^{t}\frac{\sin 2(n+1)\tau}{\sin\tau}\,d\tau. \tag{50.23}$$

Die letzte Umformung ergibt sich aus Gl. (17.28) in Ziff. 17.6.

Mit der Substitution

$$2(n+1)\tau = \omega, \quad 2(n+1)t = u$$

gilt dann für $|u| \leqq \pi$

$$|f_{2n+1}(t)| = \frac{2}{\pi}\int_{0}^{|t|}\frac{\sin 2(n+1)\tau}{\sin\tau}\,d\tau > \frac{2}{\pi}\int_{0}^{|t|}\frac{\sin 2(n+1)\tau}{\tau}\,d\tau$$

$$= \frac{2}{\pi}\int_{0}^{|u|}\frac{\sin\omega}{\omega}\,d\omega = \frac{2}{\pi}\,\mathrm{Si}(|u|).$$

Die Integralsinus-Funktion $\mathrm{Si}(u)$ haben wir in Ziff. 18.3 kennengelernt (vgl. Abb. 95 in Band 1). Sie erreicht bei $u = \pi$ ein erstes Maximum $\mathrm{Si}(\pi) \approx 1{,}85$. Für hinreichend großes n entspricht dem Intervall $|u| \leqq \pi$ ein beliebig kleines t-Intervall $|t| \leqq \dfrac{\pi}{2(n+1)}$, in dem $|f_{2n+1}(t)|$ durch $\dfrac{2}{\pi}\mathrm{Si}(2(n+1)|t|)$ nach unten abgeschätzt werden kann. Daraus folgt, daß die Partialsummen $f_{2n+1}(t)$ für hinreichend großes n in jeder noch so kleinen Umgebung von $t = 0$ über den Wert $g = \pm 1$ hinausgehen, da die approximierende Funktion $\dfrac{\pi}{2}\mathrm{Si}(2(n+1)t)$ für $t = \pm\dfrac{\pi}{2(n+1)}$ den Wert $\pm\dfrac{2}{\pi}\mathrm{Si}(\pi) \approx \pm 1{,}18$ annimmt. Die trigonometrischen

Polynome $f_{2n+1}(t)$ konvergieren also nach Satz (50.19) zwar in jedem abgeschlossenen Intervall, das keine Sprungstelle enthält, gleichmäßig gegen $g(t) = +1$ bzw. $g(t) = -1$, in der Umgebung der Sprungstellen dagegen ist die Konvergenz nicht gleichmäßig. Vielmehr geht in einer mit wachsendem n immer schmäler werdenden Umgebung die Kurve $f_{2n+1}(t)$ über den Wert $g = \pm 1$ um einen Betrag hinaus, der für $n \to \infty$ nicht verschwindet, sondern gegen $\dfrac{2}{\pi} \operatorname{Si}(\pi) - 1 \approx 0{,}18$ konvergiert (Abb. 33).

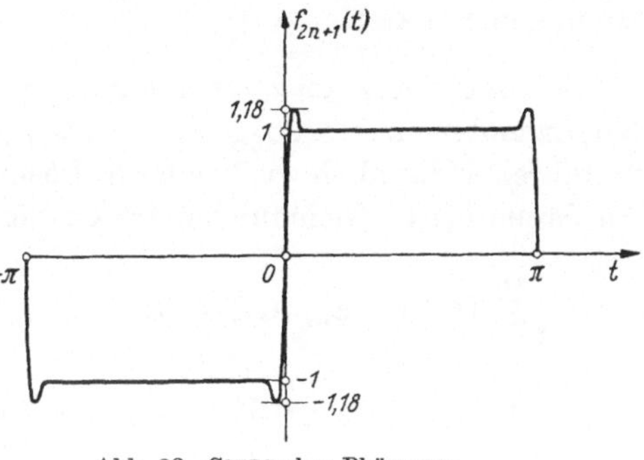

Abb. 33. Gibbssches Phänomen

Man bezeichnet dieses Konvergenzverhalten in der Umgebung einer Sprungstelle als Gibbs*sches Phänomen*.

50.7 Numerische Durchführung der harmonischen Analyse

Die numerische Berechnung der Fourier-Koeffizienten a_ν und b_ν kann mit Hilfe der Gln. (50.11) durch numerische Berechnung der betreffenden Integrale erfolgen. Einfacher ist folgendes Näherungsverfahren:

Die Funktion $y = g(t)$ sei durch ihre *Stützwerte* $g(t_k)$ an den $4n$ gleichabständigen Stellen $t_1 = 1 \cdot \dfrac{\pi}{2n}, \ldots, t_k = k \cdot \dfrac{\pi}{2n}, \ldots, t_{4n} = 2\pi$ vorgegeben. Wir haben hierbei das Periodenintervall, das ja beliebig verschoben werden kann, nach $0 \leq t \leq 2\pi$ verlegt und auf 2π normiert. Wir approximieren die Funktion $y = g(t)$ durch das aus $4n$ Gliedern zusammengesetzte trigonometrische Polynom

$$\varphi_{4n}(t) = \begin{cases} \dfrac{a_0}{2} + a_1 \cos t + \cdots + a_{2n-1} \cos(2n-1)t + \dfrac{a_{2n}}{2} \cos 2n\,t \\[2mm] \quad + b_1 \sin t + \cdots + b_{2n-1} \sin(2n-1)t. \end{cases} \tag{50.24}$$

Die an die Funktion F in Gl. (50.8) gestellte Bedingung ersetzen wir durch die Bedingung, daß die Funktion

$$\Phi = \sum_{k=1}^{4n} [g(t_k) - \varphi_{4n}(t_k)]^2 \tag{50.25}$$

zu einem Minimum gemacht werden soll. Diese Bedingung wird in trivialer Weise dadurch erfüllt, daß alle Summanden zum Verschwinden gebracht, daß also die $4n$ linearen Gleichungen $(k = 1, 2, \ldots, 4n)$

$$g(t_k) = \varphi_{4n}(t_k) = \dfrac{a_0}{2} + a_1 \cos t_k + \cdots + \dfrac{a_{2n}}{2} \cos 2n\,t_k$$
$$+ b_1 \sin t_k + \cdots + b_{2n-1} \sin(2n-1)t_k \tag{50.26}$$

befriedigt werden. $\Phi_{\min}$ ist dann gleich Null und die Kurve $y = \varphi_{4n}(t)$ hat mit der gegebenen Kurve $y = g(t)$ die Punkte t_k, $g(t_k)$ gemeinsam, schneidet sie also im Intervall $0 < t \leq 2\pi$ in $4n$ hinsichtlich t gleichabständigen Punkten.

Wir haben jetzt zu zeigen, daß die linearen Gln. (50.26) die gesuchten Koeffizienten $a_0, \ldots, a_{2n}$, $b_1, \ldots, b_{2n-1}$ eindeutig festlegen. Hierbei verfahren wir ähnlich wie bei der Auflösung des Gleichungssystems (50.9). An Stelle dieser Gleichungen treten hier die $4n$ Beziehungen

$$\sum_{k=1}^{4n} [g(t_k) - \varphi_{4n}(t_k)] = 0,$$

$$\sum_{k=1}^{4n} [g(t_k) - \varphi_{4n}(t_k)] \cos \nu t_k = 0 \quad \text{für} \quad \nu = 1, 2, \ldots, 2n, \tag{50.27}$$

$$\sum_{k=1}^{4n} [g(t_k) - \varphi_{4n}(t_k)] \sin \nu t_k = 0 \quad \text{für} \quad \nu = 1, 2, \ldots, 2n - 1.$$

Sie ergeben sich aus den $4n$ Gln. (50.26), indem man diese addiert bzw. indem man sie nach Multiplikation mit $\cos \nu t_k$ oder $\sin \nu t_k$ addiert. Mit Hilfe von Summenformeln, die den Relationen (50.10) entsprechen, nämlich (für $0 \leq \nu$, $\mu \leq 2n$)

$$\sum_{k=1}^{4n} \cos \nu t_k \cos \mu t_k = \begin{cases} 0 & \text{für } \nu \neq \mu, \\ 2n & \text{für } 0 < \nu = \mu < 2n, \\ 4n & \text{für } \nu = \mu = 0 \text{ oder } 2n, \end{cases}$$

$$\sum_{k=1}^{4n} \sin \nu t_k \sin \mu t_k = \begin{cases} 0 & \text{für } \nu \neq \mu, \\ 2n & \text{für } 0 < \nu = \mu < 2n, \end{cases}$$

$$\sum_{k=1}^{4n} \sin \nu t_k \cos \mu t_k = 0$$

ergibt sich aus den Gln. (50.27)

$$a_0 = \frac{1}{2n} \sum_{k=1}^{4n} g(t_k), \quad a_{2n} = \frac{1}{2n} \sum_{k=1}^{4n} (-1)^k g(t_k),$$

$$\left.\begin{aligned} a_\nu &= \frac{1}{2n} \sum_{k=1}^{4n} g(t_k) \cos \nu t_k \\ b_\nu &= \frac{1}{2n} \sum_{k=1}^{4n} g(t_k) \sin \nu t_k \end{aligned}\right\} \quad \text{für} \quad \nu = 1, 2, \ldots, 2n - 1. \tag{50.28}$$

Die Zerlegung des Periodenintervalls in $4n$ gleiche Teile ist für die numerische Rechnung vorteilhaft, weil dann die Funktionen $\sin \nu t_k$ und $\cos \nu t_k$ in jedem Quadranten, abgesehen vom Vorzeichen, dieselben Werte annehmen.

§ 51. Rand- und Eigenwertprobleme bei gewöhnlichen Differentialgleichungen

51.1 Existenzsätze für die Lösung linearer Randwertaufgaben bei gewöhnlichen Differentialgleichungen

Vorgegeben sei eine lineare Differentialgleichung n-ter Ordnung

$$L[y] \equiv y^{(n)} + p_1(x)\, y^{(n-1)} + \cdots + p_{n-1}(x)\, y' + p_n(x)\, y = q(x). \quad (51.1)$$

Während wir in § 47 Lösungen $y(x)$ durch n Anfangsbedingungen, nämlich durch Vorgabe der Anfangswerte $y(0)$, $y'(0)$, $\ldots$, $y^{(n-1)}(0)$, festlegten, sollen jetzt an den Endpunkten des in Frage kommenden Intervalls, etwa $x = 0$ und $x = 1$, n Randbedingungen

$$U_1[y] = 0, \;\; U_2[y] = 0, \ldots, \; U_n[y] = 0 \quad (51.2)$$

verlangt werden. Dabei bedeuten die $U_k[y]$ Linearkombinationen der Randwerte $y(0)$, $y'(0)$, $\ldots$, $y^{(n-1)}(0)$ und $y(1)$, $y'(1)$, $\ldots$, $y^{(n-1)}(1)$. Natürlich soll mindestens einer der Randwerte in $x = 0$ und mindestens einer der Randwerte in $x = 1$ in mindestens einer der Randbedingungen tatsächlich vorkommen, da sonst ein Anfangswertproblem vorläge.

Ein *Beispiel* haben wir in Ziff. 46.1 bereits besprochen:

$$L[y] \equiv y'' + y = 0 \quad \text{mit} \quad U_1 = y(0) = 0, \; U_2 = y(b) = 0.$$

Um festzustellen, ob das gestellte Randwertproblem (51.1), (51.2) Lösungen oder vielleicht sogar wie das Anfangswertproblem in Ziff. 47.1 genau eine Lösung hat, verfahren wir folgendermaßen:

Wegen der Linearität der Differentialgleichung muß die gesuchte Lösung nach § 47 in der Form

$$y(x) = y_p(x) + C_1\,\eta_1(x) + \cdots + C_n\,\eta_n(x)$$

darstellbar sein; dabei ist $y_p(x)$ irgendeine partikuläre Lösung der Gl. (51.1) und $\eta_1(x)$, $\ldots$, $\eta_n(x)$ sind n linear unabhängige Lösungen der verkürzten Gleichung. Es ist also lediglich zu untersuchen, ob die n zunächst unbestimmten Konstanten C_1, $\ldots$, C_n so bestimmt werden können, daß die n Randbedingungen (51.2) erfüllt werden.

Wegen der Linearität der Randbedingungen ergeben sich auf diese Weise für die C_1, $\ldots$, C_n die n Bestimmungsgleichungen

$$C_1\, U_1[\eta_1] + \cdots + C_n\, U_1[\eta_n] = -\, U_1[y_p],$$

$$C_1\, U_2[\eta_1] + \cdots + C_n\, U_2[\eta_n] = -\, U_2[y_p], \quad (51.3)$$

$$\cdots\cdots\cdots\cdots\cdots\cdots\cdots\cdots\cdots\cdots\cdots\cdots\cdots$$

$$C_1 U_n[\eta_1] + \cdots + C_n\, U_n[\eta_n] = -\, U_n[y_p].$$

Maßgebend für die Lösbarkeit der Randwertaufgabe ist der aus den Randbedingungen (51.2) sich ergebende Wert der Determinante

$$D = \begin{vmatrix} U_1[\eta_1] \cdots U_1[\eta_n] \\ U_2[\eta_1] \cdots U_2[\eta_n] \\ \cdots\cdots\cdots\cdots\cdots \\ U_n[\eta_1] \cdots U_n[\eta_n] \end{vmatrix}. \tag{51.4}$$

Aus den Sätzen (36.4) und (36.9) der Theorie der linearen Gleichungen erhält man sofort folgende Existenzsätze:

Wenn $D \neq 0$, hat die Differentialgleichung (51.1), $L[y] = q(x)$, für die Randbedingungen (51.2) genau eine Lösung $y(x)$. Die verkürzte Differentialgleichung $L[\eta] = 0$ hat dann für dieselben Randbedingungen nur die triviale Lösung $\eta \equiv 0$. (51.5)

Wenn $D = 0$, hat die verkürzte Differentialgleichung $L[\eta] = 0$ für die Randbedingungen (51.2) neben der trivialen Lösung $\eta \equiv 0$ auch nicht-triviale Lösungen $\eta(x)$. (51.6)

Die nicht-verkürzte Differentialgleichung $L[y] = q(x)$ mit $q(x) \neq 0$ hat für die Randbedingungen (51.2) im Fall $D = 0$ nur in Sonderfällen Lösungen; denn die Gln. (51.3) sind dann nur unter besonderen Bedingungen für die rechten Seiten miteinander verträglich.

Beispiel:

$$y'' + y = \sin x, \qquad y(0) = y(1) = 0.$$

Die allgemeine Lösung der Differentialgleichung lautet nach Ziff. 47.5

$$y = -\frac{x}{2}\cos x + C_1 \sin x + C_2 \cos x.$$

Als Bestimmungsgleichungen (51.3) erhält man

$$C_1 \cdot 0 + C_2 \cdot 1 = 0,$$

$$C_1 \cdot \sin 1 + C_2 \cdot \cos 1 = \frac{1}{2}\cos 1,$$

$$> D = -\sin 1 \neq 0 > C_2 = 0, \quad C_1 = \frac{1}{2}\cot 1.$$

Die Randwertaufgabe hat also genau eine Lösung, nämlich

$$y = -\frac{x}{2}\cos x + \frac{1}{2}\cot 1 \cdot \sin x.$$

Die Randwertaufgabe der verkürzten Gleichung

$$\eta'' + \eta = 0, \quad \eta(0) = \eta(1) = 0$$

hat nur die triviale Lösung $\eta \equiv 0$.

Dieselbe Randwertaufgabe, jetzt aber für das Intervall $0 \leqq x \leqq \pi$ gestellt,

$$y'' + y = \sin x, \qquad y(0) = y(\pi) = 0,$$

führt zu den Bestimmungsgleichungen

$$\left. \begin{aligned} C_1 \cdot 0 + C_2 \cdot 1 &= 0, \\ C_1 \cdot 0 - C_2 \cdot 1 &= -\frac{\pi}{2}, \end{aligned} \right\} \; D = 0.$$

Sie sind nicht miteinander verträglich, die Randwertaufgabe hat keine Lösung. Dagegen hat die Randwertaufgabe der verkürzten Gleichung

$$\eta'' + \eta = 0, \;\; y(0) = y(\pi) = 0$$

die Lösungen $\eta = C_1 \sin x$ mit beliebigem C_1.

51.2 Eigenwertaufgaben

Wenn die Koeffizienten der Differentialgleichung (51.1) einen Parameter λ enthalten, sind die Lösungen $\eta_1(x), \ldots, \eta_n(x)$ von diesem Parameter abhängig und die Determinante D wird eine Funktion $D(\lambda)$ von λ. Werte von λ, für welche $D(\lambda) = 0$ wird, heißen *Eigenwerte*[1]. Für jeden Eigenwert λ hat die Randwertaufgabe der verkürzten Differentialgleichung nichttriviale Lösungen. Man bezeichnet diese als *Eigenfunktionen*.

Zur Erläuterung seien einige *Beispiele* erörtert:

(A) $\qquad \eta'' + \lambda^2 \eta = 0 \; > \; \eta = C_1 \cos \lambda x + C_2 \sin \lambda x,$

$$\eta' = \lambda \cdot (- C_1 \sin \lambda x + C_2 \cos \lambda x).$$

(a) Randbedingungen $\eta(0) = \eta(1) = 0$.

$$\left. \begin{aligned} C_1 \cdot 1 \;\;\; + C_2 \cdot 0 \;\;\; &= 0 \\ C_1 \cdot \cos \lambda + C_2 \cdot \sin \lambda &= 0 \end{aligned} \right\} \; D(\lambda) = \sin \lambda = 0 \; > \; C_1 = 0, \; C_2 \text{ beliebig.}$$

Positive Eigenwerte: $\lambda_n = n \pi \; >$ Eigenfunktionen $\eta_n(x) = C_2 \sin n \pi x$ mit $n = 1, 2, 3, \ldots$ Die Eigenfunktionen $\eta_n(x)$ haben Nullstellen in den beiden Randpunkten und in $n-1$ Zwischenpunkten des Intervalls $0 \leqq x \leqq 1$; dieses umfaßt n Halbperioden von $\eta_n(x)$.

(b) Randbedingungen $\eta(0) = \eta'(1) = 0$.

$$\left. \begin{aligned} C_1 \cdot 1 \qquad\quad + C_2 \cdot 0 \;\;\;\; &= 0 \\ C_1 (- \lambda \sin \lambda) + C_2 \; \lambda \cos \lambda &= 0 \end{aligned} \right\} \; D(\lambda) = \lambda \cos \lambda = 0$$

$$> \; C_1 = 0, \; C_2 \text{ beliebig.}$$

Positive Eigenwerte: $\lambda_n = \frac{\pi}{2}(1 + 2n) \; >$ Eigenfunktionen $\eta_n(x)$

$= C_2 \sin \left[\frac{\pi}{2}(1 + 2n) x \right]$ mit $n = 0, 1, 2, \ldots$ Die Eigenfunktionen

---

[1] Eine Verwechslung der Bezeichnung λ für die Eigenwerte mit den Wurzeln der charakteristischen Gl. (48.3) ist wohl nicht zu befürchten.

$\eta_n(x)$ haben Nullstellen im linken Randpunkt und in n Zwischenpunkten des Intervalls $0 \le x \le 1$; dieses umfaßt $2n + 1$ Viertelperioden von $\eta_n(x)$. Am rechten Rand haben die Kurven $\eta = \eta_n(x)$ eine waagerechte Tangente.

(c) Randbedingungen $\eta(0) = 0$, $\eta(1) - \eta'(1) = 0$.

$$C_1 \cdot 1 \qquad\qquad + C_2 \cdot 0 \qquad\qquad = 0$$

$$C_1 \cdot (\cos \lambda + \lambda \sin \lambda) + C_2 \cdot (\sin \lambda - \lambda \cos \lambda) = 0$$

$$> \quad D(\lambda) = \sin \lambda - \lambda \cos \lambda = 0 > C_1 = 0, \ C_2 \ \text{beliebig}.$$

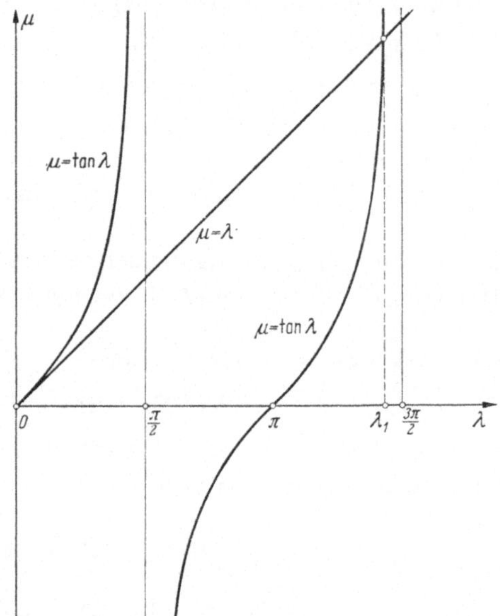

Abb. 34. Ermittlung des kleinsten positiven Eigenwerts λ_1 für die Aufgabe (A) (c)

Die Eigenwerte λ_n ergeben sich aus den Schnittpunkten der Kurve $\mu = \tan \lambda$ mit der Geraden $\mu = \lambda$ (Abb. 34). Der kleinste positive Eigenwert ist $\lambda_1 \approx 4{,}5$.

(B) $\quad \eta^{(4)} - \lambda^4 \eta = 0$

$$> \quad \eta = C_1 \cosh \lambda x + C_2 \sinh \lambda x + C_3 \cos \lambda x + C_4 \sin \lambda x.$$

Randbedingungen $\eta(0) = \eta'(0) = \eta(1) = \eta'(1) = 0$.

$$C_1 + C_3 = 0,$$

$$C_2 + C_4 = 0,$$

$$C_1 \cosh \lambda \ + C_2 \sinh \lambda \ + C_3 \cos \lambda \ + C_4 \sin \lambda \ = 0,$$

$$C \ \lambda \sinh \lambda + C_2 \lambda \cosh \lambda - C_3 \lambda \sin \lambda + C_4 \lambda \cos \lambda = 0.$$

Die beiden ersten Gleichungen liefern

$$C_3 = -C_1, \quad C_4 = -C_2,$$

worauf die beiden letzten Gleichungen durch

$$C_1 (\cosh \lambda - \cos \lambda) + C_2 (\sinh \lambda - \sin \lambda) = 0,$$

$$\lambda [C_1 (\sinh \lambda + \sin \lambda) + C_2 (\cosh \lambda - \cos \lambda)] = 0$$

ersetzt werden können. Daraus ergibt sich für die Eigenwerte die Bestimmungsgleichung

$$D(\lambda) = \lambda [(\cosh \lambda - \cos \lambda)^2 - (\sinh \lambda - \sin \lambda)(\sinh \lambda + \sin \lambda)]$$

$$= 2\lambda (1 - \cosh \lambda \cos \lambda) = 0.$$

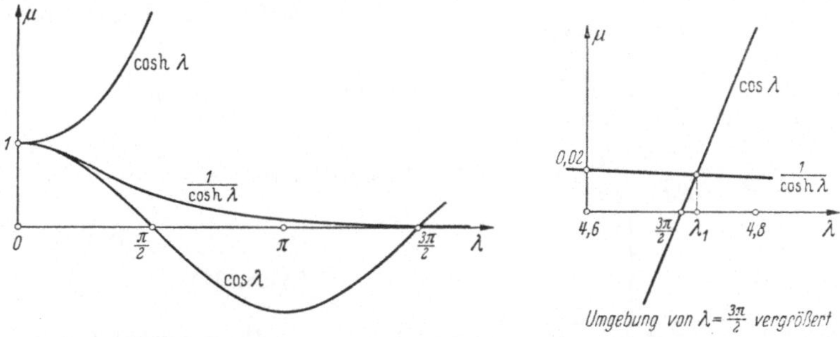

Abb. 35. Ermittlung des kleinsten positiven Eigenwerts λ_1 für Aufgabe (B)

Die Eigenwerte λ_n ergeben sich aus den Schnittpunkten der Kurve $\mu = \dfrac{1}{\cosh \lambda}$ mit der Cosinuslinie $\mu = \cos \lambda$ (Abb. 35). Der kleinste positive Eigenwert ist $\lambda_1 \approx 4{,}73$. Die Eigenfunktionen $\eta_n(x)$ ergeben sich aus der allgemeinen Lösung η mit $C_3 = -C_1$, $C_4 = -C_2$ und $C_2 : C_1 = (\cos \lambda_n - \cosh \lambda_n) : (\sinh \lambda_n - \sin \lambda_n)$; die eine der beiden Konstanten C_1, C_2 bleibt beliebig.

51.3 Anwendung: Balkenbiegung und Balkenknickung

In der Festigkeitslehre wird gezeigt, daß die *Biegelinie* — auch *neutrale Faser* genannt — eines Balkens der Differentialgleichung

$$y'' = \frac{M(x,y)}{E J}$$

genügt (vgl. Abb. 36 bis 38). Dabei ist $M(x,y)$ das auf den betreffenden Querschnitt x wirkende *Biegemoment*, E der *Elastizitätsmodul* und J das *axiale Flächenträgheitsmoment* des Balkenquerschnitts. Je nach den Bedingungen an den beiden Balkenenden ergeben sich verschiedene

Anfangs-, Rand- und Eigenwertprobleme. Wir besprechen drei Fälle:
(a) *Kragbalken* (Abb. 36).

Der Balken ist bei $x = 0$ fest eingespannt, bei $x = l$ frei. Am freien
Ende greift die Kraft P senkrecht nach unten an. Mit $M = P \cdot (l - x)$
hat man die Differentialgleichung

$$y'' = \frac{P}{EJ} \cdot (l - x) > y = \frac{P}{EJ} \cdot \left(\frac{l}{2}\, x^2 - \frac{x^3}{6} + C_1\, x + C_2 \right).$$

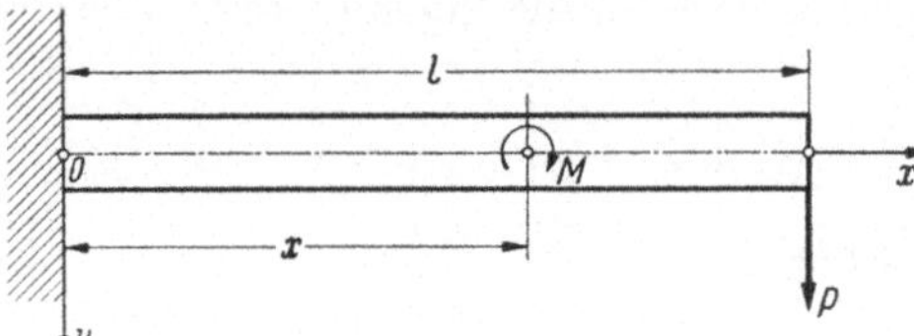

Abb. 36. Kragbalken

Hier liegt ein *Anfangswertproblem* vor; denn am fest
eingespannten Balkenende
ist

$$y(0) = y'(0) = 0.$$

Auf Grund dieser Anfangsdaten ergibt sich aus der
allgemeinen Lösung der Differentialgleichung mit $C_1 = C_2 = 0$ die
Gleichung der Biegelinie

$$y = \frac{P}{EJ} \cdot \left(\frac{l}{2}\, x^2 - \frac{x^3}{6} \right) > \textit{Biegepfeil}\ \ y(l) = \frac{P}{EJ} \cdot \frac{l^3}{3}\,.$$

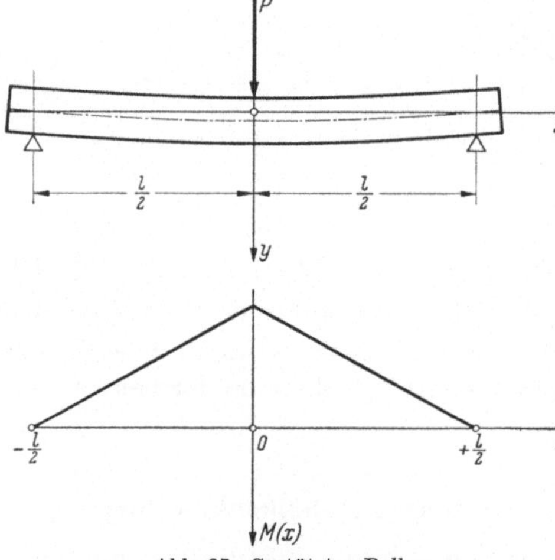

Abb. 37. Gestützter Balken

(b) *Gestützter Balken*
(Abb. 37).

Beim gestützten Balken
mit der in der Mitte angreifenden Kraft P ist —
wenn wir der Einfachheit
halber den Ursprung des
Koordinatensystems in den
Mittelpunkt des Balkens
verlegen —

$$M = -\frac{P}{2} \left(\frac{l}{2} - |x| \right).$$

Für die Biegelinie $y(x)$ ergibt sich

$$y'' = \frac{P}{2EJ} \left(|x| - \frac{l}{2} \right) > y' = \frac{P}{2EJ} \left(\frac{|x| \cdot x}{2} - \frac{l\,x}{2} + C_1 \right)$$

$$> y = \frac{P}{2EJ} \left(\frac{|x| \cdot x^2}{6} - \frac{l\,x^2}{4} + C_1\, x + C_2 \right).$$

Hier liegt ein Randwertproblem vor: Die Randbedingungen $y\left(-\frac{l}{2} \right)$
$= y\left(\frac{l}{2} \right) = 0$ legen die Integrationskonstanten fest, nämlich $C_1 = 0$

$C_2 = \dfrac{l^3}{24}$. **Daraus folgt**

$$y = \frac{P}{48EJ}\,(l^3 - 6l\,x^2 + 4\,|x|^3); \quad \text{Biegepfeil } y(0) = \frac{P\,l^3}{48EJ}\;.$$

(c) *Knickung* (Abb. 38).

Der Balken sei am einen Ende ($x = l = 1$) fest eingespannt. Am freien Ende ($x = 0$) wirke eine Druckkraft P horizontal in der Längsrichtung des Balkens. Dann ist bei einer kleinen seitlichen Auslenkung (*Knickung*) $M = -P\,y$ und man erhält für die Biegelinie

$$y'' + \frac{P}{EJ}\,y = 0 \;>\; y = C_1 \cos\!\left(\sqrt{\frac{P}{EJ}}\,x\right) + C_2 \sin\!\left(\sqrt{\frac{P}{EJ}}\,x\right)$$

Damit die Randbedingungen

$$y(0) = 0, \quad y'(1) = 0$$

erfüllt werden können, muß P spezielle Werte annehmen, es liegt also ein *Eigenwertproblem* vor, und zwar die in Ziff. 51.2 unter (A) (b) behandelte Aufgabe mit $\lambda^2 = \dfrac{P}{EJ}$.

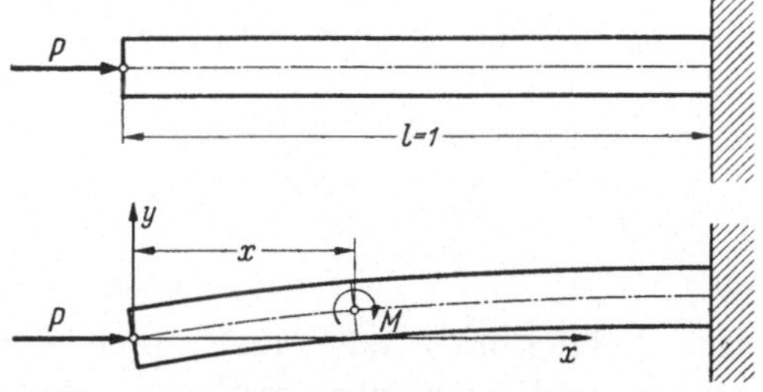

Abb. 38. Balkenknickung

Es ergeben sich die Eigenwerte

$$\lambda_n = \sqrt{\frac{P_n}{EJ}} = \frac{\pi}{2}\,(1 + 2n) \ \text{ mit } \ n = 0, 1, 2, \ldots$$

und die zugehörigen Eigenfunktionen $y_n = C_2 \sin\!\left[\dfrac{\pi}{2}\,(1 + 2n)\,x\right]$.

§ 52. Anfangswertprobleme bei partiellen Differentialgleichungen
52.1 Allgemeine Bemerkungen

Gleichungen, in denen Funktionen von mehreren Veränderlichen und partielle Ableitungen dieser Funktionen auftreten, heißen *partielle Differentialgleichungen*. Beispiele sind die partielle Differentialgleichung erster Ordnung

$$\Phi\,(x,\,y,\,u,\,u_x,\,u_y) = 0$$

und die partielle Differentialgleichung zweiter Ordnung

$$\Phi\,(x,\,y,\,u,\,u_x,\,u_y,\,u_{xx},\,u_{xy},\,u_{yy}) = 0$$

für eine Funktion $u\,(x,\,y)$. Auch hier nennen wir die Differentialgleichungen *linear*, wenn die Funktion und ihre Ableitungen nur linear auftreten. So ist z. B.

$$p_1(x,\,y)\,u_x + p_2(x,\,y)\,u_y + p_3(x,\,y)\,u = q\,(x,\,y)$$

die *lineare Differentialgleichung erster Ordnung*. Bei linearen partiellen Differentialgleichungen gelten ähnliche Sätze für die Überlagerung von Lösungen wie bei linearen gewöhnlichen Differentialgleichungen (vgl. Ziff. 47.1 und 47.2):

Es sei $L[u]$ ein in u und den Ableitungen von u linearer homogener Ausdruck. Dann ist die Differenz zweier Lösungen der Differentialgleichung

$$L[u] = q(x, y)$$

eine Lösung der verkürzten Gleichung

$$L[\omega] = 0. \tag{52.1}$$

Sind $\omega_1, \omega_2, \ldots, \omega_r$ Lösungen der verkürzten Gleichung, so ist jede Linearkombination $C_1 \omega_1 + \cdots + C_r \omega_r$ mit konstanten Koeffizienten wiederum eine Lösung der verkürzten Gleichung.

Bei einer gewöhnlichen Differentialgleichung zweiter oder höherer Ordnung lassen sich sowohl *Anfangs-* wie auch *Randwertaufgaben* sachgemäß stellen. Bei partiellen Differentialgleichungen sind je nach dem Typus der betreffenden Gleichung nur Anfangs- oder nur Randwertprobleme sachgemäß. So kann man beispielsweise Lösungen der *Wellengleichung*

$$u_{xx} - u_{yy} = 0 \tag{52.2}$$

durch Anfangsdaten oder auch durch eine geeignete Verbindung von Anfangs- und Randdaten festlegen, während Lösungen der *Potentialgleichung*

$$u_{xx} + u_{yy} = 0 \tag{52.3}$$

durch Randdaten allein festgelegt werden. Wir beschränken uns hier auf eine kurze Erörterung der Wellengleichung sowie der *Wärmeleitungsgleichung*

$$u_{xx} - u_y = 0. \tag{52.4}$$

Auf die Potentialgleichung werden wir erst in § 65 zurückkommen, wo wir dann Hilfsmittel der *Funktionentheorie*, die den Gegenstand des VI. Kapitels bildet, zur Verfügung haben.

Die *Potentialgleichung* (52.3), die *Wellengleichung* (52.2) und die *Wärmeleitungsgleichung* (52.4) sind die einfachsten Fälle der drei Grundtypen der partiellen Differentialgleichungen zweiter Ordnung, nämlich des sogenannten *elliptischen, hyperbolischen* und *parabolischen Typus*.

52.2 Allgemeine Lösung der Wellengleichung

Die Wellengleichung (52.2) geht durch Koordinatentransformation

$$x + y = \xi, \qquad u_x = u_\xi + u_\eta, \qquad u_{xx} = u_{\xi\xi} + 2u_{\xi\eta} + u_{\eta\eta},$$
$$x - y = \eta, \qquad u_y = u_\xi - u_\eta, \qquad u_{yy} = u_{\xi\xi} - 2u_{\xi\eta} + u_{\eta\eta}$$

über in

$$u_{\xi\eta} = 0. \tag{52.5}$$

Dabei ist vorausgesetzt, daß die gesuchten Funktionen $u(x, y)$ stetige zweite Ableitungen haben. Aus Gl. (52.5) folgt dann durch Integration nach η — bei festem ξ —

$$u_\xi = C_1,$$

wobei C_1 eine willkürliche Funktion von ξ ist, und hierauf durch Integration nach ξ — bei festem η —

$$u = \int C_1(\xi)\,d\xi + C_2,$$

wobei C_2 eine willkürliche Funktion von η ist. Mithin setzt sich jede Lösung u aus einer Funktion $\varphi(\xi)$ und einer Funktion $\psi(\eta)$ additiv zusammen. Wenn man dann von ξ und η wieder zu x und y übergeht, erhält man als *allgemeine Lösung* der Wellengleichung (52.2)

$$u\,(x,\,y) = \varphi\,(x + y) + \psi\,(x - y) \tag{52.6}$$

mit den beiden zweimal stetig differenzierbaren, sonst aber willkürlichen Funktionen φ und ψ.

Man beachte: Während in den Lösungen der gewöhnlichen Differentialgleichungen *willkürliche Konstante* auftreten, enthält die Lösung der Wellengleichung *willkürliche Funktionen*.

52.3 Lösung der Wellengleichung bei vorgegebenen Anfangswerten

Wir setzen in den Gln. (52.2) und (52.6) $y = a\,t$ ($a = \text{const} > 0$) und erhalten die Wellengleichung und ihre allgemeine Lösung in der üblichen Form

$$u_{xx} - \frac{1}{a^2}\,u_{tt} = 0 \;>\; u\,(x, t) = \varphi\,(x + a\,t) + \psi\,(x - a\,t); \quad (52.7)$$

x ist die Ortskoordinate, t die Zeit.

Längs der Weg-Zeit-Linien $x + a\,t = \text{const}$ ist $\varphi = \text{const}$, längs der Weg-Zeit-Linien $x - a\,t = \text{const}$ ist $\psi = \text{const}$; die linkslaufende φ-Welle und die rechtslaufende ψ-Welle schreiten also mit der Geschwindigkeit $\frac{dx}{dt} = \mp\,a$ fort.

Wir stellen nun folgende *Anfangswertaufgabe* für die Wellengleichung (52.7), die bei vielen Anwendungen (z. B. Problem der schwingenden Saite) auftritt:

Gegeben ist zur Zeit $t = 0$

$$u\,(x, 0) = p\,(x), \quad u_t\,(x, 0) = q\,(x); \tag{52.8}$$

gesucht ist $u(x, t)$ für $t > 0$.

Es müssen also die zunächst willkürlichen Funktionen φ und ψ so bestimmt werden, daß sie die Bedingungen (52.8) erfüllen. Hierbei ergibt sich

$$p(x) = u(x, 0) = \varphi(x) + \psi(x) > p'(x) = \varphi'(x) + \psi'(x),$$

$$q(x) = u_t(x, 0) = a \cdot [\varphi'(x) - \psi'(x)].$$

Aus diesen beiden Gleichungen erhält man

$$\left.\begin{array}{l} 2\,\varphi'(x) \\ 2\,\psi'(x) \end{array}\right| = p'(x) \pm \frac{1}{a}\,q(x) > \left\{\begin{array}{l} 2\,\varphi(x) = p(x) + \dfrac{1}{a}\displaystyle\int\limits_{c_1}^{x} q(\xi)\,d\xi, \\[2em] 2\,\psi(x) = p(x) - \dfrac{1}{a}\displaystyle\int\limits_{c_2}^{x} q(\xi)\,d\xi. \end{array}\right.$$

Durch Einsetzen in die allgemeine Lösung (52.6) kommt dann

$$u(x,t) = \frac{1}{2}\left[p(x+a\,t) + p(x-a\,t)\right] + \frac{1}{2a}\int\limits_{x-at}^{x+at} q(\xi)\,d\xi; \quad (52.9)$$

dabei sind die Integrationskonstanten c_1, c_2 so gewählt, daß $u(x,t) \to p(x)$ für $t \to 0$ geht.

Wenn $p(x)$ zweimal und $q(x)$ einmal stetig differenzierbar ist, befriedigt die durch Gl. (52.9) gegebene Funktion $u(x, t)$ die Wellengleichung

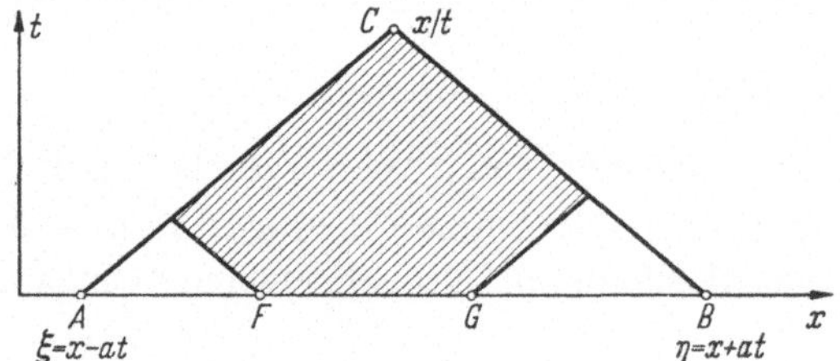

Abb. 39. Anfangswertproblem der Wellengleichung

und ist die einzige Lösung der Wellengleichung für die vorgegebenen Anfangsbedingungen (52.8).

Diskussion der Lösung (Abb. 39): Nach Gl. (52.9) hängt der Wert $u(x, t)$ der Lösung an einer Stelle C der oberen Halbebene nur von den Anfangsdaten längs der Strecke AB ab, die von den von C ausgehenden Geraden $x \pm a\,t = $ const aus der x-Achse ausgeschnitten wird. Man nennt daher die Strecke AB den *Abhängigkeitsbereich* der Lösung u für den Punkt C. Umgekehrt gilt: Die Anfangsdaten längs AB legen die Lösung u in dem Dreieck ABC (*Bestimmtheitsbereich* für die Strecke AB) fest. Ändert man die Anfangsdaten auf einer Teilstrecke FG ab, so beeinflußt diese Änderung die Lösung u lediglich in dem in Abb. 39 schraffierten Teil des Bestimmtheitsbereichs, dem sog. *Einflußbereich* der Teilstrecke FG; er wird links von einer Geraden $x + a\,t = $ const und rechts von einer Geraden $x - a\,t = $ const begrenzt.

Die Geraden $x \pm a\,t = $ const, die hiernach als Randlinien von Bestimmtheits- und Einflußbereichen definiert werden können, bezeichnet man als die *Charakteristiken* der Wellengleichung.

52.4 Lösung der Wellengleichung
bei vorgegebenen Anfangs- und Randwerten

An Stelle der Anfangsbedingungen (52.8) stellen wir jetzt folgende *Anfangs- und Randbedingungen* (Abb. 40):

Auf dem Intervall $0 \leq x \leq 1$ ist zur Zeit $t = 0$ wiederum

$$u(x, 0) = p(x), \quad u_t(x, 0) = q(x) \tag{52.10}$$

gegeben; dabei soll $p(0) = p(1) = 0$ und $q(0) = q(1) = 0$ sein. Außerdem wird

$$u(0, t) = 0 \quad \text{und} \quad u(1, t) = 0 \quad \text{für } t > 0 \tag{52.11}$$

vorgeschrieben. Gesucht wird $u(x, t)$ in dem in Abb. 40 schraffierten Halbstreifen.

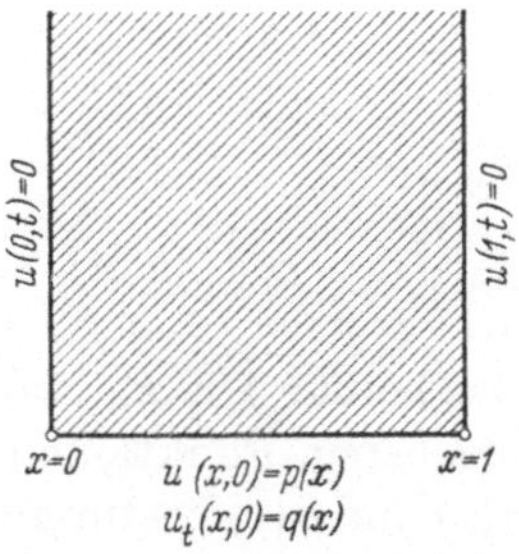

An dieser Aufgabe erläutern wir eine sehr allgemeine Methode: Wir suchen zunächst durch *Trennung der Veränderlichen* spezielle Lösungen der Wellengleichung zu finden und hernach durch Überlagerung dieser speziellen Lösungen die Anfangs- und Randbedingungen zu erfüllen.

Mit dem Ansatz der Trennung der Veränderlichen

$$u(x, t) = X(x) \cdot T(t) \tag{52.12}$$

ergibt sich aus der Wellengleichung (52.7)

Abb. 40. Anfangs-Randwert-Problem der Wellengleichung

$$X'' T - \frac{1}{a^2} X \ddot{T} = 0 \quad > \quad a^2 \frac{X''}{X} = \frac{\ddot{T}}{T} \quad \left(' = \frac{d}{dx}, \cdot = \frac{d}{dt}\right).$$

Da die letzte Gleichung identisch in x und t erfüllt werden muß, ist die rechte und linke Seite eine Konstante. Aus

$$a^2 \frac{X''}{X} = \frac{\ddot{T}}{T} = -c^2 = \text{const}$$

ergibt sich dann

$$T(t) = A \sin ct + B \cos ct, \quad X(x) = C \sin\left(\frac{c}{a} x\right) + D \cos\left(\frac{c}{a} x\right)$$

mit den zunächst beliebigen Konstanten c und A, B, C, D.

Aus den Randbedingungen

$$0 = u(0, t) = T(t) X(0) = T(t) \cdot D,$$

$$0 = u(1, t) = T(t) \cdot X(1) = T(t) \cdot \left[C \sin \frac{c}{a} + D \cos \frac{c}{a}\right]$$

folgt

$$D = 0, \quad \frac{c}{a} = n\pi \quad > \quad c = n\pi a \quad (n = 1, 2, \ldots).$$

Die Randbedingungen (52.11) werden also von sämtlichen Lösungen

$$u_n(x, t) = \sin n\pi x \cdot [A_n \sin n\pi a t + B_n \cos n\pi a t]$$

befriedigt. Wir haben hierbei $A \cdot C = A_n$ und $B \cdot C = B_n$ gesetzt.

Jede endliche Linearkombination der $u_n(x, t)$ ist nach Satz (52.1) wieder eine Lösung der Wellengleichung. Unter der Annahme gleichmäßiger Konvergenz ist aber auch die unendliche Reihe

$$u(x, t) = \sum_{n=1}^{\infty} \sin n\pi x \cdot [A_n \sin n\pi a t + B_n \cos n\pi a t] \quad (52.13)$$

eine den Randbedingungen genügende Lösung.

Die Anfangsbedingungen (52.10) liefern weiter

$$p(x) = u(x, 0) = \sum_{n=1}^{\infty} B_n \sin n\pi x,$$

$$\quad (52.14)$$

$$q(x) = u_t(x, 0) = \pi a \sum_{n=1}^{\infty} n A_n \sin n\pi x.$$

Das heißt: Die B_n und $n\pi a A_n$ sind die FOURIER-Koeffizienten der vorgegebenen Funktionen $p(x)$ und $q(x)$ und somit durch die Anfangsdaten $p(x)$ und $q(x)$ bestimmt.

Die Funktionen $p(x)$ und $q(x)$, die nur im Intervall $0 \leqq x \leqq 1$ gegeben sind, werden durch fortgesetzte Spiegelung an den Randpunkten des Intervalls zu ungeraden Funktionen mit der Periode 2 ergänzt. Durch diese Ergänzung, die in dem FOURIER-Ansatz (52.14) bereits vollzogen ist, werden die Anfangswerte auf der ganzen x-Achse vorgeschrieben. Die Randbedingungen (52.11) sind dann aus Symmetriegründen von selbst erfüllt. Auf diese Weise kann man das Anfangswert-Randwert-Problem auf das in Ziff. 52.3 behandelte reine Anfangswertproblem zurückführen. In der Tat kommt man von der Lösung (52.9) sofort zur Lösung (52.13), wenn man auf Grund der FOURIER-Reihen (52.14) die Ausdrücke

$$p(x \pm a t) = \sum_{n=1}^{\infty} B_n (\sin n\pi x \cdot \cos n\pi a t \pm \cos n\pi x \cdot \sin n\pi a t),$$

$$\int_{x-at}^{x+at} q(\xi)\, d\xi = -a \left[\sum_{n=1}^{\infty} A_n \cos n\pi \xi \right]_{\xi = x-at}^{\xi = x+at}$$

$$= 2a \sum_{n=1}^{\infty} A_n \sin n\pi x \cdot \sin n\pi a t$$

in Gl. (52.9) einsetzt.

52.5 Lösung der Wärmeleitungsgleichung bei vorgegebenen Anfangs- und Randwerten

Die *Methode der Trennung der Veränderlichen*, die wir in Ziff. 52.4 auf die Lösung der Wellengleichung angewandt haben, verwenden wir jetzt für die *Wärmeleitungsgleichung* (52.4), in der wir $y = at$ setzen, also

$$u_{xx} - \frac{1}{\sigma}\,u_t = 0, \quad \sigma > 0. \tag{52.15}$$

Sie unterscheidet sich von der Wellengleichung (52.7) nur dadurch, daß an Stelle der zweiten Ableitung nach t die erste Ableitung auftritt; t bedeutet auch hier die Zeit.

An Stelle der Anfangs- und Randbedingungen (52.10), (52.11) für die Wellengleichung fordern wir bei der Wärmeleitungsgleichung die folgenden *Anfangs- und Randbedingungen*:

$$u(x, 0) = p(x) \quad \text{für} \quad 0 \leqq x \leqq 1 \quad \text{mit} \quad p(0) = p(1) = 0, \tag{52.16}$$

$$u(0, t) = u(1, t) = 0 \quad \text{für} \quad t > 0, \ (\text{wie } (52.11)) \tag{52.17}$$

Die Lösung der Differentialgleichung wird für denselben Bereich wie bei der Wellengleichung gesucht, nämlich für den in Abb. 40 dargestellten Halbstreifen $0 \leqq x \leqq 1$, $0 \leqq t$. Man beachte, daß als Anfangsbedingung hier nur $u(x, 0)$, nicht mehr aber wie bei der Wellengleichung auch $u_t(x, 0)$ vorgeschrieben wird. Dies entspricht dem Umstand, daß in Gl. (52.15) nur die erste Ableitung u_t vorkommt.

Wir verfahren ebenso wie in Ziff. 52.4 und erhalten aus dem Ansatz

$$u(x, t) = X(x)\,T(t),$$

$$X''T - \frac{1}{\sigma}\,X\dot{T} = 0 \ > \ \frac{X''}{X} = \frac{1}{\sigma}\,\frac{\dot{T}}{T} = -\,c^2 = \text{const}.$$

Daraus ergeben sich die gewöhnlichen Differentialgleichungen

$$X'' + c^2 X = 0, \quad \dot{T} + \sigma c^2 T = 0.$$

Mit $c = n\pi$ $(n = 1, 2, \ldots)$ erhält man als partikuläre Lösungen

$$X_n = \sin n\pi x, \quad T_n = A_n e^{-\sigma n^2 \pi^2 t},$$

also

$$u_n(x, t) = A_n e^{-\sigma n^2 \pi^2 t} \sin n\pi x.$$

Die $u_n(x, t)$ erfüllen die Randbedingungen (52.17). Um auch die Anfangsbedingung (52.16) zu erfüllen, machen wir den FOURIER-Ansatz

$$u(x, t) = \sum_{n=1}^{\infty} A_n e^{-\sigma n^2 \pi^2 t} \sin n\pi x, \tag{52.18}$$

wobei die A_n die FOURIER-Koeffizienten der gegebenen Funktion

$$u(x, 0) = p(x) = \sum_{n=1}^{\infty} A_n \sin n\pi x \tag{52.19}$$

sind.

VI. Kapitel

Funktionentheorie

In diesem abschließenden Kapitel folgt eine Einführung in die Theorie der *analytischen Funktionen* einer komplexen Veränderlichen, die man kurz als *Funktionentheorie* bezeichnet. Dabei werden wir auch die durch die analytischen Funktionen vermittelten sog. *konformen Abbildungen* erörtern, die ein wichtiges Hilfsmittel in verschiedenen Zweigen des Ingenieurwesens, insbesondere in der Aerodynamik und Elektrotechnik sind. Auch die Auswertung reeller Integrale auf dem Weg über das Komplexe wird an Beispielen behandelt. Am Schluß gehen wir noch kurz auf die *Potentialtheorie* ein, die mit der Funktionentheorie in enger Beziehung steht.

§ 53. Differentialquotient und Integral

53.1 Funktionen und Grenzwert im Komplexen

Wir übertragen den *Funktionsbegriff* vom Reellen auf das Komplexe: $w = u + i\,v$ heißt eine Funktion $f(z)$ der komplexen Veränderlichen $z = x + i\,y$, wenn jedem z aus einem gewissen Bereich (B) der z-Ebene eine komplexe Zahl w zugeordnet ist. Wie in Ziff. 2.1 nennt man (B) den *Definitionsbereich* der Funktion $f(z)$ und die Menge der Werte, die sie dort annimmt, ihren *Wertevorrat*. Im Reellen bildet eine Funktion $y = f(x)$ Punktmenge der x-Achse auf eine Punktmenge der y-Achse ab, im Komplexen liefert eine Funktion $w = f(z)$ die Abbildung eines Bereichs der z-Ebene auf eine Punktmenge der w-Ebene.

Auch der *Grenzwertbegriff* läßt sich ins Komplexe übertragen: Die Zahlenfolge $c_k = a_k + i\,b_k$ konvergiert gegen den Grenzwert $c = a + i\,b$, wenn $|c - c_n|$ beliebig klein ist für alle hinreichend großen n. Wegen $|c - c_n| = |(a - a_n) + i\,(b - b_n)| = \sqrt{(a - a_n)^2 + (b - b_n)^2}$ ist $c_n \to c$ gleichbedeutend mit $a_n \to a$ und zugleich $b_n \to b$: Wenn die Punktfolge c_n in der z-Ebene gegen den Punkt c strebt, dann streben die Punktfolgen a_n und b_n auf der x-Achse und y-Achse gegen die Punkte a und b und umgekehrt.

Die Rechenregeln für die Grenzwerte (§ 6) und die Sätze über unendliche Reihen (§ 14) gelten sinngemäß auch im Komplexen, soweit in ihnen die Voraussetzung reeller Zahlen nicht wesentlich ist wie z. B. bei den bedingt konvergenten Reihen mit unendlich vielen positiven und unendlich vielen negativen Gliedern und den alternierenden Reihen. Bedingt konvergente und alternierende Reihen können im Komplexen nicht definiert werden.

Mit dem Konvergenzbegriff läßt sich auch der Begriff der *Stetigkeit* ins Komplexe übertragen: $f(z)$ heißt stetig an der Stelle z, wenn für jede

Punktfolge $z_n \to z$ die zugeordnete Punktfolge $w_n = f(z_n) \to w = f(z)$ strebt. Die Rechenregeln über stetige Funktionen und die Sätze über die Beschränktheit und gleichmäßige Stetigkeit in abgeschlossenen, beschränkten Bereichen gelten ebenso wie im Reellen.

Realteil u und Imaginärteil v der komplexen Funktion $f(z) = u + i\,v$ sind reelle Funktionen der reellen Veränderlichen x, y. Die Aussage, daß $f(z)$ eine stetige Funktion der komplexen Veränderlichen z sei, ist gleichbedeutend mit der Aussage, daß $u(x,y)$ und $v(x,y)$ stetige Funktionen der beiden reellen Veränderlichen x, y seien.

Natürlich lassen sich auch im Komplexen Funktionen $f(z_1, \ldots, z_n)$ von mehreren komplexen Veränderlichen $z_k = x_k + i\,y_k$ $(k = 1, 2, \ldots, n)$ definieren: Jedem System von n komplexen Zahlen z_k aus gewissen Definitionsbereichen (B_k) in n Zahlenebenen wird durch $f(z_1, \ldots, z_n)$ eine komplexe Zahl f zugeordnet.

53.2 Differentialquotient; analytische Funktion

Wie im Reellen definieren wir den *Differentialquotienten* einer Funktion $w = f(z)$ durch

$$\frac{dw}{dz} = f'(z) = \lim_{\Delta z \to 0} \frac{f(z + \Delta z) - f(z)}{\Delta z} \, , \qquad (53.1)$$

also als Grenzwert von Differenzenquotienten. Die Forderung, daß dieser Grenzwert existiert, ist jetzt aber wesentlich einschneidender als im Reellen. Denn im Reellen handelt es sich nur um Punktfolgen $\Delta x \to 0$ auf der x-Achse, also in einem eindimensionalen Bereich, im Komplexen dagegen um Punktfolgen $\Delta z \to 0$ in der z-Ebene, also in einem zweidimensionalen Bereich. Im Reellen können wir uns dem Punkt x nur von rechts und von links, im Komplexen dagegen dem Punkt z in allen möglichen Richtungen nähern.

Wie im Reellen zieht die Forderung der Differenzierbarkeit die Forderung der Stetigkeit nach sich; denn wenn der Grenzwert $f'(z)$ existiert, geht $f(z + \Delta z) \to f(z)$ für $\Delta z \to 0$, d. h. $f(z)$ ist an der Stelle z stetig.

Wenn $f'(z)$ an der Stelle z existiert, dann existieren auch die Ableitungen u_x, u_y, v_x, v_y *und genügen den Bedingungen*

$$u_x = v_y, \quad u_y = -\,v_x \qquad (53.2)$$

(CAUCHY-RIEMANN*sche Differentialgleichungen*).

Satz (53.2) ergibt sich sofort, wenn man den Grenzwert $f'(z)$ für eine zur x-Achse und eine zur y-Achse parallele Punktfolge $\Delta z_n = \Delta x_n$ bzw.

$\Delta z_n = i\,\Delta y_n$ bildet. Dann hat man nämlich

$$f'(z) = \begin{cases} \lim\limits_{\Delta x \to 0} \dfrac{u(x+\Delta x, y) + i\,v(x+\Delta x, y) - u(x,y) - i\,v(x,y)}{\Delta x} = u_x + i\,v_x, \\[2ex] \lim\limits_{\Delta y \to 0} \dfrac{u(x, y+\Delta y) + i\,v(x, y+\Delta y) - u(x,y) - i\,v(x,y)}{i\,\Delta y} = v_y - i\,u_y. \end{cases}$$

Satz (53.2) läßt sich folgendermaßen umkehren:

Wenn u und v stetige Ableitungen u_x, u_y, v_x, v_y haben, welche den CAUCHY-RIEMANN*schen Gleichungen*

$$u_x = v_y, \quad u_y = -v_x \tag{53.3}$$

genügen, dann hat $f(z)$ einen Differentialquotienten $f'(z)$. Die CAUCHY-RIEMANN*schen Gleichungen sind dann also für die Existenz des Differentialquotienten $f'(z)$ nicht nur notwendig, sondern auch hinreichend.*

Der Beweis ergibt sich mit Hilfe von Satz (27.4) aus

$$\frac{\Delta w}{\Delta z} = \frac{\Delta u + i\,\Delta v}{\Delta x + i\,\Delta y} = \frac{1}{\Delta x + i\,\Delta y} \cdot \{(u_x \Delta x + u_y \Delta y + \varepsilon_1 \Delta x + \varepsilon_2 \Delta y) \\ + i\,(v_x \Delta x + v_y \Delta y + \varepsilon_3 \Delta x + \varepsilon_4 \Delta y)\}.$$

Da die CAUCHY-RIEMANNschen Gleichungen (53.3) gelten, können wir diesen Ausdruck umformen in

$$\frac{\Delta w}{\Delta z} = \frac{1}{\Delta x + i\,\Delta y} \{(u_x + i\,v_x)(\Delta x + i\,\Delta y) + \varepsilon_1 \Delta x + \varepsilon_2 \Delta y \\ + i\,(\varepsilon_3 \Delta x + \varepsilon_4 \Delta y)\}.$$

Wegen ε_1, ε_2, ε_3, $\varepsilon_4 \to 0$ für $\Delta x \to 0$ und $\Delta y \to 0$ und wegen $\left|\dfrac{\Delta x}{\Delta x + i\,\Delta y}\right| \leq 1$ und $\left|\dfrac{\Delta y}{\Delta x + i\,\Delta y}\right| \leq 1$ folgt hieraus $\dfrac{\Delta w}{\Delta z} \to u_x + i\,v_x$ für jede Punktfolge $\Delta z_n \to 0$.

Wir führen nun folgende Bezeichnungen ein: Eine Funktion $f(z)$, die in einem offenen Gebiet $\mathfrak{G}$ der z-Ebene eine Ableitung $f'(z)$ besitzt, wird eine in $\mathfrak{G}$ *reguläre analytische Funktion* (— oder auch kürzer eine *analytische* oder *reguläre Funktion* —) und das Gebiet $\mathfrak{G}$ ein *Regularitätsgebiet* der Funktion $f(z)$ genannt. Die einem Regularitätsgebiet angehörenden Punkte heißen *reguläre Punkte* oder *reguläre Stellen* der Funktion.

Wie sich später zeigen wird, besitzen u und v in einem Gebiet, in dem $f(z)$ analytisch ist, stetige Ableitungen beliebiger Ordnung. Wegen der Stetigkeit der Ableitungen zweiter Ordnung folgt dann aus den CAUCHY-RIEMANNschen Gleichungen durch Differentiation und Elimination

$$u_{xx} + u_{yy} = 0, \quad v_{xx} + v_{yy} = 0. \tag{53.4}$$

Sowohl der Realteil als auch der Imaginärteil sind also *Potentialfunktionen*, d. h. Lösungen der *Potentialgleichung* (53.4).

53.3 Integral

Es sei k eine stückweise glatte Kurve, die von einem Punkt $z = a$ zu einem Punkt $z = b$ führt, und $f(z)$ eine längs der Kurve k stetige Funktion (Abb. 41). Dann definieren wir das Integral $\int\limits_k f(z)\,dz$ ähnlich wie im Reellen als Summengrenzwert, nämlich

$$\int\limits_k f(z)\,dz = \lim\limits_{\substack{n \to \infty \\ \Delta z_k \to 0}} \sum\limits_{k=1}^{n} f(\zeta_k)\,\Delta z_k. \tag{53.5}$$

Hierbei ist $a = z_0$, $b = z_n$ und $\Delta z_k = z_k - z_{k-1}$ gesetzt. Die Punkte ζ_k sind innere oder Randpunkte der Teilbögen, in welche die Kurve k unterteilt ist. $f(z)$ kann längs k als stetige Funktion der Bogenlänge s betrachtet werden. Die Existenz und Eindeutigkeit des Summengrenzwertes wird ebenso wie beim bestimmten Integral im Reellen (vgl. Ziff. 10.1) bewiesen.

Wegen $|\Delta z_k| \leqq$ Bogenlänge Δs_k gilt die der Beziehung (10.6) entsprechende Ungleichung

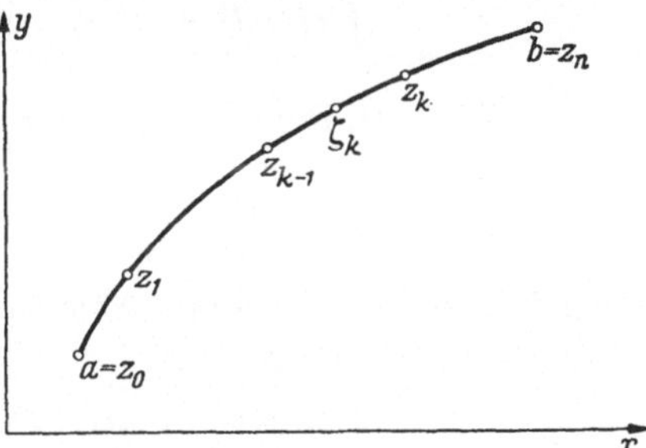

Abb. 41. Integral im Komplexen

$$\left| \int\limits_k f(z)\,dz \right| \leqq \int\limits_k |f(z)|\,ds. \tag{53.6}$$

Daraus folgt die wichtige Ungleichung

$$\left| \int\limits_k f(z)\,dz \right| < M \cdot L \tag{53.6*}$$

mit $M > |f(z)|$ längs k und $L =$ Bogenlänge der Kurve k. Eine obere Schranke M existiert, da $|f(z)|$ eine in dem abgeschlossenen Intervall $0 \leqq s \leqq L$ stetige Funktion von s ist.

Durch Zerlegung des Integrals (53.5) in Realteil und Imaginärteil ergibt sich

$$\int\limits_k f(z)\,dz = \int\limits_k (u + i\,v)\,(dx + i\,dy) \tag{53.7}$$

$$= \int\limits_k \left[u\,(x,\,y)\,\frac{dx}{ds} - v\,(x,\,y)\,\frac{dy}{ds} \right] ds + i \int\limits_k \left[v\,(x,\,y)\,\frac{dx}{ds} + u\,(x,\,y)\,\frac{dy}{ds} \right] ds.$$

Natürlich kann $\int\limits_k f(z)\,dz$ nicht als Flächeninhalt wie das bestimmte Integral im Reellen gedeutet werden.

Die folgenden Betrachtungen beziehen sich auf einen einfach zusammenhängenden Bereich (B) der z-Ebene. $f(z)$ soll in (B) eine analytische Funktion sein, d.h. u und v haben dort stetige und den Cauchy-Riemannschen Gleichungen genügende erste Ableitungen. Dann sind aber nach

7*

Satz (41.13)

$$dU = u\,dx - v\,dy, \quad dV = v\,dx + u\,dy \tag{53.8}$$

vollständige Differentiale und die *Kurvenintegrale* $\int_k (u\,dx - v\,dy) = U$

und $\int_k (v\,dx + u\,dy) = V$ sind vom Weg unabhängig. Infolgedessen ist

auch das komplexe Integral $\int_k f(z)\,dz$ vom Weg unabhängig, d. h. bei

Festhalten des Anfangspunktes a eine Funktion der oberen Grenze b.
Wir ersetzen die Bezeichnungen z und b durch ζ und z und haben dann

$$\int_a^z f(\zeta)\,d\zeta = F(z) = U(x, y) + i\,V(x, y). \tag{53.9}$$

Die so bestimmte Funktion $F(z)$ ist selbst wieder eine analytische Funktion, denn wegen

$$U_x = u, \quad U_y = -v, \quad V_x = v, \quad V_y = u$$

haben U und V stetige erste Ableitungen und diese erfüllen die CAUCHY-RIEMANNschen Gleichungen

$$U_x = V_y\,(= u), \quad U_y = -V_x\,(= -v).$$

Für die Ableitung ergibt sich sofort

$$F'(z) = U_x + i\,V_x = u + i\,v = f(z).$$

Demnach gilt der *Fundamentalsatz der Infinitesimalrechnung* (10.11) im Komplexen in folgender Form:

Das Integral F einer analytischen Funktion $f(z)$ ist, als Funktion der oberen Grenze z, wiederum eine analytische Funktion; ihre Ableitung ist die Ausgangsfunktion $f(z)$, also

$$\frac{dF(z)}{dz} = \frac{d}{dz} \int_a^z f(\zeta)\,d\zeta = f(z). \tag{53.10}$$

Aus der Tatsache, daß das Integral $\int_a^z f(\zeta)\,d\zeta$ in (B) vom Weg unabhängig ist, folgt sofort der CAUCHYsche *Integralsatz*:

Das Integral einer Funktion $f(z)$ über eine stückweise glatte, geschlossene Kurve, die einen einfach zusammenhängenden und beschränkten Bereich (B) berandet, verschwindet, d. h.

$$\oint f(\zeta)\,d\zeta = 0, \tag{53.11}$$

wenn $f(z)$ in (B) und auf der Randkurve analytisch ist, wenn also (B) einschließlich des Randes einem Regularitätsgebiet der Funktion $f(z)$ angehört.

Ausgehend vom Fundamentalsatz (53.10) lassen sich die Sätze der Integralrechnung, die wir in § 10 für das Reelle gewonnen haben, auf das Komplexe übertragen.

53.4 Erläuterungen an Strömungsfeldern und elektrostatischen Feldern

Zur Erläuterung der Begriffe betrachten wir ein stationäres ebenes Strömungsfeld. $q = (u(x, y), v(x, y))$ sei der Geschwindigkeitsvektor. Wenn das Feld quellenfrei und wirbelfrei ist (vgl. Ziff. 41.4),

$$\text{div } q = u_x + v_y = 0, \quad \text{rot } q = \mathfrak{k} \cdot (v_x - u_y) = 0 \; > \; v_x - u_y = 0,$$

erfüllen u und $-v$ die CAUCHY-RIEMANNschen Differentialgleichungen. Daher ist dann $f(z) = u - i\,v$ eine analytische Funktion der komplexen Veränderlichen $z = x + i\,y$, wenn wir noch voraussetzen, daß die ersten Ableitungen von u und v stetig sind. Der Vektor q wird in der z-Ebene durch den zu f konjugiert komplexen Ausdruck $\bar{f} = u + i\,v$ gegeben, der Vektor q geht also aus dem Vektor $f(z)$ durch Spiegelung an der reellen Achse hervor. Das Integral

$$F(z) = \int f(z)\, dz = \int (u\, dx + v\, dy) + i \int (-v\, dx + u\, dy)$$
$$= \varphi(x, y) + i\, \psi(x, y) \tag{53.12}$$

hat als Realteil das Geschwindigkeitspotential φ und als Imaginärteil die Stromfunktion ψ (vgl. Ziff. 41.4). Wir bezeichnen es als das *komplexe Strömungspotential*. Es liefert mit

$$F'(z) = u - i\,v \; > \; \bar{F}' = u + i\,v = q = \text{grad } \varphi \tag{53.13}$$

durch Ableitung den Geschwindigkeitsvektor q.

In ähnlicher Weise gilt für die Feldstärke $\mathfrak{E} = (u(x, y), v(x, y))$ eines stationären elektrostatischen Feldes in einem ladungsfreien Dielektrikum

$$\text{div } \mathfrak{E} = u_x + v_y = 0, \quad \text{rot } \mathfrak{E} = 0 > v_x - u_y = 0.$$

Hier setzen wir $f(z) = -u + i\,v$, also $-f = \mathfrak{E}$. Dann wird

$$F(z) = \int f(z)\, dz = -\int (u\, dx + v\, dy) + i \int (v\, dx - u\, dy)$$
$$= \varphi + i\, \psi. \tag{53.14}$$

Der Realteil von $F(z)$ ist das elektrostatische Potential φ. Mit

$$F'(z) = -u + i\,v \; > \; -\bar{F}' = \mathfrak{E} = -\text{grad } \varphi \tag{53.15}$$

erhält man aus dem *komplexen elektrostatischen Potential $F(z)$* die Feldstärke $\mathfrak{E}$. Der Imaginärteil von $F(z)$ liefert die *Feldlinien* $\psi = \text{const}$, welche an jeder Stelle in Richtung der Feldstärke $\mathfrak{E}$ verlaufen. Während im Strömungsfeld $q = \text{grad } \varphi$ vom niedrigeren zum höheren Potential gerichtet ist, weist im elektrostatischen Feld $\mathfrak{E} = -\text{grad } \varphi$ vom höheren zum niedrigeren Potential.

§ 54. Konforme Abbildung

54.1 Kennzeichnung der konformen Abbildung

Eine komplexe Funktion $w = w(z) = u\,(x, y) + i\,v\,(x, y)$ der komplexen Veränderlichen z liefert nach Ziff. 34.1 und Ziff. 34.2 eine im Kleinen umkehrbar eindeutige und affine Abbildung eines Bereichs (B) der z-Ebene auf einen Bereich (B') der w-Ebene, wenn u und v in (B) stetige erste Ableitungen besitzen und die Funktionaldeterminante $D = u_x v_y - u_y v_x$ nicht verschwindet. Ist $w(z)$ in (B) eine analytische Funktion mit nicht verschwindendem Differentialquotient $w'(z) \neq 0$, dann sind diese Bedingungen erfüllt und $w(z)$ besitzt dann eine wiederum analytische Umkehrfunktion. Denn auf Grund der CAUCHY-RIEMANNschen Gleichungen ist

$$\left| w'(z) \right|^2 = \left| u_x + i\,v_x \right|^2 = u_x^2 + v_x^2 = u_x v_y - u_y v_x = D , \qquad (54.1)$$

so daß die Forderung $D \neq 0$ gleichbedeutend ist mit $w'(z) \neq 0$.

Die durch eine analytische Funktion $w(z)$ mit $w'(z) \neq 0$ vermittelte affine Abbildung hat aber noch speziellere Eigenschaften:

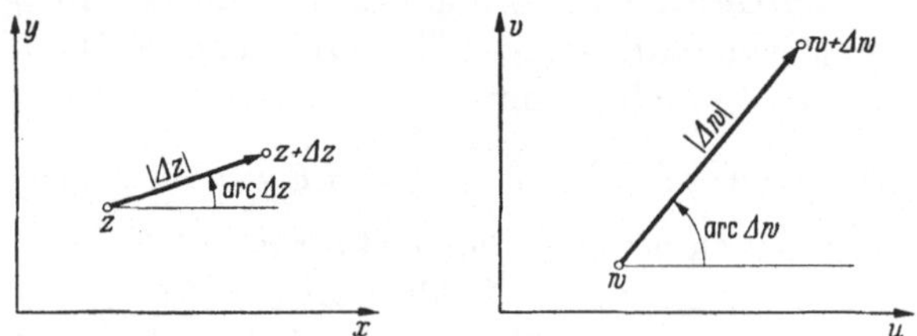

Abb. 42. Erläuterung der konformen Abbildung

Den Punkten z und $z + \varDelta z$ mögen die Punkte w und $w + \varDelta w$ zugeordnet sein (Abb. 42). Wir betrachten den Differenzenquotienten $\dfrac{\varDelta w}{\varDelta z}$. Nach Gl. (17.9) ist

$$\left| \frac{\varDelta w}{\varDelta z} \right| = \frac{|\varDelta w|}{|\varDelta z|} , \qquad \mathrm{arc}\left(\frac{\varDelta w}{\varDelta z} \right) = \mathrm{arc}\,\varDelta w - \mathrm{arc}\,\varDelta z . \qquad (54.2)$$

Der Betrag von $\dfrac{\varDelta w}{\varDelta z}$ gibt also das Streckungsverhältnis der Strecke $|\varDelta z|$ zur Strecke $|\varDelta w|$ an, während $\mathrm{arc}\left(\dfrac{\varDelta w}{\varDelta z} \right)$ den — entgegen dem Uhrzeigersinn gezählten — Drehwinkel vom Vektor $\varDelta z$ zum Vektor $\varDelta w$ liefert.

Wir lassen nun $z + \varDelta z$ mit $\varDelta z \to 0$ längs eines glatten Kurvenbogens gegen z gehen, dessen Tangente in z einen Winkel α mit der x-Achse bilden möge. Der Bildpunkt $w + \varDelta w$ geht dann gleichzeitig mit $\varDelta w \to 0$ gegen den Bildpunkt w längs eines glatten Kurvenbogens, dessen Tangente in w mit der u-Achse einen Winkel β bildet. Aus der zweiten

Gl. (54.2) folgt für diesen Grenzprozeß

$$\beta - \alpha = \lim_{\Delta z \to 0} \operatorname{arc} \frac{\Delta w}{\Delta z} = \operatorname{arc} w'(z).$$

Alle Tangenten eines Kurvenbüschels durch den Punkt z werden hiernach bei der Abbildung $w = w(z)$ um denselben Winkel, nämlich $\operatorname{arc} w'(z)$, verdreht. Es gilt also der Satz:

Die durch eine analytische Funktion $w(z)$ mit $w'(z) \neq 0$ vermittelte affine Abbildung ist winkeltreu und zwar gleichsinnig winkeltreu, d. h. der Drehsinn der Winkel bleibt erhalten. Alle vom Punkt z ausgehenden Richtungen werden um den — entgegen dem Uhrzeigersinn gezählten — Winkel $\operatorname{arc} w'(z)$ verdreht. (54.3)

Aus der ersten Gl. (54.2) ergibt sich, daß

$$\lim_{\Delta z \to 0} \frac{|\Delta w|}{|\Delta z|} = \lim_{\Delta z \to 0} \left| \frac{\Delta w}{\Delta z} \right| = |w'(z)|$$

die *Längenverzerrung* für eine durch z gehende glatte Kurve im Punkt z bedeutet. Hieraus folgt:

Bei der durch eine analytische Funktion $w(z)$ mit $w'(z) \neq 0$ vermittelten konformen Abbildung ist die Längenverzerrung in allen von einem Punkt z ausgehenden Richtungen dieselbe, nämlich gleich $|w'(z)| \neq 0$. (54.4)

Die Flächenverzerrung ist nach Gl. (54.1) durch $|w'(z)|^2$ gegeben (vgl. Ziff. 34.2).

Wir bezeichnen die durch $w(z)$ mit $w'(z) \neq 0$ vermittelten Abbildungen als *konforme Abbildungen* und fassen die gewonnenen Ergebnisse zusammen:

Die konformen Abbildungen sind im Kleinen ähnliche Abbildungen, d. h. die Umgebung eines Punktes z wird in linearer Näherung auf die Umgebung des Bildpunktes w ähnlich und zwar gleichsinnig ähnlich abgebildet. Alle Richtungen werden hierbei entgegen dem Uhrzeigersinn um den Winkel $\operatorname{arc} w'(z)$ verdreht. $|w'(z)|$ ist die für alle von z ausgehenden Richtungen gemeinsame Längenverzerrung, also das Streckungsverhältnis der ähnlichen Abbildung. $|w'(z)|^2$ ist die Flächenverzerrung. (54.5)

Man kann konforme Abbildungen in übersichtlicher Weise dadurch darstellen, daß man in der z-Ebene oder in der w-Ebene ein Quadratgitter samt den Diagonalen, welche wiederum ein Quadratgitter bilden, vorgibt. In der anderen Ebene erhält man dann ein *krummliniges Quadratgitter*, d. h. ein orthogonales Kurvengitter, dessen Diagonalen wiederum ein orthogonales Gitter bilden. Die beiden orthogonalen Gitter schneiden sich unter 45°. Die Gittermaschen nehmen bei fortgesetzter Verfeinerung des Gitters mehr und mehr Quadratform an, d. h. das Seitenverhältnis der Gittermaschen strebt gegen 1. Vgl. die in Abb. 44, 47 und 49 dargestellten Beispiele.

54.2 Beispiele

(a) $$w = a\,z + b, \quad a \neq 0.$$

Wegen $w'(z) = a = \text{const} \neq 0$ ist die konforme Abbildung hier nicht nur im Kleinen eine ähnliche Abbildung, sondern die z-Ebene wird als Ganzes ähnlich abgebildet, nämlich um den Winkel arc a verdreht und mit der Längenverzerrung $|a|$ gestreckt. Trägt man z und w im gleichen Koordinatensystem auf, so kommt man vom Vektor z zum Vektor w durch eine Drehstreckung des Vektors z (Drehwinkel arc a, Streckungsverhältnis $|a|$) und eine darauffolgende Parallelverschiebung um den Vektor b.

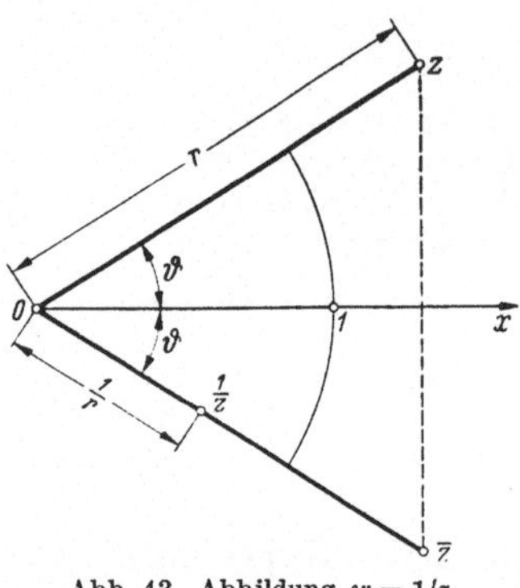

Abb. 43. Abbildung $w = 1/z$

(b) $$w = \frac{1}{z}.$$

Wegen $w'(z) = -\dfrac{1}{z^2}$ ist nach Ausschluß des Nullpunktes $z = 0$ die Abbildung in der ganzen z-Ebene konform. Wir setzen $z = r\,(\cos\vartheta + i\sin\vartheta) = r \cdot e^{i\vartheta}$ (Abb. 43) und haben dann

$$w = \frac{1}{r}\cdot e^{-i\vartheta}, \quad |w| = \frac{1}{r}, \quad \text{arc } w = -\vartheta,\; w' = -\frac{1}{r^2}\,e^{-2i\vartheta} = \frac{1}{r^2}\,e^{i\,(\pi - 2\,\vartheta)}.$$

Der Punkt w ergibt sich aus z, indem man z an der reellen Achse spiegelt und dann vom gespiegelten Punkt z auf demselben Halbstrahl zum Punkt mit reziprokem Radius übergeht. Die Abbildung $w = \dfrac{1}{z}$ setzt sich also aus einer *Spiegelung an der reellen Achse* und einer *Abbildung durch reziproke Radien* zusammen. Das Streckungsverhältnis ist $\dfrac{1}{r^2}$, der Drehwinkel $\pi - 2\vartheta$.

Statt durch Polarkoordinaten (Betrag und Arcus) stellen wir die Abbildung $w = \dfrac{1}{z}$ jetzt durch Cartesische Koordinaten (Real- und Imaginärteil) dar:

$$w = u + i\,v = \frac{1}{z} = \frac{1}{x + i\,y} = \frac{x - i\,y}{x^2 + y^2}.$$

Daraus folgt

$$u = \frac{x}{x^2 + y^2}, \quad v = -\frac{y}{x^2 + y^2} \quad \text{und ebenso} \quad x = \frac{u}{u^2 + v^2}, \quad y = -\frac{v}{u^2 + v^2}.$$

Die Geraden $x = \text{const}$ und $y = \text{const}$ bilden sich hiernach in die Kreise

$$u^2 + v^2 - \frac{u}{x} = 0 \quad \text{bzw.} \quad u^2 + v^2 + \frac{v}{y} = 0$$

ab, welche im Nullpunkt die v-Achse bzw. die u-Achse berühren. Ebenso bilden sich natürlich die Geraden $u = \text{const}$ und $v = \text{const}$ in Kreise der x, y-Ebene ab. In Abb. 44 ist ein geradliniges Quadratgitter und das entsprechende, aus Kreisbögen bestehende krummlinige Gitter angegeben. Das äußere Quadrat z_1, z_2, z_3, z_4 geht in das innere Kreis-

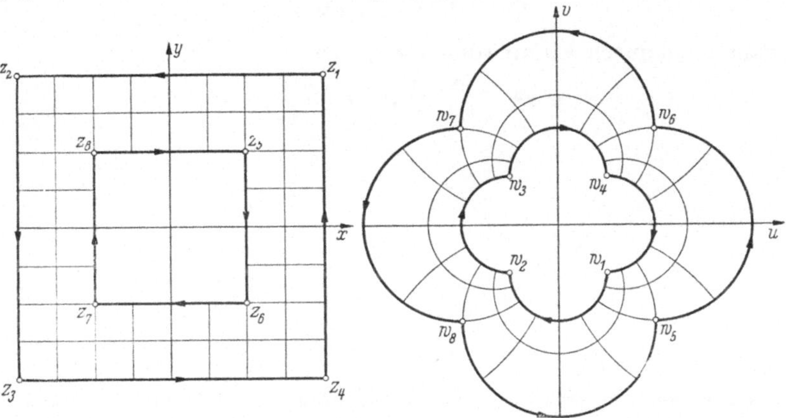

Abb. 44. Abbildung eines Quadratgitters mittels $w = \dfrac{1}{z}$ (,,parabolisches Kreisnetz'')

bogenquadrat w_1, w_2, w_3, w_4, das innere Quadrat z_5, z_6, z_7, z_8 in das äußere Kreisbogenquadrat w_5, w_6, w_7, w_8 über. Die beiden Quadrate der z-Ebene sind so durchlaufen, daß der Zwischenbereich jeweils zur Linken liegt. Da die konforme Abbildung gleichsinnig ist, überträgt sich dieser Umlaufsinn auf die Kreisbogenquadrate der w-Ebene, d. h. auch in der w-Ebene liegt der Zwischenbereich jeweils zur Linken.

(c) $\qquad\qquad w = z^2.$

Wegen $w'(z) = 2z$ ist die Abbildung mit Ausschluß des Nullpunkts konform. Aus

$$w = r^2 \cdot e^{2i\vartheta}, \quad |w| = r^2, \quad \text{arc } w = 2\vartheta$$

folgt, daß man von z zu w gelangt, indem man $\vartheta = \text{arc } z$ verdoppelt und $r = |z|$ quadriert (Abb. 45). Die Kreise um den Nullpunkt gehen wieder in Kreise um den Nullpunkt, die Geraden durch den Nullpunkt wieder in Ge-

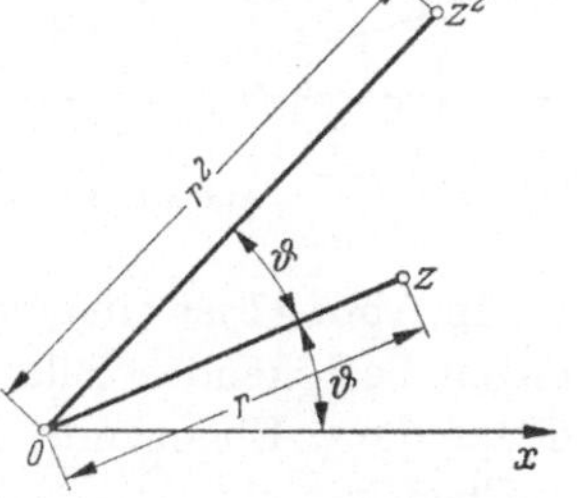

Abb. 45. Abbildung $w = z^2$

rade durch den Nullpunkt über. Da die Winkel im Nullpunkt verdoppelt werden, ist die Abbildung dort in der Tat nicht winkeltreu. Die obere z-Halbebene ($0 \leqq \text{arc } z \leqq \pi$) geht in die längs der positiven reellen Achse *geschlitzte* w-Ebene ($0 \leqq \text{arc } w \leqq 2\pi$) über (Abb. 46). Dabei ist der obere Rand des Schlitzes das Bild der Halbgeraden $x > 0$, der untere Rand das Bild von $x < 0$.

In CARTESISchen Koordinaten hat man

$$w = u + i\,v = z^2 = (x + i\,y)^2 = x^2 - y^2 + 2\,i\,x\,y.$$

Die Geraden $u = $ const und $v = $ const bilden sich ab in die gleichseitigen Hyperbeln

$$x^2 - y^2 = u, \quad 2\,x\,y = v.$$

Daraus folgt durch Elimination von y bzw. x

$$u = x^2 - \frac{v^2}{4\,x^2} \quad \text{bzw.} \quad u = \frac{v^2}{4\,y^2} - y^2.$$

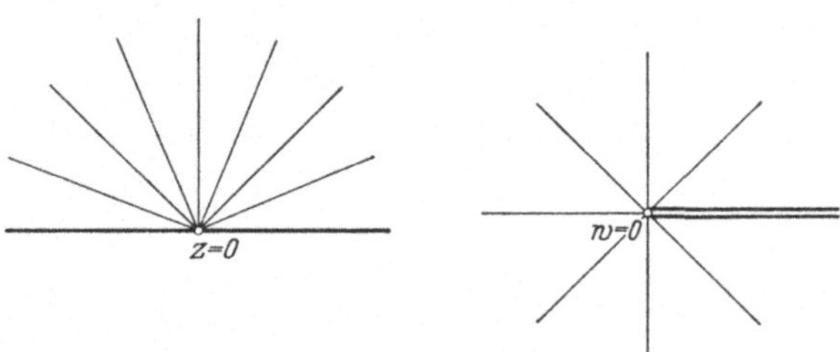

Abb. 46. Abbildung der oberen z-Halbebene mittels $w = z^2$ auf die geschlitzte w-Ebene

Hiernach bilden sich die Geraden $x = $ const und $y = $ const in Parabeln ab, und zwar in konfokale Parabeln mit dem Nullpunkt als gemeinsamem Brennpunkt [vgl. Gl. (5.12) und Abb. 37 in Band 1].

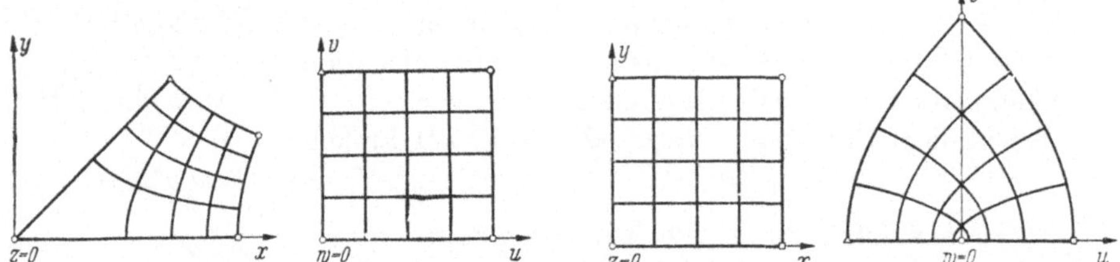

Abb. 47. Darstellung der Abbildung $w = z^2$ durch Quadratgitter

In Abb. 47 ist ein Quadratgitter der w-Ebene und sein aus Hyperbelbögen bestehendes Bild in der z-Ebene dargestellt sowie ein Quadratgitter der z-Ebene und sein aus Parabelbögen bestehendes Bild in der w-Ebene.

54.3 Erläuterungen an Strömungsfeldern und elektrostatischen Feldern

Wir knüpfen an Ziff. 53.4 an. Ist $F(z) = \varphi(x, y) + i\,\psi(x, y)$ das komplexe Potential eines Strömungsfeldes oder elektrostatischen Feldes, so werden durch $F = F(z)$ die zu den Koordinatenachsen der F-Ebene parallelen Geraden auf die Potentiallinien $\varphi(x, y) = $ const und die Strom- bzw. Feldlinien $\psi(x, y) = $ const der z-Ebene abgebildet. Wenn wir von

Punkten mit $F'(z) = 0$, also Punkten mit $\mathfrak{q} = 0$ (*Staupunkte*) bzw. $\mathfrak{E} = 0$ absehen, ist die Abbildung konform. Daher bilden die Potentiallinien und die Strom- bzw. Feldlinien ein orthogonales Kurvennetz, und zwar kann man aus ihnen ein krummliniges Quadratgitter aufbauen, wenn man in $\varphi(x, y) = C_1$ und $\psi(x, y) = C_2$ die Konstanten C_1 und C_2 nach einem festen Intervall $\varepsilon > 0$ (*Maschenweite* des Gitters) fortschreiten läßt.

Aus der Kontinuitätsgleichung folgt: Der Massendurchfluß je Zeiteinheit durch die Bögen der Potentiallinien zwischen zwei Stromlinien $\psi = \psi_1$ und $\psi = \psi_2$ ist konstant. Es ist also $|\mathfrak{q}|\, \varDelta s = \text{const}$, wobei $\varDelta s$ die Bogenlänge der Potentiallinien und $|\mathfrak{q}|$ ein Mittelwert des Geschwindigkeitsbetrags längs des betreffenden Potentiallinienbogens ist (Abb. 48). Daraus folgt: Wenn sich hinreichend nahe benachbarte Stromlinien in Stromrichtung voneinander entfernen, nimmt $|\mathfrak{q}|$ ab, wenn sie sich einander annähern, nimmt $|\mathfrak{q}|$ zu. Die entsprechende Aussage gilt für elektrostatische Felder mit $\mathfrak{E}$ an Stelle von $\mathfrak{q}$.

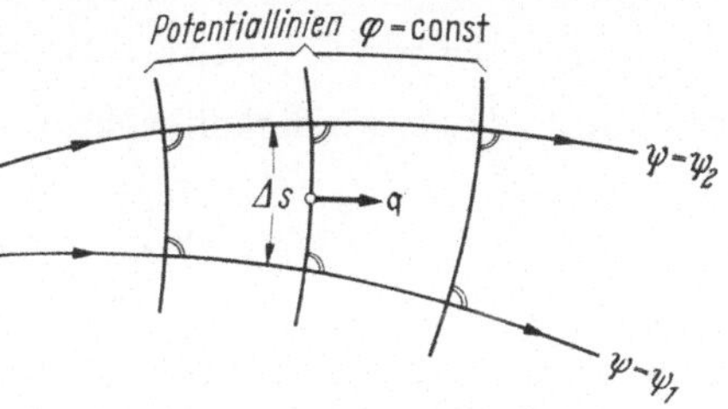

Abb. 48. φ, ψ-Quadratgitter

Als Beispiel wird in Abb. 49 die konforme Abbildung $F = \dfrac{1}{2}\left(z + \dfrac{1}{z}\right)$ gezeigt. In Ziff. 57.2 und Ziff. 58.2 werden wir diese in der Aerodynamik wichtige Abbildung ausführlicher besprechen. Hier begnügen wir uns mit folgenden Feststellungen:

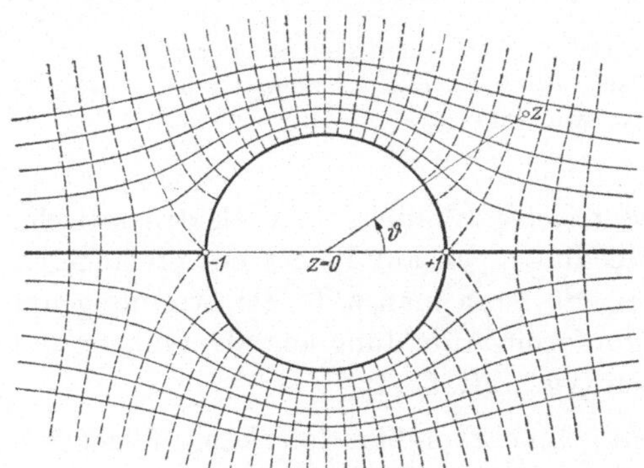

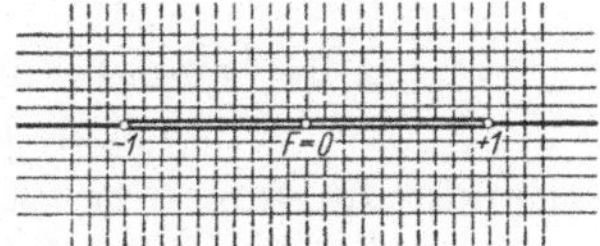

Abb. 49. Symmetrische Umströmung eines Kreises

Aus der Zerlegung in Real- und Imaginärteil

$$F(z) = \frac{1}{2}\left(x + i\,y + \frac{1}{x + i\,y}\right) = \frac{1}{2}\left(x + i\,y + \frac{x - i\,y}{x^2 + y^2}\right)$$
$$= \frac{x}{2}\left(1 + \frac{1}{x^2 + y^2}\right) + \frac{i\,y}{2}\left(1 - \frac{1}{x^2 + y^2}\right)$$

ergibt sich für die Potential- und Stromlinien

$$2\,\varphi = x\left(1 + \frac{1}{x^2 + y^2}\right) = \text{const}, \quad 2\psi = y\left(1 - \frac{1}{x^2 + y^2}\right) = \text{const}.$$

Die Stromlinie $\psi = 0$ zerfällt in die Gerade $y = 0$ und den Kreis $x^2 + y^2 = 1$. Faßt man den Kreis als Profil auf, dann liefert $F(z)$ die symmetrische Strömung um dieses Profil.

Die Abbildung $F = F(z)$ ist konform mit Ausnahme der Staupunkte $z = \pm\,1$, in denen $2\,F'(z) = 1 - \frac{1}{z^2}$ verschwindet. Der durch $\mathfrak{q} = \overline{F'(z)}$ bestimmte Geschwindigkeitsvektor

$$\overline{F'(z)} = \frac{1}{2}\left(1 - \frac{1}{\bar{z}^2}\right) = \frac{1}{2}\left(1 - \frac{1}{r^2}\,e^{2\,i\,\vartheta}\right)$$

geht für $r \to \infty$ in den Geschwindigkeitsvektor der ungestörten Strömung parallel zur x-Achse mit dem Geschwindigkeitsbetrag $1/2$ über. Das vorliegende Beispiel liefert also die Störung dieser Parallelströmung durch Hereinbringen des Kreisprofils.

Die Wichtigkeit der konformen Abbildungen für die Untersuchung von Strömungs- bzw. elektrostatischen Feldern zeigt sich in folgenden beiden Sätzen:

Durch konforme Abbildung eines Strömungs- bzw. elektrostatischen Feldes ergibt sich wieder ein Strömungs- bzw. elektrostatisches Feld. Denn wenn $F = F(z)$ und $z = z(\zeta)$ analytische Funktionen sind, ist auch $F = F(z(\zeta)) = \Phi(\zeta)$ eine analytische Funktion. (54.6)

Aus zwei Strömungs- bzw. elektrostatischen Feldern mit den komplexen Potentialen $F_1(z)$ und $F_2(z)$ ergeben sich durch die Linearkombinationen $\lambda_1\,F_1(z) + \lambda_2\,F_2(z)$ neue Felder; denn $\lambda_1\,F_1(z) + \lambda_2\,F_2(z)$ ist wiederum eine analytische Funktion. (54.7)

Mit Hilfe von Satz (54.6) lassen sich Strömungs- bzw. elektrostatische Felder mit vorgegebenen Randbedingungen auf Felder mit einfacheren Randbedingungen zurückführen. So kann man z. B. die Strömung um ein vorgegebenes Profil durch konforme Abbildung aus Strömungen um ein kreisförmiges Profil herleiten (vgl. Ziff. 58.3).

Die in Satz (54.7) genannte Linearkombination kann folgendermaßen zeichnerisch durchgeführt werden: Man zeichnet eine Folge von Stromlinien $\lambda_1 \cdot \text{Im}\,\{F_1(z)\} = C_1$ und eine Folge von Stromlinien $\lambda_2 \cdot \text{Im}\,\{F_2(z)\} = C_2$, wobei die Konstanten C_1 und C_2 mit einer festen Schrittweite ε aufeinanderfolgen. Die Diagonalkurven des von diesen beiden Kurvenfolgen erzeugten Gitters sind dann Stromlinien der Strömung mit dem komplexen Potential $\lambda_1 F_1(z) \pm \lambda_2\,F_2(z)$. Vgl. hierzu das in Abb. 67 und 68 dargestellte Beispiel.

§ 55. Lineare Funktion

55.1 Definition und Gruppeneigenschaft der linearen Funktion; Punkt ∞

Die *linearen Funktionen* sind definiert durch

$$w = \frac{a\,z+b}{c\,z+d} \quad \text{mit } a\,d-b\,c \neq 0. \tag{55.1}$$

$c = 0$ liefert als Spezialfall die in Ziff. 50.2, Beispiel (a), besprochenen *ganzen linearen Funktionen*

$$w = a\,z + b \quad \text{mit } a \neq 0. \tag{55.2}$$

Die von linearen Funktionen vermittelten Abbildungen werden ebenfalls als *linear* bezeichnet.

Die linearen Funktionen bilden eine *Gruppe*, d. h. sie haben folgende Eigenschaften:

(a) Die Umkehrfunktion einer linearen Funktion ist wieder eine lineare Funktion. In der Tat folgt aus Gl. (55.1)

$$c\,w\,z - a\,z + dw - b = 0 \;>\; z = \frac{-dw+b}{c\,w-a} \quad \text{mit } a\,d-b\,c \neq 0.$$

(b) Nacheinander ausgeführte lineare Abbildungen erzeugen als resultierende Abbildung wieder eine lineare Abbildung; denn aus

$$w = \frac{a\,z+b}{c\,z+d} \text{ mit } a\,d - b\,c \neq 0 \text{ und } z = \frac{\alpha\,t+\beta}{\gamma\,t+\delta} \text{ mit } a\,\delta - \beta\,\gamma \neq 0$$

folgt

$$w = \frac{(a\,\alpha + b\,\gamma)\,t + (a\,\beta + b\,\delta)}{(c\,\alpha + d\,\gamma)\,t + (c\,\beta + d\,\delta)} = \frac{A\,t+B}{C\,t+D}$$

mit

$$AD - BC = (a\,d - b\,c)\,(\alpha\,\delta - \beta\,\gamma) \neq 0.$$

(c) Die identische Abbildung $w = z$ ist eine lineare Abbildung.

Eine ganze lineare Funktion ($c = 0$) bildet die ganze z-Ebene umkehrbar eindeutig und konform, nämlich durch eine Drehstreckung, auf die ganze w-Ebene ab (vgl. Ziff. 54.2, Beispiel a). Eine nicht-ganze lineare Funktion ($c \neq 0$) bildet die z-Ebene und die w-Ebene mit Ausschluß der Punkte $z = -d/c$ und $w = a/c$ umkehrbar eindeutig und konform aufeinander ab; denn bei Ausschluß dieser Punkte ist $\frac{dz}{dw} \neq 0$ bzw. $\frac{dw}{dz} \neq 0$. Wenn $z \to -d/c$ strebt, geht $|w| \to \infty$, und wenn $w \to a/c$ strebt, geht $|z| \to \infty$. Wir treffen daher folgende Übereinkunft:

Der Ebene der komplexen Zahlen wird ein uneigentliches Element, das wir „Punkt ∞" nennen, hinzugefügt. Wenn $z = 0$ ist, setzen wir $\frac{1}{z} = \infty$. $\qquad$ (55.3)

Durch diese Verabredung wird die lineare Abbildung ohne Ausnahme umkehrbar eindeutig: Im Fall $c \neq 0$ wird dem Punkt $z = -d/c$ der Punkt $w = \infty$ und dem Punkt $w = a/c$ der Punkt $z = \infty$ zugeordnet; im Fall $c = 0$ sind $z = \infty$ und $w = \infty$ zugeordnete Punkte.

55.2 Abbildung der Kreise und Geraden

Eine lineare Abbildung (55.1) mit $c \neq 0$

$$w = \frac{a\,z+b}{c\,z+d} = \frac{a}{c} + \frac{1}{c} \cdot \frac{b\,c-a\,d}{c\,z+d}$$

läßt sich zerlegen in

$$w_1 = c\,z + d, \quad w_2 = \frac{1}{w_1}, \quad w_3 = \frac{a}{c} + \frac{b\,c-a\,d}{c}\,w_2.$$

Die Abbildungen $w_1(z)$ und $w_3(w_2)$ sind ganze lineare Abbildungen (Drehstreckungen und Parallelverschiebungen). Die Abbildung $w_2 = \dfrac{1}{w_1}$ haben wir in Ziff. 55.2 als Beispiel (b) unter der Bezeichnung $w = \dfrac{1}{z}$ bereits kennengelernt. Wir zeigen jetzt, daß diese Abbildung Kreise und Gerade in Kreise oder auch in Gerade überführt: Aus den bereits in Ziff. 55.2 benützten Beziehungen

$$u = \frac{x}{x^2 + y^2}, \quad v = -\frac{y}{x^2 + y^2}$$

folgt sofort

$$A\,(u^2 + v^2) + 2\,B\,u + 2\,C\,v + D = 0$$

$$\asymp D\,(x^2 + y^2) + 2\,B\,x - 2\,C\,y + A = 0.$$

Die Kreise und Geraden werden also folgendermaßen abgebildet:

	w-Ebene			z-Ebene	
$A \neq 0,\ D \neq 0$	Kreis	nicht durch $w = 0$	Kreis	nicht durch	$z = 0$
$A = 0,\ D \neq 0$	Gerade	nicht durch $w = 0$	Kreis	durch	$z = 0$
$A \neq 0,\ D = 0$	Kreis	durch $w = 0$	Gerade	nicht durch	$z = 0$
$A = D = 0$	Gerade	durch $w = 0$	Gerade	durch	$z = 0$

Wenn wir Gerade als *„Kreise durch den Punkt ∞"* bezeichnen, können wir das Ergebnis kurz so formulieren: Die Abbildung $w = \dfrac{1}{z}$ führt ausnahmslos „Kreise" der einen Ebene in „Kreise" der anderen Ebene über, ist also eine *Kreisabbildung*. Da auch die oben benützten ganzen linearen Abbildungen $w_1(z)$ und $w_3(w_2)$ offenbar Kreisabbildungen sind, kommen wir zu folgendem Ergebnis:

Die linearen Abbildungen (55.1) sind Kreisabbildungen. Im Fall $c \neq 0$ entsprechen den Kreisen und Geraden durch den Punkt $z = -\dfrac{d}{c}$ die Geraden der w-Ebene und den Kreisen und Geraden durch den Punkt $w = \dfrac{a}{c}$ die Geraden der z-Ebene, den Kreisen der z-Ebene, die nicht durch den Punkt $z = -\dfrac{d}{c}$ gehen, die Kreise der w-Ebene, die nicht durch den Punkt $w = \dfrac{a}{c}$ gehen.

(55.4)

55.3 Festlegung einer linearen Abbildung durch drei Punktepaare

Wir suchen nun eine lineare Abbildung zu ermitteln, welche drei Punkte z_1, z_2, z_3 in drei Punkte w_1, w_2, w_3 überführt (Abb. 50).

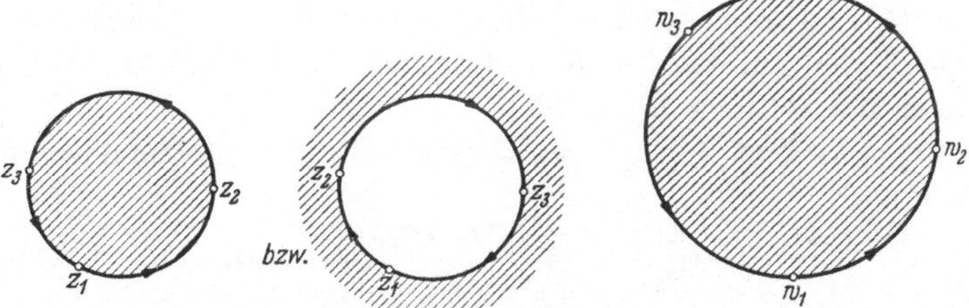

Abb. 50. Festlegung einer linearen Abbildung durch drei Punktpaare

Eine solche lineare Abbildung wird durch den Ansatz

$$\frac{w - w_1}{w - w_2} \cdot \frac{w_3 - w_2}{w_3 - w_1} = \frac{z - z_1}{z - z_2} \cdot \frac{z_3 - z_2}{z_3 - z_1} \tag{55.5}$$

vermittelt.

In der Tat legt Gl. (55.5) w als lineare Funktion von z fest. Denn durch

$$t = \frac{w - w_1}{w - w_2} \cdot \frac{w_3 - w_2}{w_3 - w_1} \quad \text{und} \quad t = \frac{z - z_1}{z - z_2} \cdot \frac{z_3 - z_2}{z_3 - z_1}$$

wird t als lineare Funktion von w und als lineare Funktion von z definiert. Nach den Gruppeneigenschaften (a) und (b) (vgl. Ziff. 55.1) ist dann auch w eine lineare Funktion von t und, da t eine lineare Funktion von z ist, auch eine lineare Funktion von z. Für $t = 0, \infty, 1$ wird $z = z_1, z_2, z_3$ und $w = w_1, w_2, w_3$.

Die Abbildung (55.5) ist die einzige lineare Abbildung, welche z_1, z_2, z_3 in w_1, w_2, w_3 überführt. Gäbe es nämlich zwei Abbildungen der verlangten Art, dann würden diese eine lineare Abbildung der w-Ebene in sich hervorrufen, bei der die drei Punkte w_1, w_2, w_3 festblieben. Die bei einer linearen Abbildung (55.1) fest bleibenden Punkte $w = z$ müssen aber der Bedingung

$$w = z = \frac{a z + b}{c z + d} \succ c z^2 - (a - d) z - b = 0$$

genügen und diese läßt nur zwei Lösungen z zu oder es ist $a = d$, $b = c = 0$, womit die lineare Abbildung zur Identität wird.

Wir fassen das Ergebnis in folgendem Satz zusammen:

Es gibt genau eine lineare Abbildung, welche drei Punkte z_1, z_2, z_3 in drei Punkte w_1, w_2, w_3 überführt. Sie wird durch die lineare Funktion (55.5)   (55.6) *vermittelt.*

Da die linearen Abbildungen Kreisabbildungen sind, wird der durch z_1, z_2, z_3 gehende Kreis in den durch w_1, w_2, w_3 gehenden Kreis abgebildet (vgl. Abb. 50); die Bezeichnung „Kreis" ist hier und fortan stets in dem in Ziff. 55.2 verabredeten allgemeineren Sinn zu verstehen, wonach Gerade als Kreise durch den Punkt ∞ gelten. Ein Kreis zerlegt die Ebene in zwei Teilbereiche. Die Zuordnung dieser Teilbereiche ergibt sich aus dem durch die Numerierung der Punkte bestimmten Umlaufsinn, wie wir dies bereits bei Abb. 44 erörtert haben. In Abb. 50 wird das Kreisinnere der w-Ebene einmal auf das Innere und das andere Mal auf das Äußere des Kreises in der z-Ebene abgebildet.

Für $w_3 = \infty$ bzw. für $z_3 = w_3 = \infty$ ist Gl. (55.5) folgendermaßen zu modifizieren:

$$\frac{w - w_1}{w - w_2} = \frac{z - z_1}{z - z_2} \cdot \frac{z_3 - z_2}{z_3 - z_1} \quad (w_3 = \infty)$$

bzw.   (55.5*)

$$\frac{w - w_1}{w - w_2} = \frac{z - z_1}{z - z_2} \quad (z_3 = w_3 = \infty).$$

55.4 Doppelverhältnis

Sind z_1, z_2, z_3, z_4 irgend vier verschiedene Punkte der z-Ebene und w_1, w_2, w_3, w_4 die bei einer linearen Abbildung (55.5) ihnen zugeordneten Bildpunkte, so gilt nach Gl. (55.5)

$$\Delta = \frac{w_3 - w_1}{w_3 - w_2} : \frac{w_4 - w_1}{w_4 - w_2}$$
$$= \frac{z_3 - z_1}{z_3 - z_2} : \frac{z_4 - z_1}{z_4 - z_2}.$$

                                                      (55.7)

Wir haben hierbei die Numerierung abgeändert und die Produkte in Gl. (55.5) in die Form von Quotienten gebracht. Der Ausdruck Δ wird als *Doppelverhältnis* der vier Punkte bezeichnet. Gl. (55.7) läßt sich dann folgendermaßen aussprechen:

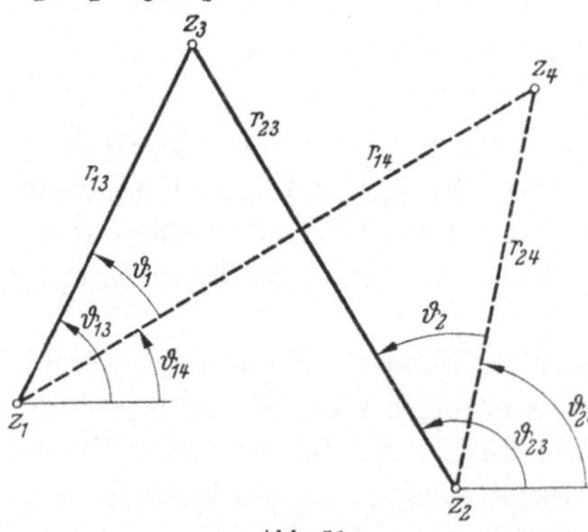

Abb. 51.
Geometrische Deutung des Doppelverhältnisses

Das Doppelverhältnis von vier Punkten ist invariant gegenüber linearen Abbildungen, d. h. es bleibt bei linearen Abbildungen ungeändert.   (55.8)

Das Doppelverhältnis läßt sich leicht geometrisch deuten (Abb. 51):
Wir setzen

$$z_\mu - z_\nu = r_{\nu\mu}\,(\cos\vartheta_{\nu\mu} + i\sin\vartheta_{\nu\mu}) = r_{\nu\mu}\cdot e^{i\vartheta_{\nu\mu}}$$

($\nu = 1, 2$ und $\mu = 3, 4$) und erhalten dann

$$\varDelta = \frac{r_{13}\cdot r_{24}}{r_{23}\cdot r_{14}}\,e^{i(\vartheta_{13}-\vartheta_{23}-\vartheta_{14}+\vartheta_{24})} = \frac{r_{13}\cdot r_{24}}{r_{23}\cdot r_{14}}\,e^{i(\vartheta_1-\vartheta_2)}$$

mit $\vartheta_1 = \vartheta_{13} - \vartheta_{14}$ und $\vartheta_2 = \vartheta_{23} - \vartheta_{24}$.

Hiernach ist $\varDelta$ dann und nur dann reell, wenn $\vartheta_1 - \vartheta_2 = 0$ oder $\pm\pi$
ist, wenn also die vier Punkte auf einem Kreis liegen (Satz vom Peri-
pheriewinkel). Aus der Invarianz des Doppelverhältnisses folgt damit
von neuem, daß die linearen Abbildungen Kreise stets wieder in Kreise
überführen.

55.5 Orthogonale Kreisnetze und Spiegelungen

Das orthogonale Geradennetz $x = $ const, $y = $ const geht bei einer
linearen Abbildung, welche den Punkt $z = \infty$ in einen eigentlichen Punkt
$w = w_0$ der w-Ebene transformiert, in zwei *parabolische Kreisbüschel*

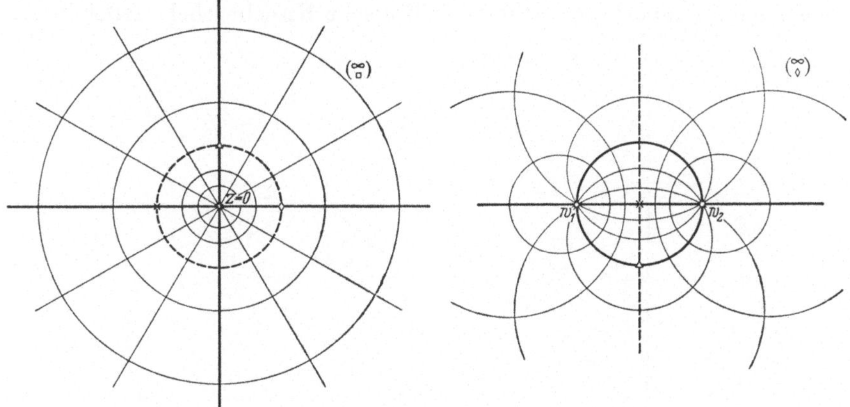

Abb. 52. Orthogonales Kreisnetz, bestehend aus einem „hyperbolischen“
und einem „elliptischen“ Kreisbüschel

über, wie sie in Abb. 44 dargestellt sind. Die Kreise dieser beiden
Büschel gehen durch den Punkt w_0 und berühren dort zwei zueinander
senkrechte Geraden.

Das orthogonale Netz der konzentrischen Kreise $|z| = $ const und der
Halbgeraden arc $z = $ const, die von ihrem Mittelpunkt ausgehen, wird
bei einer linearen Abbildung, die den Nullpunkt $z = 0$ und den Punkt
$z = \infty$ in zwei eigentliche Punkte $w = w_1$ und $w = w_2$ überführt, ebenfalls in ein orthogonales Kreisnetz abgebildet (Abb. 52). Den Halbgeraden arc $z = $ const entsprechen die durch die zwischen den Punkten

w_1 und w_2 verlaufenden Kreisbögen (*elliptisches Kreisbüschel*), den konzentrischen Kreisen $|z| = $ const die Orthogonalkurven des elliptischen Büschels. Diese sind wegen der Linearität der Abbildung wiederum Kreise (*hyperbolisches Kreisbüschel*). Vgl. hierzu Abb. 68 und Ziff. 58.1. Die Kreise des hyperbolischem Büschels sind Apollonius-Kreise, d.h. geometrische Örter $r_2/r_1 = $ const.

Den Drehstreckungen der z-Ebene um den Nullpunkt entsprechen in Abb. 52 lineare Abbildungen in der w-Ebene, bei denen die Punkte w_1, w_2 fest bleiben und daher sowohl das elliptische als auch das hyperbolische Kreisbüschel in sich transformiert wird. Ebenso entsprechen in Abb. 44 den Parallelverschiebungen der z-Ebene in der w-Ebene lineare Abbildungen, welche jedes der beiden parabolischen Kreisbüschel in sich transformieren.

Die *Spiegelung an einer Geraden* geht bei linearen Abbildungen in *Spiegelungen an Kreisen* über (Abb. 53).

Zwei Spiegelpunkte z_1, z_2 hinsichtlich einer Geraden g sind die Grundpunkte eines elliptischen Kreisbüschels, dessen Kreise die Gerade g senkrecht schneiden. Bei einer linearen Abbildung, welche die Gerade g in einen Kreis k überführt, geht das elliptische Kreisbüschel wieder in ein

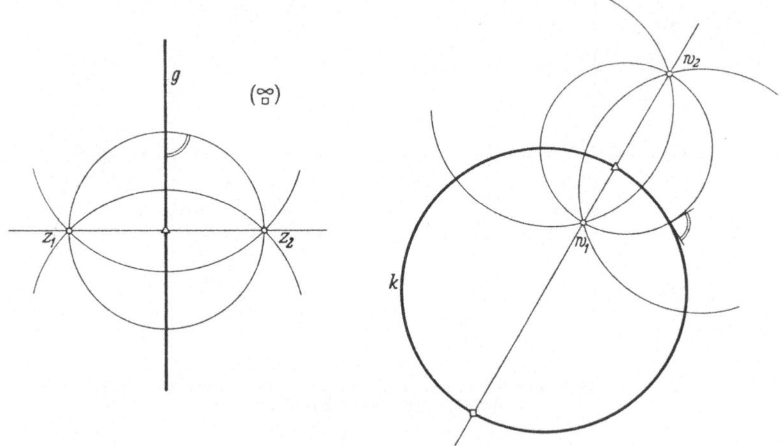

Abb. 53. Spiegelung an Geraden und Kreisen

elliptisches Kreisbüschel über und dieses schneidet den Kreis k senkrecht. Die den Spiegelpunkten z_1, z_2 hinsichtlich der Geraden g entsprechenden Spiegelpunkte w_1, w_2 hinsichtlich des Kreises k sind die Grundpunkte des eben genannten elliptischen Büschels. Wenn der eine der beiden Punkte w_1, w_2 in den Mittelpunkt des Kreises k fällt, ist der andere Punkt der Punkt ∞ und das elliptische Kreisbüschel wird zum Geradenbüschel durch den Mittelpunkt des Kreises k.

Wir nehmen den Kreis k als Einheitskreis und seinen Mittelpunkt als Nullpunkt und betrachten in der Ebene des Kreises k die Abbildung $w = \dfrac{1}{\bar{z}}$. Diese Abbildung ist nach Ziff. 54.2, Beispiel (b) die Abbildung durch reziproke Radien. Sie ist wie die konforme Abbildung $w = \dfrac{1}{z}$ winkeltreu und eine Kreisabbildung, läßt aber jeden Punkt des Einheitskreises k fest und führt daher jeden Orthogonalkreis zu k und somit das ganze elliptische Kreisbüschel durch w_1 und w_2 in sich selbst über. Daraus folgt:

Die Spiegelung an einem Kreis, die durch lineare Abbildung aus der Spiegelung an einer Geraden entsteht, ist mit der Abbildung durch reziproke Radien an diesem Kreis identisch. Insbesondere entsprechen sich der Kreismittelpunkt und der Punkt ∞ als Spiegelpunkte. (55.9)

Nach dem Vorangehenden gilt außerdem:

Lineare Abbildungen transformieren Spiegelungen an Kreisen stets wieder in Spiegelungen an Kreisen oder Geraden. (55.10)

Man beachte, daß Spiegelungen zwar winkeltreu, aber nicht gleichsinnig winkeltreu und daher keine konformen Abbildungen sind.

55.6 Stereographische Projektion

Man kann die Sonderstellung des Punktes ∞ in gewissem Sinn beseitigen, indem man die komplexen Zahlen statt in einer *Zahlenebene* auf einer *Zahlenkugel* darstellt. Der Übergang von der Zahlenebene zur

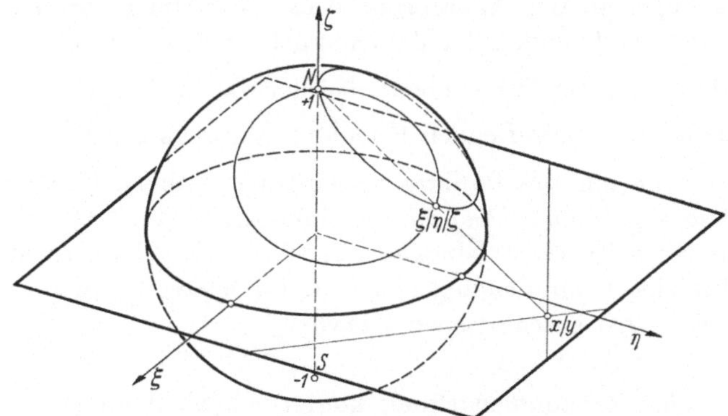

Abb. 54. Stereographische Projektion

Zahlenkugel geschieht durch folgende sog. *stereographische Projektion* (Abb. 54):

Wir nehmen die ξ, η-Ebene eines rechtwinkligen räumlichen ξ, η, ζ-Koordinatensystems als Zahlenebene (z-Ebene) und die Einheitskugel

$$\xi^2 + \eta^2 + \zeta^2 = 1$$

als Zahlenkugel. Die Abbildung erfolgt mittels Zentralprojektion vom „Nordpol" $\zeta = +1$ aus. Die untere Halbkugel bildet sich auf das Innere, die obere Halbkugel auf das Äußere des Äquatorkreises ab. Für $|z| \to \infty$ streben die Bildpunkte auf der Kugel gegen den Nordpol, wir ordnen daher dem Nordpol den uneigentlichen Punkt $z = \infty$ zu. Dieser wird also auf der Zahlenkugel ebenso wie die übrigen Punkte z durch einen Punkt der Kugeloberfläche dargestellt. Das Innere eines Kreises um den Nordpol der Zahlenkugel („Umgebung des Nordpols") wird in der Zahlenebene auf das Äußere eines Kreises („Umgebung des uneigentlichen Punktes ∞") abgebildet.

Die stereographische Abbildung ist winkeltreu mit Umkehrung des Drehsinns und bildet die Kreise der Kugel in die Kreise der Ebene ab. Die Kreise durch den Punkt ∞ sind auf der Kugel die Kreise durch den Nordpol, in der Ebene die Geraden. $\hspace{2em}$ (55.11)

Der Beweis des Satzes ist im Anhang unter [12] angegeben.

Auch auf der Zahlenkugel vermittelt eine lineare Funktion (55.1) eine gleichsinnig winkeltreue und Kreise wieder in Kreise transformierende Abbildung. Sie ist auch an den Ausnahmestellen $z = -\dfrac{d}{c}$ bzw. $w = \dfrac{a}{c}$, denen bei der linearen Abbildung der Nordpol (w bzw. $z = \infty$) entspricht, winkeltreu. Bei der stereographischen Abbildung der Zahlenkugel auf die Äquatorebene als Zahlenebene entspricht der Spiegelung der Zahlenkugel an der Äquatorebene die Abbildung durch reziproke Radien und einer Drehung der Zahlenkugel um einen Durchmesser eine lineare Abbildung der Zahlenebene, bei der die Bildpunkte a und $-\dfrac{1}{\bar{a}}$ der Endpunkte des betreffenden Kugeldurchmessers fest bleiben.

Nach Einführung des Punktes ∞ wird die in einem Punkt gelochte Ebene *einfach zusammenhängend* im Sinne der in Ziff. 41.3 gegebenen Definition. Dies ist beim Übergang zur Zahlenkugel durch stereographische Projektion unmittelbar deutlich. Dasselbe gilt offenbar für den Außenbereich einer geschlossenen Kurve.

55.7 Zusammenstellung konformer Abbildungen, die durch lineare Funktionen vermittelt werden

(a) *Abbildung zweier Bereiche, die einen Kreis als Rand haben.*
In Ziff. 55.3 haben wir bereits festgestellt (vgl. Abb. 50):

Es gibt genau eine lineare Abbildung, welche einen von einem Kreis berandeten Bereich (Inneres oder Äußeres) in einen ebensolchen Bereich überführt und dabei drei vorgegebene Punkte z_1, z_2, z_3 des einen Kreises in drei vorgegebene Punkte w_1, w_2, w_3 des anderen Kreises transformiert. $\hspace{1em}$ (55.12)

Wir zeigen jetzt weiter (Abb. 55):

Es gibt genau eine lineare Abbildung, welche einen von einem vorgegebenen Kreis k berandeten Bereich (Inneres oder Äußeres) in einen ebensolchen Bereich überführt und dabei einen vorgegebenen Randpunkt z_1 und einen vorgegebenen nicht auf dem Rand liegenden Punkt z_2 des Bereiches in ebensolche vorgegebenen Punkte w_1, w_2 transformiert. (55.13)

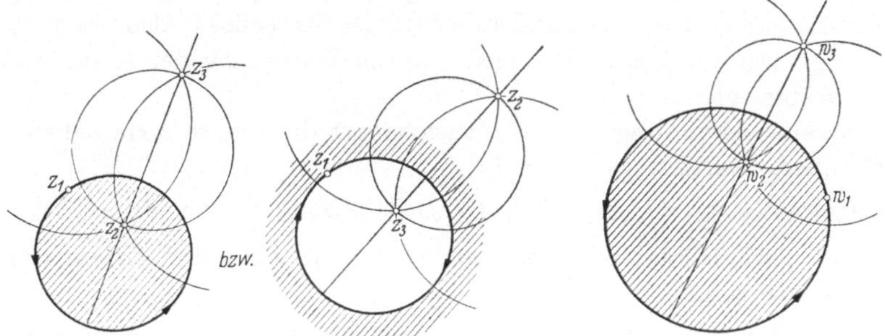

Abb. 55. Lineare Abbildung eines von einem Kreis berandeten Bereichs in einen ebensolchen Bereich

Die Behauptung folgt sofort daraus, daß auch der Spiegelpunkt z_3 von z_2 bezüglich des Kreises k in den Spiegelpunkt w_3 von w_2 abgebildet werden muß. Durch die Zuordnung der Punkte z_1, z_2, z_3 und w_1, w_2, w_3 ist dann aber genau eine lineare Abbildung festgelegt. Sie transformiert das elliptische Kreisbüschel mit den Grundpunkten z_2, z_3 in das elliptische Kreisbüschel mit den Grundpunkten w_2, w_3. Die gegebenen Kreise durch z_1 und w_1 müssen sich dann aber als Orthogonalkreise der beiden elliptischen Büschel ebenfalls ineinander abbilden.

Die Abbildungen des Inneren oder Äußeren des Einheitskreises $|z| = 1$ in das Innere des Einheitskreises $|w| = 1$ derart, daß dem Punkt $z_2 = a$ ($|a| < 1$ bzw. > 1) der Nullpunkt $w_2 = 0$ entspricht, werden durch die linearen Funktionen

$$w = c \cdot \frac{z - a}{\bar{a} z - 1} \ \text{ mit } |c| = 1, \text{ also } c = e^{i\gamma}, \tag{55.14}$$

vermittelt; denn es entsprechen sich $z_2 = a$ und $w_2 = 0$ und die Spiegelpunkte $z_3 = \dfrac{1}{\bar{a}}$ und $w_3 = \infty$. Außerdem ist für $|z| = 1$, also $z\,\bar{z} = 1$, auch

$$|w| = \frac{|z - a|}{|\bar{z}|\,|\bar{a} z - 1|} = \frac{|z - a|}{|\bar{a}\,z\,\bar{z} - \bar{z}|} = \frac{|z - a|}{|\bar{a} - \bar{z}|} = 1.$$

Der Winkel γ wird durch die Zuordnung der Randpunkte z_1, w_1 festgelegt.

(b) *Abbildung einer Halbebene auf das Innere oder Äußere eines Kreises.*

Wir spezialisieren die Aufgabe (a), indem wir den Kreis der z-Ebene durch eine Gerade ersetzen.

Die Abbildungen der oberen z-Halbebene in das Innere des Einheitskreises $|w| = 1$ derart, daß dem Punkt $z_2 = a$ (Im $\{a\} > 0$) der Nullpunkt $w_2 = 0$ entspricht, werden durch

$$w = c\,\frac{z-a}{z-\bar{a}} \quad \text{mit} \quad |c| = 1, \quad \text{also} \quad c = e^{i\nu} \tag{55.15}$$

vermittelt. Denn es entsprechen sich $z_2 = a$ und $w_2 = 0$ und die Spiegelpunkte $z_3 = \bar{a}$ und $w_3 = \infty$, und außerdem ist für reelles z, also $z = \bar{z}$, stets $|w| = 1$. Der Winkel γ wird wieder durch Zuordnung der Randpunkte z_1, w_1 festgelegt.

Dieselbe Abbildung (55.15) transformiert die untere z-Halbebene in das Äußere des Kreises $|w| = 1$.

(c) *Abbildung einer Halbebene auf eine Halbebene.*

Wir spezialisieren die Aufgabe (a), indem wir beide Kreise durch Gerade ersetzen.

Die Abbildungen der oberen z-Halbebene auf die obere w-Halbebene werden durch

$$w = \frac{a\,z + b}{c\,z + d} \quad \text{mit reellen } a, b, c, d \text{ und } a\,d - b\,c > 0 \tag{55.16}$$

gegeben. Die reelle Achse der z-Ebene transformiert sich dann in die reelle Achse der w-Ebene und der Punkt $z = i$ der oberen Halbebene geht in den Punkt

$$w = \frac{a\,i + b}{c\,i + d}$$
$$= \frac{b\,d + a\,c + i\,(a\,d - b\,c)}{c^2 + d^2}$$

über, der ebenfalls in der oberen Halbebene liegt.

(d) *Abbildung eines Parallelstreifens auf eine Kreissichel* (Abb. 56).

Ein Parallelstreifen der z-Ebene wird durch eine nicht-ganze lineare Transformation ($c \neq 0$) in einen „sichelförmigen" Bereich der w-Ebene abgebildet, der von zwei sich berührenden Kreisen oder von einem Kreis und einer Tangente begrenzt wird. Dem Punkt $z = \infty$ entspricht

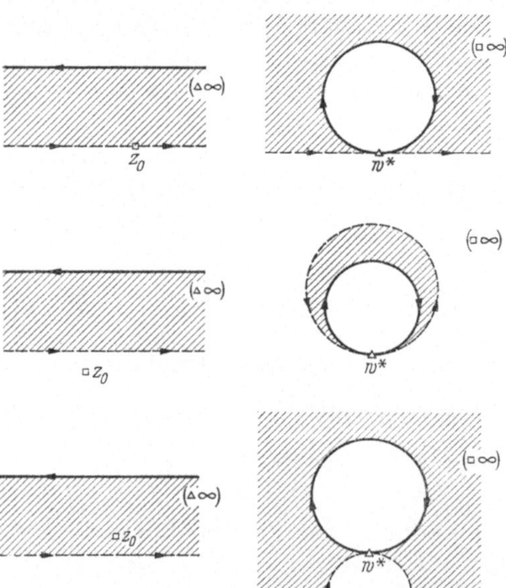

Abb. 56. Lineare Abbildung eines Parallelstreifens

ein eigentlicher Punkt $w = w^*$. Je nachdem der dem Punkt $w = \infty$ entsprechende Punkt $z = z_0$ auf dem Rand des Parallelstreifens oder außerhalb **oder innerhalb** des Streifens liegt, erhält man die drei in Abb. 56 angegebenen Abbildungen.

(e) *Abbildung des Außenbereichs zweier kongruenter, sich nicht schneidender Kreise auf einen Kreisring* (Abb. 57).

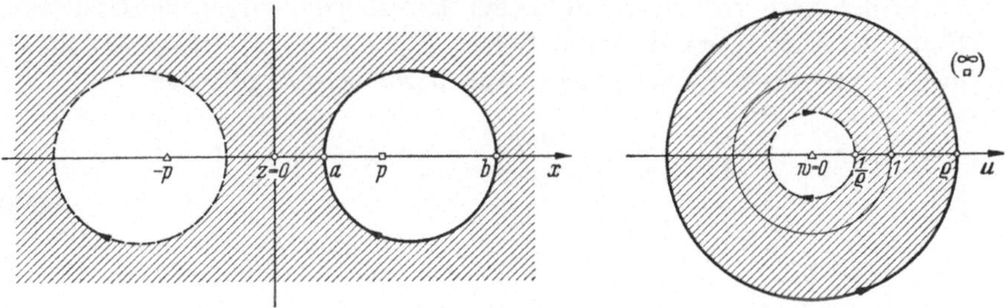

Abb. 57. Abbildung des Außenbereichs zweier kongruenter Kreise auf einen Kreisring

Die Abbildung

$$w = \frac{\sqrt{a\,b} + z}{\sqrt{a\,b} - z} \quad (b > a > 0) \tag{55.17}$$

bildet die Punkte $z = \pm \sqrt{a\,b} = \pm p$ in die Punkte $w = \infty$ und $w = 0$,

die Punkte $z = a$ und $z = b$ in die Punkte $w = \pm \dfrac{\sqrt{a} + \sqrt{b}}{\sqrt{b} - \sqrt{a}} = \pm \varrho$ und

die Punkte $z = -a$ und $z = -b$ in die reziproken Punkte

$w = \pm \dfrac{\sqrt{b} - \sqrt{a}}{\sqrt{a} + \sqrt{b}} = \pm \dfrac{1}{\varrho}$ ab; dabei ist $\varrho > 1$ wegen $b > a$. Außerdem wird

die reelle Achse der z-Ebene in die reelle Achse der w-Ebene transformiert.

Den kongruenten Kreisen über den Durchmessern $-a \leqq x \leqq -b$ und $a \leqq x \leqq b$ entsprechen daher die konzentrischen Kreise um $w = 0$ mit den Radien $\dfrac{1}{\varrho}$ und ϱ, und der Außenbereich der beiden kongruenten Kreise bildet sich in den Ring zwischen den zwei konzentrischen Kreisen ab.

Die Abbildung (55.17) kann in der Elektrotechnik verwendet werden, um das elektrostatische Feld im Äußeren von zwei parallelen Leitern in das Feld eines Zylinderkondensators abzubilden.

§ 56. Logarithmus, Exponentialfunktion und Potenzfunktion

56.1 Definition und Eigenschaften des Logarithmus

Ähnlich wie im Reellen (vgl. Ziff. 12.1) definieren wir jetzt die Funktion *Logarithmus* im Komplexen durch das Integral

$$w = \ln z = \int_{\zeta = 1}^{z} \frac{d\zeta}{\zeta} \quad \text{mit } z \neq 0. \tag{56.1}$$

Der Integrand $\frac{1}{\zeta}$ ist in jedem einfach zusammenhängenden Bereich, der den Nullpunkt nicht enthält, eine analytische Funktion (vgl. z. B. den Bereich (B) in Abb. 58). Infolgedessen ist in jedem solchen Bereich das Integral (56.1) vom Weg unabhängig. Wir wählen den Weg wie in Abb. 58, d. h. wir gehen von $\zeta = 1$ auf der x-Achse bis $\zeta = |z| = r$ $(d\zeta = d\xi)$ und von dort auf einem Kreisbogen entgegengesetzt zum Sinn des Uhrzeigers bis zum Punkt $\zeta = z$ $(\zeta = |z| \cdot (\cos \varphi + i \sin \varphi),$ $d\zeta = |z| (-\sin \varphi + i \cos \varphi) d\varphi)$. Auf diese Weise ergibt sich

$$\ln z = \int\limits_{\xi=1}^{|z|} \frac{d\xi}{\xi} + \int\limits_{\varphi=0}^{\text{arc } z} \frac{-\sin \varphi + i \cos \varphi}{\cos \varphi + i \sin \varphi} \, d\varphi = \ln |z| + i \int\limits_{\varphi=0}^{\text{arc } z} d\varphi$$
$$= \ln |z| + i \text{ arc } z. \tag{56.2}$$

Also: *Der Realteil von* $\ln z$ *ist* $\ln |z|$, *der Imaginärteil* arc z.

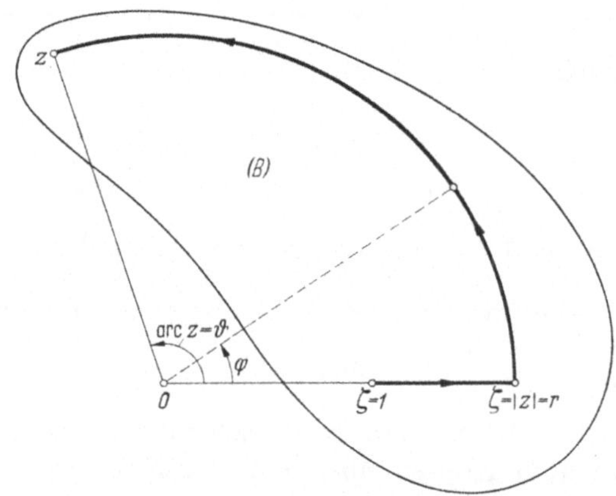

Abb. 58. Logarithmus

Wenn man den Integrationsweg durch n-maliges Umkreisen des Nullpunkts auf beliebigen geschlossenen Kurven im positiven oder negativen Sinn fortsetzt, ändert sich arc z um $\pm n \cdot 2\pi$, die Funktion $\ln z$ also um $\pm n \cdot 2\pi i$. Das heißt:

Die Funktion $\ln z$ *ist unendlich vieldeutig, sie ist nur bis auf ein additives Vielfaches von* $\pm 2\pi i$ *bestimmt.* $\tag{56.3}$

Für positive reelle z bezeichnen wir $\ln z = \ln |z|$ ($-$ also arc $z = 0$ gesetzt $-$) als den *Hauptwert*. Er fällt mit der Definition des Logarithmus im Reellen (vgl. Ziff. 12.1) zusammen.

Ebenso wie im Reellen beweist man die Regeln

$$\ln (z_1 \cdot z_2) = \ln z_1 + \ln z_2, \quad \ln \left(\frac{z_1}{z_2}\right) = \ln z_1 - \ln z_2. \tag{56.4}$$

Dabei muß allerdings die Vieldeutigkeit des Logarithmus beachtet werden: Wenn die Vielfachen von $\pm 2\pi i$ für $\ln z_1$ und $\ln z_2$ festgelegt sind, dann ist in den Gln. (56.4) das Vielfache von $\pm\, 2\pi\, i$ für die linke Seite mitbestimmt.

Aus der Definition des Logarithmus folgt wie im Reellen

$$\frac{d\ln z}{dz} = \frac{1}{z}\,. \tag{56.5}$$

56.2 Exponentialfunktion und Potenzfunktion

Da nach Gl. (56.5) die Funktion $\ln z$ bei Ausschluß der Punkte $z = 0$ und $z = \infty$ eine stetige Ableitung hat, besitzt sie nach Ziff. 54.1 eine wiederum analytische Umkehrfunktion, die wir wie im Reellen als *Exponentialfunktion* bezeichnen und mit dem Symbol e^w schreiben,

$$w = \ln z \,\gtrless\, z = e^w. \tag{56.6}$$

Aus der Vieldeutigkeit von $\ln z$, wonach zu einem festen $z \neq 0$ unendlichviele Werte $w \pm n\cdot 2\pi i$ gehören, folgt $z = e^{w\pm n\cdot 2\pi i}$, also, bei Vertauschung der Bezeichnungen z und w:

Die Exponentialfunktion $w = e^z$ ist eine eindeutige periodische Funktion mit der Periode $2\pi i$,

$$w = e^z = e^{z\pm n\cdot 2\pi i}. \tag{56.7}$$

Sie ist in der ganzen z-Ebene — mit Ausschluß des Punktes ∞ — analytisch (vgl. Ziff. 56.3).

Für reelle Werte z ist e^z mit der im Reellen definierten Exponentialfunktion (vgl. Ziff. 12.3) identisch. Wie im Reellen erhält man

$$\frac{d\,e^z}{dz} = e^z, \quad \int e^z\, dz = e^z \tag{56.8}$$

und außerdem die Rechenregeln für Produkte und Quotienten von Exponentialfunktionen.

Für $z = \cos\varphi + i\sin\varphi$ ergibt sich nach Gl. (56.2) mit $|z| = 1$

$$\ln z = \ln\,(\cos\varphi + i\sin\varphi) = i\,\varphi,$$

also

$$\cos\varphi + i\sin\varphi = e^{\ln z} = e^{i\varphi}.$$

Hiermit hat die EULER*sche Formel*

$$e^{i\varphi} = \cos\varphi + i\sin\varphi, \tag{56.9}$$

die wir zunächst lediglich als eine formale Rechenregel (vgl. Ziff. 17.6) benützt haben, nachträglich eine exakte Grundlage bekommen: $e^{i\varphi}$, das uns bisher nur als Rechensymbol diente, ist eine im Komplexen definierte Exponentialfunktion.

Die *Potenzfunktion* $w = z^a$ (a komplex, $z \neq 0$) wird wie im Reellen (vgl. Ziff. 12.4) auf die Exponentialfunktion mittels

$$w = z^a = e^{a\ln z} \tag{56.10}$$

zurückgeführt. Dabei ist jeweils die Vieldeutigkeit des Logarithmus zu beachten. Ebenso wird natürlich $w = a^z$ mit $a \neq 0$ durch $w = e^{z\ln a}$ definiert.

Bei der Definition (56.10) bleiben die Regeln (3.14) für das Rechnen mit Potenzen erhalten. So ist z. B.

$$z^a \cdot z^b = e^{a \ln z} \cdot e^{b \ln z} = e^{(a+b)\ln z} = z^{a+b}.$$

Beispiele:

$$w = z^p \ (p \text{ ganze Zahl}) \ > \ w = e^{p \cdot \ln z \pm pn \cdot 2\pi i} \ (1 \text{ Wert}),$$

$$w = z^{\frac{1}{p}} \ (p \text{ ganze Zahl}) \ > \ w = e^{\frac{1}{p} \cdot \ln z + \frac{n}{p} \cdot 2\pi i}$$

$$= e^{\frac{1}{p} \ln |z| + \frac{i}{p}(\varphi \pm n \cdot 2\pi)} = |z|^{\frac{1}{p}} \cdot e^{\frac{i}{p}(\varphi \pm n \cdot 2\pi)}$$

$$(p \text{ verschiedene Werte mit } n = 0, 1, 2, \ldots, p-1).$$

$$w = z^a \ (a \text{ reell, nicht-rational}) \ > \ w = e^{a \ln z \pm an \cdot 2\pi i}$$

$$(\text{unendlich viele Werte mit } n = 0, 1, 2, \ldots).$$

Aus $\ln i = \ln |1| + i\left(\dfrac{1}{2} \pm 2n\right)\pi = i\left(\dfrac{1}{2} \pm 2n\right)\pi$ folgt

$$i^i = e^{i \ln i} = e^{-\left(\frac{1}{2} \pm 2n\right)\pi} \quad (\text{unendlich viele reelle Werte}).$$

56.3 Konforme Abbildung mittels Logarithmus, Exponentialfunktion und $w = z^m$

Die durch die Funktion $w = \ln z$ bzw. $z = e^w$ vermittelte Abbildung (Abb. 59)

$$w = u + iv = \ln z = \ln |z| + i \operatorname{arc} z$$

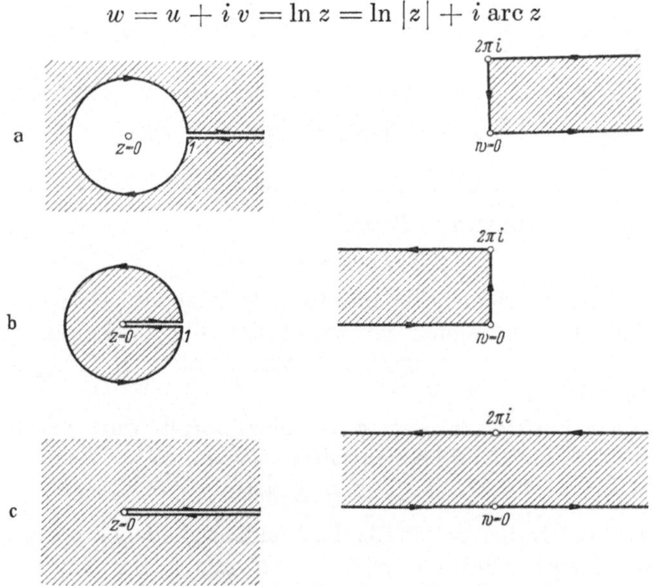

Abb. 59. Konforme Abbildung durch $w = \ln z$

ist mit Ausschluß der Punkte $z = 0$ und $z = \infty$ überall konform. Die konzentrischen Kreise $|z| =$ const werden in die Geraden $u =$ const, die Halbgeraden arc $z =$ const in die Geraden $v =$ const transformiert. Das Polarkoordinatensystem der z-Ebene geht also in das Cartesische Koordinatensystem der w-Ebene über.

Abb. 59 zeigt, wie (a) der längs der positiven reellen Achse geschlitzte Außenbereich des Einheitskreises ($|z| \geqq 1$, $0 \leqq$ arc $z \leqq 2\pi$) in den rechten Halbstreifen $u \geqq 0$, $0 \leqq v \leqq 2\pi$, (b) der von $z = 0$ bis $z = 1$ geschlitzte Innenbereich des Einheitskreises in den linken Halbstreifen $u \leqq 0$, $0 \leqq v \leqq 2\pi$ und daher (c) die ganze, längs der positiven reellen Achse geschlitzte z-Ebene in den ganzen Streifen $0 \leqq v \leqq 2\pi$ der w-Ebene abgebildet wird.

Der Vieldeutigkeit des Logarithmus entsprechend ergeben sich ebensolche Abbildungen auf alle um jeweils $\pm 2\pi i$ verschobenen Streifen, durch welche dann die ganze w-Ebene überdeckt wird. Man kann die Zuordnung zwischen den Punkten z und w durch die Konstruktion einer sog. RIEMANN*schen Fläche* (vgl. Ziff. 63.1) umkehrbar eindeutig machen: Jedem der unendlich vielen Streifen der w-Ebene wird ein „Blatt" der z-Ebene, das längs der positiven reellen Achse aufgeschlitzt ist, zugeordnet. Dadurch wird die z-Ebene unendlich oft überdeckt. Man heftet die Blätter längs der Schlitze (*Verzweigungsschnitte*) so aneinander, wie es dem Zusammenhang der zugeordneten Streifen in der w-Ebene entspricht. Außerdem sollen die Blätter im Nullpunkt (*Verzweigungspunkt*) zusammenhängen. Die so konstruierte RIEMANNsche Fläche mit unendlich vielen Blättern kann man sich als eine in die Ebene zusammengeklappte Schraubenfläche („Wendeltreppe") vorstellen.

Geht man von der Zahlenebene zur Zahlenkugel über, so ergibt sich eine analoge Überdeckung der z-Kugel mit unendlich vielen Blättern, die sich um den Nord- und Südpol ($z = 0$ und $z = \infty$) herumwinden. Der Punkt $z = \infty$ ist also ebenso ein Verzweigungspunkt wie der Punkt $z = 0$. Den Verzweigungspunkten $z = 0$ und $z = \infty$ ist kein Punkt der w-Ebene zugeordnet.

Die durch die Potenzfunktion $w = z^m$ mit reellem Exponenten m vermittelte Abbildung

$$w = |w| \cdot e^{i \, \mathrm{arc}\, w} = |z|^m \, e^{im \, \mathrm{arc}\, z}$$

mit

$$\mathrm{arc}\, z = \vartheta \pm n \cdot 2\pi i \quad \text{und} \quad 0 \leqq \vartheta < 2\pi$$

ist mit Ausschluß der Punkte $z = 0$ und $z = \infty$ konform. Wie im Spezialfall $m = 2$ [vgl. Beispiel (c) in Ziff. 54.2] gehen die konzentrischen Kreise $|z| =$ const in die konzentrischen Kreise $|w| =$ const und die Halbgeraden arc $z =$ const in die Halbgeraden arc $w =$ const über. Die

Winkel ϑ der z-Halbgeraden werden dabei in die Winkel $m\,\vartheta\ (\pm\,m\,n\cdot 2\pi\,i)$ der w-Halbgeraden verzerrt.

Ist $m = \dfrac{1}{p}$ mit $p = 2, 3, \ldots,$ also $w = z^{1/p}$, dann wird die längs der positiven reellen Achse geschlitzte z-Ebene auf den Sektor $0 \leqq \operatorname{arc} w \leqq \dfrac{2\pi}{p}$ der w-Ebene und jeden folgenden kongruenten Sektor abgebildet (Abb. 60). Der vollen w-Ebene entspricht also eine p-blätte-rige RIEMANNsche Fläche über der z-Ebene. Um bei den p Blättern denselben Zusammenhang wie bei den ihnen zugeordneten Sektoren zu erhalten, muß das letzte Blatt die vorange-henden durchdringen und

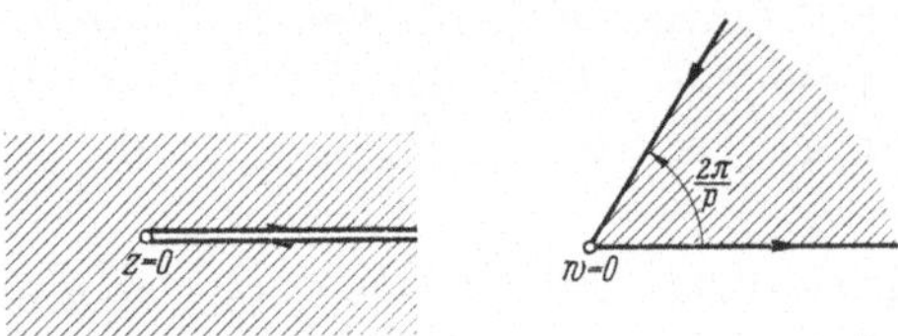

Abb. 60. Konforme Abbildung mittels $w = z^{1/p}$

an das erste Blatt angeheftet werden. Bei der inversen Funktion $w = z^p$ wird umgekehrt die z-Ebene auf eine p-blätterige RIEMANNsche Fläche über der w-Ebene abgebildet.

56.4 Konforme Abbildung von Kreisbogenzweiecken

Mit Hilfe der Potenzfunktion $w = z^m$ und der in § 55 behandelten linearen Funktion kann man Bereiche, die von zwei Kreisbögen begrenzt sind (*Kreisbogenzweiecke*) aufeinander abbilden.

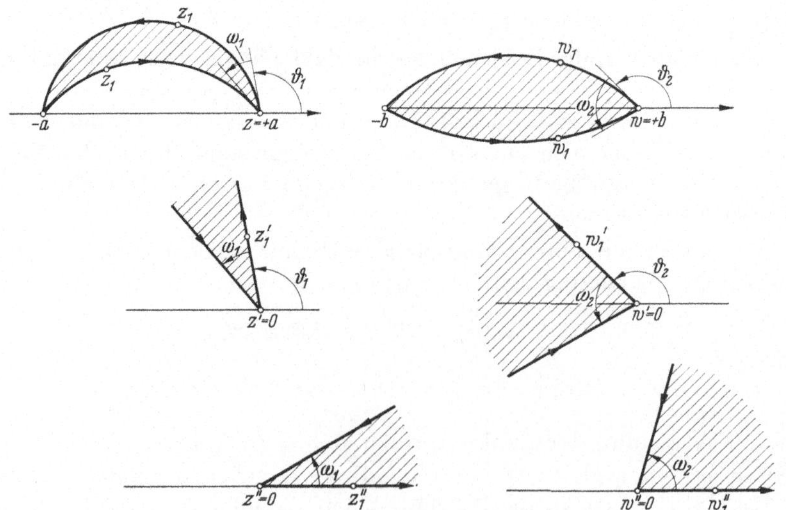

Abb. 61. Abbildung der Innenbereiche zweier Kreisbogenzweiecke

Wir erörtern zunächst die *Abbildung der Innenbereiche* zweier Kreisbogenzweiecke aufeinander (Abb. 61):

Durch die linearen Abbildungen

$$z' = \frac{z-a}{z+a} \quad \text{und} \quad w' = \frac{w-b}{w+b}$$

werden die Kreisbogenzweiecke in zwei Sektoren der z'- und w'-Ebenen verwandelt. Durch

$$z'' = z' \cdot e^{-i\vartheta_1} \quad \text{und} \quad w'' = w' \cdot e^{-i\vartheta_2}$$

werden diese Sektoren so gedreht, daß der eine Schenkel jeweils in die positive reelle Achse fällt. Durch

$$w'' = C\, z''^{m} \quad \text{mit} \quad m = \frac{\omega_2}{\omega_1}$$

und der beliebigen positiven Konstanten C werden schließlich die beiden Sektoren ineinander übergeführt. Somit ergibt sich die Abbildungsgleichung

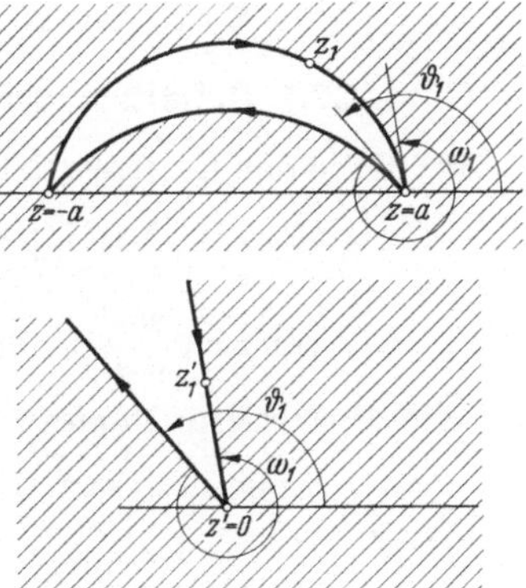

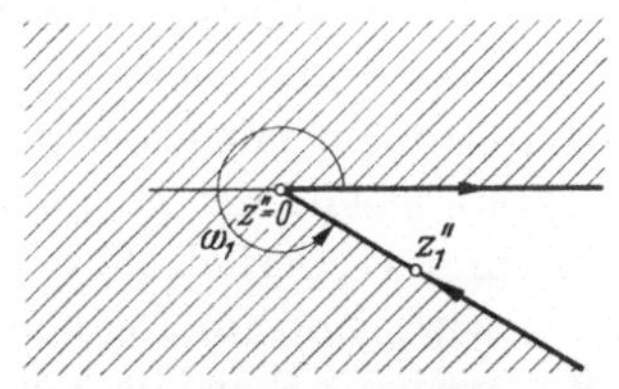

Abb. 62. Abbildung des Außenbereichs eines Kreisbogenzweiecks

$$\frac{w-b}{w+b} \cdot e^{-i\vartheta_2} = C \cdot \left(\frac{z-a}{z+a}\right)^{\frac{\omega_2}{\omega_1}} \cdot e^{-i\vartheta_1 \cdot \frac{\omega_2}{\omega_1}} . \tag{56.11}$$

Die Abbildung ist konform mit Ausschluß der Punkte $z = \pm\, a$, denen die Punkte $w = \pm\, b$ entsprechen. Die Konstante C kann durch Zuordnung eines Randpunktepaares $z_1(\mp \pm a)$, $w_1(\mp \pm b)$ festgelegt werden.

Die *Abbildung der Außenbereiche* zweier Kreisbogenzweiecke erfolgt durch dieselbe Funktion (56.11), sofern die Winkel ϑ_1, ω_1 bzw. ϑ_2, ω_2 entsprechend Abb. 62 definiert werden. Einen Spezialfall zeigt die später folgende Abb. 63, in der die Abbildung des Außenbereichs des Einheitskreises der z-Ebene $\left(a = 1, \vartheta_1 = \dfrac{3\pi}{2}, \omega_1 = \pi\right)$ auf die längs der Strecke $-1 \leqq u \leqq +1$ geschlitzte w-Ebene $(b = 1, \vartheta_2 = \pi, \omega_2 = 2\pi)$ dargestellt wird. Gl. (56.11) spezialisiert sich dabei mit $C = 1$ zu

$$\frac{w-1}{w+1} = \left(\frac{z-1}{z+1}\right)^2 \;\succ\; w = \frac{1}{2}\left(z + \frac{1}{z}\right).$$

Bei dieser Wahl von C werden die Punkte $z = \pm\, i$ auf den Punkt $w = 0$ abgebildet.

§ 57. Kreis- und Hyperbelfunktionen

57.1 Definition der Kreis- und Hyperbelfunktionen

Mit Hilfe der Exponentialfunktion definieren wir die *Kreisfunktionen*

$$\cos z = \frac{1}{2}\left(e^{iz} + e^{-iz}\right), \quad \sin z = \frac{1}{2i}\left(e^{iz} - e^{-iz}\right),$$

$$\tan z = \frac{\sin z}{\cos z}, \quad \cot z = \frac{1}{\tan z} \tag{57.1}$$

und die *Hyperbelfunktionen*

$$\cosh z = \frac{1}{2}\left(e^{z} + e^{-z}\right), \quad \sinh z = \frac{1}{2}\left(e^{z} - e^{-z}\right),$$

$$\tanh z = \frac{\sinh z}{\cosh z}, \quad \coth z = \frac{1}{\tanh z}. \tag{57.2}$$

Für reelle z gehen diese Funktionen in die im Reellen definierten Kreis- und Hyperbelfunktionen über. Wie im Reellen bezeichnet man die inversen Funktionen mit arc cos und ar cosh usw.

Entsprechend der Periodizität der Exponentialfunktion sind auch die Kreis- und Hyperbelfunktionen *periodisch*. $\cos z$, $\sin z$ und $\tan z$, $\cot z$ haben, wie schon im Reellen, die Periode 2π bzw. π; $\cosh z$, $\sinh z$ und $\tanh z$, $\coth z$ haben die Periode $2\pi i$ bzw. πi.

Die Differentiations- und Integrationsformeln der Kreis- und Hyperbelfunktionen gelten wie im Reellen, ebenso die Additionstheoreme.

Die in Ziff. 17.6 formal eingeführten Beziehungen (17.26) erhalten durch die im Komplexen gegebenen Definitionen (57.1) und (57.2) eine strenge Grundlage; denn man erhält aus den Definitionen unmittelbar

$$\cos iz = \cosh z, \qquad \cosh iz = \cos z,$$

$$\sin iz = i \sinh z, \qquad \sinh iz = i \sin z. \tag{57.3}$$

Zum Studium der von den Kreis- und Hyperbelfunktionen vermittelten konformen Abbildung untersuchen wir zunächst die bereits in Ziff. 56.4 erwähnte Funktion

$$w = \frac{1}{2}\left(z + \frac{1}{z}\right), \quad z = w \pm \sqrt{w^2 - 1}. \tag{57.4}$$

Wir können dann nämlich die Abbildung durch die Kreis- und Hyperbelfunktionen in einfachere Schritte zerlegen, z. B.

$$w = \cosh z \;>\; w = \frac{1}{2}\left(t + \frac{1}{t}\right) \quad \text{und} \quad t = e^{z}. \tag{57.5}$$

57.2 Konforme Abbildung mittels $w = \frac{1}{2}\left(z + \frac{1}{z}\right)$

Mit $w = u + i v$ und $z = r\, e^{i\varphi}$ ergibt sich aus Gl. (57.4)

$$u + iv = \frac{1}{2}\left(r\, e^{i\varphi} + \frac{1}{r}\, e^{-i\varphi}\right) = \frac{1}{2}\left\{\left(r + \frac{1}{r}\right)\cos\varphi + i\left(r - \frac{1}{r}\right)\sin\varphi\right\}.$$

Aus

$$u = \frac{1}{2}\left(r + \frac{1}{r}\right)\cos\varphi, \quad v = \frac{1}{2}\left(r - \frac{1}{r}\right)\sin\varphi$$

folgt dann durch Elimination von φ bzw. Elimination von r

$$\frac{u^2}{\left[\frac{1}{2}\left(r + \frac{1}{r}\right)\right]^2} + \frac{v^2}{\left[\frac{1}{2}\left(r - \frac{1}{r}\right)\right]^2} = 1 \text{ bzw. } \frac{u^2}{\cos^2\varphi} - \frac{v^2}{\sin^2\varphi} = 1.$$

$$(57.6)$$

Hiernach bilden sich die konzentrischen Kreise $|z| = r = \text{const}$ in die Ellipsen mit den Halbachsen $a = \frac{1}{2}\left|r + \frac{1}{r}\right|$, $b = \frac{1}{2}\left|r - \frac{1}{r}\right|$ und die Halbgeraden arc $z = \varphi = \text{const}$ in Bögen der Hyperbeln mit den Halbachsen $a' = |\cos\varphi|$, $b' = |\sin\varphi|$ ab. Wegen $e^2 = a^2 - b^2 = 1$ und

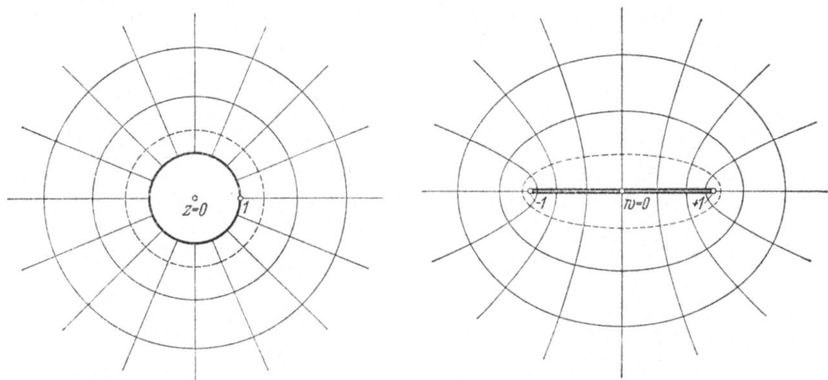

Abb. 63. Konforme Abbildung mittels $w = \frac{1}{2}\left(z + \frac{1}{z}\right)$

$e'^2 = a'^2 + b'^2 = 1$ sind diese Ellipsen und Hyperbeln konfokal, sie haben die gemeinsamen Brennpunkte $z = \pm 1$ (Abb. 63); vgl. Ziff. 5.2 und Ziff. 30.5.

Wegen $\frac{dw}{dz} = \frac{1}{2}\left(1 - \frac{1}{z^2}\right) = 0$ für $z = \pm 1$ ist die Abbildung konform mit Ausschluß der Punkte $z = \pm 1$. In diesen Punkten ist sie nicht konform; denn der Einheitskreis $z = e^{i\varphi}$ geht über in

$$w = \frac{1}{2}\left(e^{i\varphi} + e^{-i\varphi}\right) = \cos\varphi,$$

also in den doppelt durchlaufenen Schlitz der w-Ebene zwischen den Punkten $w = \pm 1$.

Das Äußere des Kreises $|z| = 1$ und ebenso das Innere bilden sich jeweils auf die volle (— geschlitzte —) w-Ebene ab; den zwei Punkten z und $\frac{1}{z}$ entspricht dabei jedesmal derselbe Punkt w. Demgemäß überdecken wir die w-Ebene mit einer zweiblättrigen RIEMANNschen Fläche.

Das eine Blatt ist das Bild des Außenbereichs, das andre das Bild des
Innenbereichs des Kreises $|z| = 1$. Die beiden Blätter sind durch den
von $w = -1$ über $w = 0$ nach $w = +1$ führenden Verzweigungsschnitt aneinander zu heften, wobei sie sich gegenseitig durchdringen
[Abb. 64 (a)]. Wenn z den Punkt 1 der z-Ebene einmal umkreist, macht
der Bildpunkt w um den Punkt 1 der w-Ebene einen vollen Umlauf auf
dem einen und hernach noch einen vollen Umlauf auf dem anderen Blatt,
bis er am Schluß wieder an seinem Anfangspunkt auf dem ersten Blatt
angelangt ist.

Man kann die Zuordnung der Blätter auch anders vornehmen: Wenn
z die positiv reelle Achse von $x = 0$ bis $x = \infty$ durchläuft, bewegt sich
der Bildpunkt w auf der positiven reellen Achse der w-Ebene von $u = \infty$
bis $u = 1$ und dann wieder zurück nach $u = \infty$. Der positiven reellen
Achse der z-Ebene entspricht also ein Schlitz der w-Ebene, der von $w = 1$
nach rechts läuft.   Ebenso bildet sich die negative reelle Achse der

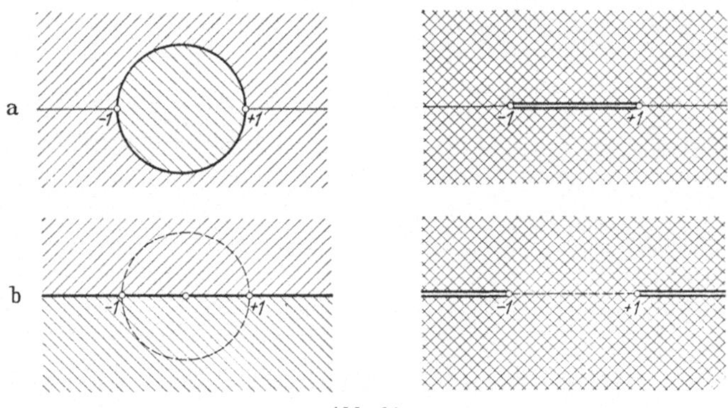

Abb. 64.

Zweiblätterige RIEMANNsche Fläche für die konforme Abbildung mittels $w = \dfrac{1}{2}\left(z + \dfrac{1}{z}\right)$

z-Ebene auf einen Schlitz der w-Ebene ab, der von $w = -1$ nach
links geht. Jetzt ordnen wir sowohl der oberen als auch der unteren
z-Halbebene ein Blatt über der w-Ebene zu und heften die beiden Blätter
durch den von $w = +1$ über den Punkt ∞ nach $w = -1$ laufenden Verzweigungsschnitt hindurch miteinander zusammen [Abb. 64, (b)].

In den Verzweigungspunkten $w = \pm 1$, in denen sowohl bei (a) als
auch bei (b) die beiden Blätter der RIEMANNschen Fläche zusammen-
geheftet sind, hat z jeweils nur den einen Wert $+1$ bzw. -1. In allen
anderen Punkten w hat z zwei verschiedene Werte.

Wie bei der hier besprochenen Abbildung gilt auch sonst, daß man
die Verzweigungspunkte auf verschiedene Weise durch Verzweigungsschnitte miteinander verbinden kann. Wir hätten hier vom Punkt
$w = +1$ zum Punkt $w = -1$ eine beliebige sich nicht überschnei-
dende Kurve als Verzweigungsschnitt ziehen können.

Die Funktion (57.4) vermittelt die ausnahmslos konforme Abbildung des Außenbereichs einer Ellipse auf das Äußere oder Innere eines Kreises (vgl. Abb. 63). Sie führt jedoch nicht zu einer konformen Abbildung des Innenbereichs einer Ellipse, da im Innenbereich die Verzweigungspunkte liegen.

57.3 Konforme Abbildung mittels der Kreis- und Hyperbelfunktionen

Um die von $w = \cosh z$ vermittelte Abbildung zu untersuchen, benützen wir die Aufspaltung durch die Gl. (57.5), indem wir eine t-Ebene zwischenschalten (Abb. 65). Dann wird der Halbstreifen $x \geqq 0$, $0 \leqq y \leqq 2\pi$ der z-Ebene auf den rechts geschlitzten Außenbereich des Einheitskreises der t-Ebene (vgl. hierzu auch Abb. 59) und dieser Bereich

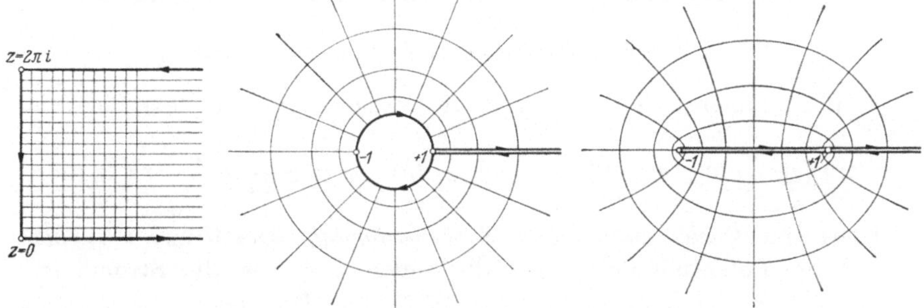

Abb. 65. Konforme Abbildung mittels $w = \cosh z$

auf die von $w = -1$ bis $w = \infty$ geschlitzte w-Ebene abgebildet. Wegen der Periodizität der Funktion $\cosh z$ mit der Periode $2\pi i$ liefern alle oben und unten folgenden kongruenten Halbstreifen der z-Ebene dieselben Bilder in der t-Ebene und der w-Ebene. Die linken Halbstreifen der z-Ebene bilden sich in analoger Weise auf das Innere des Eintrittskreises der t-Ebene und auf die w-Ebene ab. Das Cartesische Koordinatensystem der z-Ebene transformiert sich in das System der elliptischen Koordinaten der w-Ebene. Mit Ausnahme der Punkte $z = \pm n \cdot \pi i$ $(n = 0, 1, 2, \ldots)$, in denen $\dfrac{d \cosh z}{dz} = \sinh z$ verschwindet, ist die durch $w = \cosh z$ vermittelte Abbildung konform.

In ähnlichen Weise kann man mit Hilfe der Aufspaltungen

$$w = \cos z \ \text{ in } \ t = e^{iz} \ \text{ und } \ w = \frac{1}{2}\left(t + \frac{1}{t}\right),$$

$$w = \sinh z \ \text{ in } \ t = e^{z} \ \text{ und } \ w = \frac{1}{2}\left(t - \frac{1}{t}\right),$$

$$w = \sin z \ \text{ in } \ t = e^{iz} \ \text{ und } \ w = \frac{1}{2i}\left(t - \frac{1}{t}\right)$$

die konformen Abbildungen durch $\cos z$, $\sinh z$ und $\sin z$ untersuchen. Dabei kann man die Abbildung $t = e^{iz}$ durch $iz = \zeta$ auf die Abbildung $t = e^{\zeta}$ und die Abbildung $w = \dfrac{1}{2}\left(t - \dfrac{1}{t}\right)$ durch $w = i\omega$ und $t = i\tau$ auf die Abbildung $\omega = \dfrac{1}{2}\left(\tau + \dfrac{1}{\tau}\right)$ sowie die Abbildung $w = \dfrac{1}{2i}\left(t - \dfrac{1}{t}\right)$ durch $t = i\tau$ auf die Abbildung $w = \dfrac{1}{2}\left(\tau + \dfrac{1}{\tau}\right)$ zurückführen. Die ζ-Ebene geht aus der z-Ebene durch Drehung um $\dfrac{\pi}{2}$ hervor, die τ-Ebene ist gegen die t-Ebene und die ω-Ebene gegen die w-Ebene um $-\dfrac{\pi}{2}$ verdreht.

§ 58. Anwendungen in Aerodynamik und Elektrotechnik

58.1 Quellen und Senken, Zirkulationsströmung

Wir knüpfen an Ziff. 53.4 und Ziff. 54.3 an. Das komplexe Potential

$$F(z) = \pm \frac{m}{2\pi} \ln z \,(m > 0) \;>\; \varphi = \pm \frac{m}{2\pi} \ln r, \quad \psi = \pm \frac{m}{2\pi} \vartheta \quad (z = r\,e^{i\vartheta}) \qquad (58.1)$$

liefert eine *Quellströmung* bzw. *Senkenströmung*. Die Kreise $r = \mathrm{const}$ sind die Potentiallinien, die Halbgeraden $\vartheta = \mathrm{const}$ die Stromlinien. Der Geschwindigkeitsvektor $\mathfrak{q} = \overline{F'(z)} = \pm \dfrac{m}{2\pi r} \cdot e^{i\vartheta}$ strebt gegen 0 für $r \to \infty$; für $r \to 0$ geht $|\mathfrak{q}| \to \infty$. Die Quellstärke $m = 2\pi r \cdot |\mathfrak{q}|$ ist die in der Zeiteinheit von der Quelle gelieferte bzw. von der Senke abgesaugte Flüssigkeitsmasse (Dichte $\varrho = 1$ gesetzt).

Ersetzt man die reelle Konstante $\pm m$ durch eine rein imaginäre Konstante $i\,\Gamma$, dann liegt mit

$$F(z) = \frac{i\,\Gamma}{2\pi} \ln z \;(\Gamma \text{ reell}) \;>\; \varphi = -\frac{\Gamma}{2\pi} \vartheta, \; \psi = \frac{\Gamma}{2\pi} \ln r \qquad (58.2)$$

eine *Zirkulationsströmung* vor. Stromlinien sind hier die Kreise $r = \mathrm{const}$. Sie werden für $\Gamma > 0$ im Uhrzeigersinn durchlaufen, wie sich aus

$$\mathfrak{q} = \overline{F'(z)} = \frac{\Gamma}{2\pi r} e^{i\left(\vartheta - \frac{\pi}{2}\right)}$$

ergibt. Auch hier geht $\mathfrak{q} \to 0$ für $r \to \infty$ und $|\mathfrak{q}| \to \infty$ für $r \to 0$.

In der elektrostatischen Deutung liefert Gl. (58.1) das Feld eines Zylinderkondensators mit den Potentialen $\varphi = \dfrac{m}{2\pi} \ln r_1$ und $\varphi = \dfrac{m}{2\pi} \ln r_2$.

Die Überlagerung einer Quelle und einer Senke gleicher Quellstärke m in den Punkten $z = -a$ bzw. $+a$ (Abb. 66) liefert das komplexe Potential

$$F(z) = \frac{m}{2\pi} \left[\ln(z + a) - \ln(z - a)\right] = \frac{m}{2\pi} \ln\left(\frac{z + a}{z - a}\right). \qquad (58.3)$$

Mit den aus Abb. 66 ersichtlichen Bezeichnungen ist

$$\frac{z+a}{z-a} = \frac{r_2}{r_1} e^{i(\vartheta_2-\vartheta_1)} = \frac{r_2}{r_1} e^{-i\vartheta},$$

also

$$\varphi = \frac{m}{2\pi}\ln\frac{r_2}{r_1}, \quad \psi = -\frac{m}{2\pi}\vartheta.$$

Die Stromlinien sind daher die von der Quelle $z = -a$ zur Senke $z = +a$ verlaufenden Kreise, die Potentiallinien die dazu orthogonalen Kreise (vgl. hierzu Ziff. 55.5).

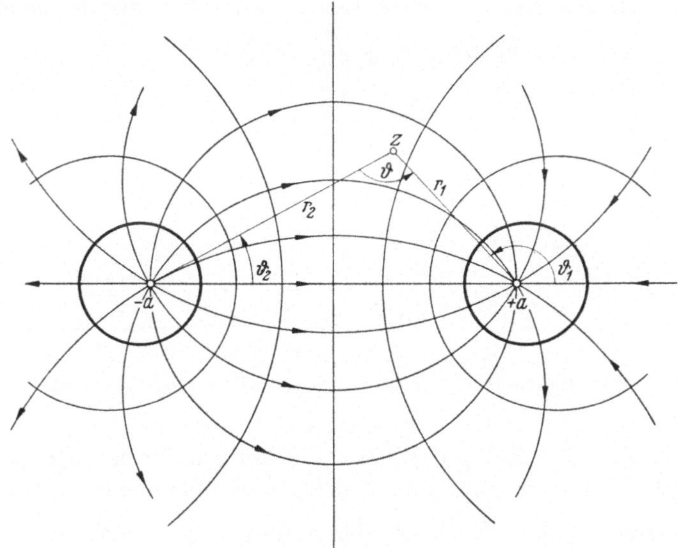

Abb. 66. Quell-Senkenströmung

In der elektrostatischen Deutung liefert Gl. (58.3) das Feld zwischen zwei kongruenten zylindrischen Leitern mit den Potentialen φ_1 und $\varphi_2 = -\varphi_1$ (vgl. auch Abb. 57 links).

Durch Überlagerung einer Quellströmung und einer Parallelströmung also

$$F(z) = q_\infty z + \frac{m}{2\pi}\ln z > \varphi = q_\infty x + \frac{m}{2\pi}\ln r, \quad \psi = q_\infty y + \frac{m}{2\pi}\vartheta, \quad (58.4)$$

bekommt man eine *Strömung um ein Halbprofil* (Abb. 67): Aus

$$F'(z) = q_\infty + \frac{m}{2\pi z} = 0$$

ergibt sich der Staupunkt $z_S = -\dfrac{m}{2\pi q_\infty}$. Die Stromlinie $\psi = \pm\dfrac{m}{2}$,

also $y = \pm\dfrac{m}{2}\dfrac{1}{q_\infty}\left(1 \mp \dfrac{\vartheta}{\pi}\right)$, fällt bis zum Staupunkt mit der x-Achse

9*

zusammen $(\vartheta = \pm \pi, y = 0)$ und gabelt sich im Staupunkt zu einer ins Unendliche laufenden Kurve mit zwei Asymptoten. $\left(\vartheta = 0, y \to \pm \dfrac{m}{2\,q_\infty}\right)$. Wir ersetzen diese Kurve durch eine feste Kontur und können dann die vorliegende Strömung als eine Strömung um diese Kontur (*Halbprofil*) auffassen. Da die Quelle in der Zeiteinheit die Masse m liefert und diese Masse im Unendlichen als Parallelströmung mit der Geschwindigkeit q_∞ innerhalb des Profils rechts abströmen muß, ergibt sich aus $l \cdot q_\infty = m$ der Abstand l der beiden Asymptoten des Halbprofils, in Übereinstimmung mit der oben angestellten Grenzbetrachtung $y \to \pm \dfrac{m}{2\,q_\infty}$ für $\vartheta \to 0$.

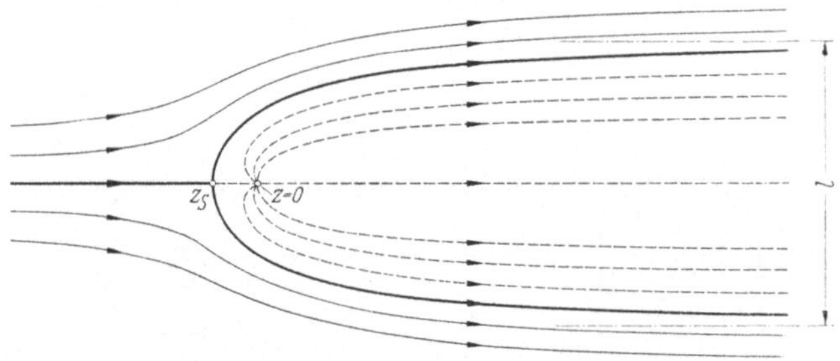

Abb. 67. Überlagerung einer Quellströmung und einer Parallelströmung

Man kann das Halbprofil sowie die übrigen Stromlinien nach der Schlußbemerkung von Ziff. 54.3 konstruieren, indem man in dem Gitter der Geraden $q_\infty y = C_1$ und der Geraden $\dfrac{m}{2\pi}\vartheta = C_2$ mit C_1 und $C_2 = \pm n \cdot \varepsilon$ $(n = 0, 1, \ldots)$ Diagonalkurven zeichnet (Abb. 68).

Schließlich überlagern wir noch die in Abb. 66 angegebene Quell-Senken-Strömung mit einer Parallelströmung, setzen also

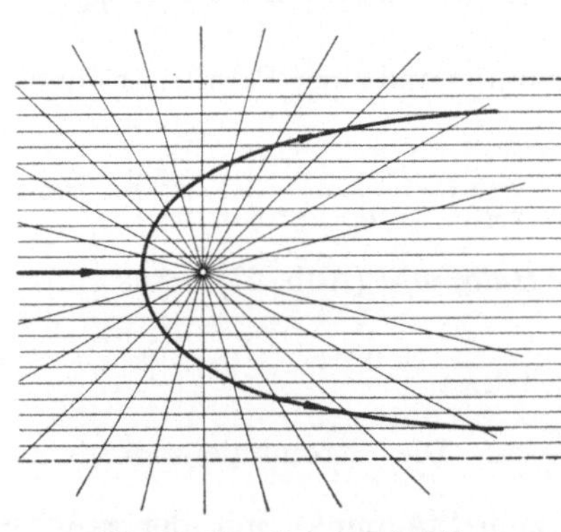

Abb. 68. Stromlinienkonstruktion

$$F(z) = q_\infty z + \frac{m}{2\pi}\ln\left(\frac{z+a}{z-a}\right) \quad >$$

$$\varphi = q_\infty x + \frac{m}{2\pi}\ln\frac{r_1}{r_2},$$

$$\psi = q_\infty y - \frac{m}{2\pi}\vartheta. \tag{58.5}$$

Man erhält dadurch die Strömung um ein ovalförmiges *Profil* (Abb. 69) mit den aus

$$F'(z) = q_\infty + \frac{m}{2\pi}\left(\frac{1}{z+a} - \frac{1}{z-a}\right)$$

$$= q_\infty - \frac{m}{\pi}\cdot\frac{a}{z^2-a^2} = 0$$

folgenden Staupunkten $z_S = \pm \sqrt{a^2 + \dfrac{m\,a}{\pi\,q_\infty}}$. Die Kontur und die übrigen Stromlinien lassen sich wieder als Diagonalkurven eines Gitters konstruieren.

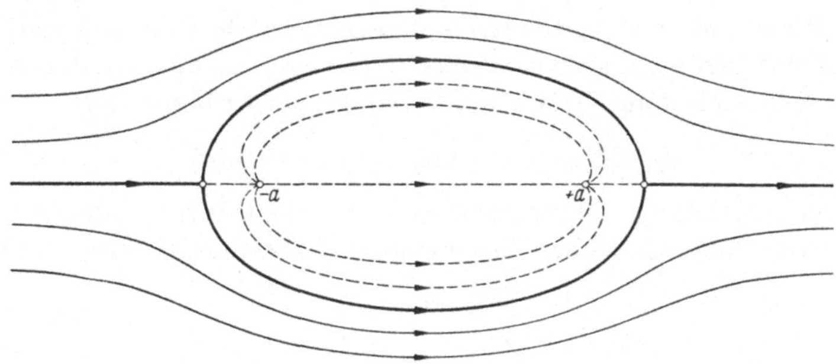

Abb. 69. Überlagerung einer Quell-Senkenströmung und einer Parallelströmung

58.2 Dipol, Umströmung eines Kreises

Wenn Quelle und Senke bei der in Abb. 66 dargestellten Strömung mit $a \to 0$ zusammenrücken und dabei die Quellstärke m umgekehrt proportional mit a zunimmt, so daß $\dfrac{a\,m}{\pi}$ gegen einen festen Wert q_∞ strebt, ergibt sich aus Gl. (58.3)

$$F(z) = \frac{a\,m}{\pi} \cdot \frac{\ln(z+a) - \ln(z-a)}{2a} \to q_\infty \frac{d\ln z}{dz} = q_\infty \cdot \frac{1}{z}\,. \tag{58.6}$$

Die dadurch entstehende Strömung heißt *Dipolströmung*. Die Stromlinien (Kreise durch $z = a$ und $z = -a$) und die Potentiallinien (Orthogonalkreise der Stromlinien) gehen bei diesem Grenzprozeß in zwei orthogonale parabolische Kreisbüschel (vgl. Abb. 44 und Ziff. 54.2) über.

Durch Überlagerung der Parallelströmung $F_1(z) = q_\infty z$ und der Dipolströmung (58.6) entsteht die bereits in Ziff. 54.3 erörterte und in Abb. 49 dargestellte symmetrische Umströmung des Einheitskreises mit dem komplexen Potential $F(z) = q_\infty \left(z + \dfrac{1}{z}\right)$ oder, wenn an Stelle des Einheitskreises der Kreis $|z| = R$ tritt,

$$F(z) = q_\infty \left(z + \frac{R^2}{z}\right)\,. \tag{58.7}$$

Durch eine weitere Überlagerung mit der Zirkulationsströmung (58.2), bei welcher der Kreis $|z| = R$ Stromlinie bleibt, ergibt sich mit

$$F(z) = q_\infty \left(z + \frac{R^2}{z}\right) + \frac{i\,\Gamma}{2\pi} \ln z \tag{58.8}$$

die in Abb. 70 dargestellte Umströmung des Kreises $|z| = R$ mit Zirkulation. Aus $F'(z) = q_\infty \left(1 - \dfrac{R^2}{z^2}\right) + \dfrac{i\,\Gamma}{2\pi z} = 0$ ergeben sich die Stau-

punkte

$$z = -\frac{i\,\Gamma}{4\pi q_\infty} \pm \sqrt{R^2 - \left(\frac{\Gamma}{4\pi\,q_\infty}\right)^2}\,. \qquad (58.9)$$

Wir setzen $0 < \Gamma < 4\pi\,q_\infty\,R$ voraus. Dann liegen die Staupunkte wie in
Abb. 70 auf dem umströmten Kreis und zwar auf dem unteren Halbkreis.

Aus der Strömungsgeschwindigkeit q längs des umströmten Kreises
ergibt sich nach dem *Energiesatz* (BERNOULLIsche *Gleichung*)

$$\frac{\varrho}{2}\,|\mathfrak{q}|^2 + p = \text{const} \qquad (\varrho = \text{Dichte}) \qquad (58.10)$$

die Druckverteilung: Größerem Geschwindigkeitsbetrag entspricht kleinerer Druck und kleinerem Geschwindigkeitsbetrag größerer Druck.

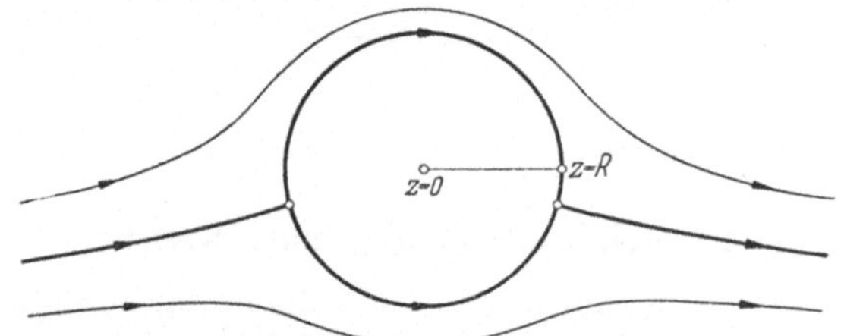

Abb. 70. Strömung um einen Kreis mit Zirkulation

Die zirkulationsfreie Umströmung des Kreises (vgl. Abb. 49) ist in
der Strömungsrichtung und quer dazu symmetrisch. Da die Druckverteilung wegen Gl. (58.10) dieselben Symmetrieeigenschaften hat, ergibt
sich für die am Kreisprofil wirkende resultierende Druckkraft der Wert
Null (*hydrodynamisches Paradoxon*). Bei der Umströmung mit Zirkulation (vgl. Abb. 70) ist das Strömungsfeld und die Druckverteilung nur
in der Strömungsrichtung, nicht aber quer dazu, symmetrisch. Man
erhält daher eine nicht verschwindende Querkraft und zwar, da auf dem
oberen Halbkreis die Geschwindigkeiten größer und die Drucke kleiner
sind als auf dem unteren Halbkreis (oben Sog, unten Überdruck), eine
nach oben gerichtete *Auftriebskraft*.

58.3 Strömung um Joukowski-Trefftz-Profile

Durch konforme Abbildung kann man aus der Umströmung eines
Kreises mit oder ohne Zirkulation Umströmungen um allgemeinere Pro-
file herleiten (vgl. Ziff. 54.3). Wir erläutern dies an den JOUKOWSKI-
TREFFTZ-*Profilen* (Abb. 71):

Durch eine Abbildung (56.11) kann man den Außenbereich eines
Kreises k (— in Abb. 71 gestrichelt —) durch die Punkte $z = \pm a$ in den
Außenbereich eines Kreisbogenzweiecks mit den Scheiteln $w = \pm b$ konform abbilden. Durch die Festsetzung $C = 1$ für die Konstante in Gl.
(56.11) und geeignete Wahl des Kreises k durch die Punkte $z = \pm a$
wird erreicht, daß der Punkt $z = \infty$ sich in den Punkt $w = \infty$ abbildet.

Ein Kreis k^*, der den Kreis k im Punkt a berührt, bildet sich in eine Profilkurve ab, die bei $w = b$ eine Ecke hat, sonst aber glatt verläuft. Eine Umströmung des Kreises k^* mit $z = a$ als hinterem und $z = z^*$ als vorderem Staupunkt gemäß Abb. 70 geht bei der konformen Abbildung

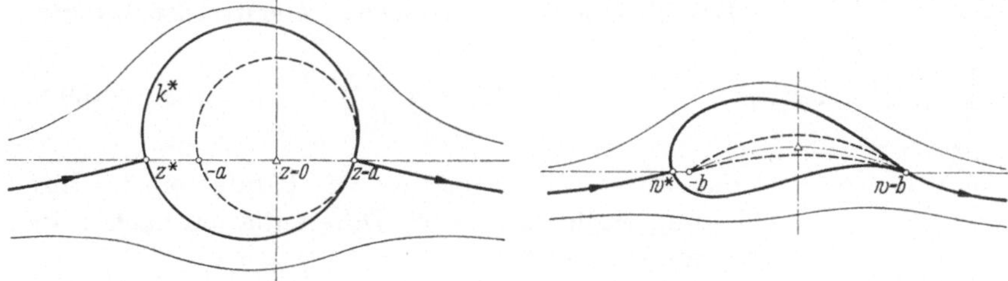

Abb. 71. Strömung um ein JOUKOWSKI-TREFFTZ-Profil

in eine Umströmung der dem Kreis k^* zugeordneten Profilkurve über, wobei dem Staupunkt $z = a$ die Ecke $w = b$ entspricht (*Bedingung des glatten Abströmens nach* KUTTA *und* JOUKOWSKI).

Spezialfälle ergeben sich, wenn man das Kreisbogenzweieck in einen kreisförmigen oder geraden Schlitz entarten läßt.

§ 59. Cauchysche Integralformel

59.1 Cauchyscher Integralsatz

Wir kommen zunächst nochmals auf den CAUCHYSCHEN Integralsatz (53.11) zurück, nach dem das Integral $\oint f(\zeta)\,d\zeta$ über eine stückweise glatte, geschlossene Kurve k, die einen einfach zusammenhängenden Bereich (B) umschließt, verschwindet, falls $f(z)$ in (B) einschließlich der Randkurve k analytisch ist.

Der Satz läßt sich sofort auf *r-fach zusammenhängende Bereiche* (B) mit mehreren Randkurven $k_1, k_2, \ldots, k_r$ übertragen (Abb. 72): Durch Schnitte, die von einer der Randkurven zu den übrigen führen und als zusätzliche, doppelt zu durchlaufende Ränder betrachtet werden, wird der mehrfach zusammenhängende Bereich zu einem einfach zusammenhängenden. Auf diesen läßt sich der CAUCHYSCHE Integralsatz anwenden und liefert

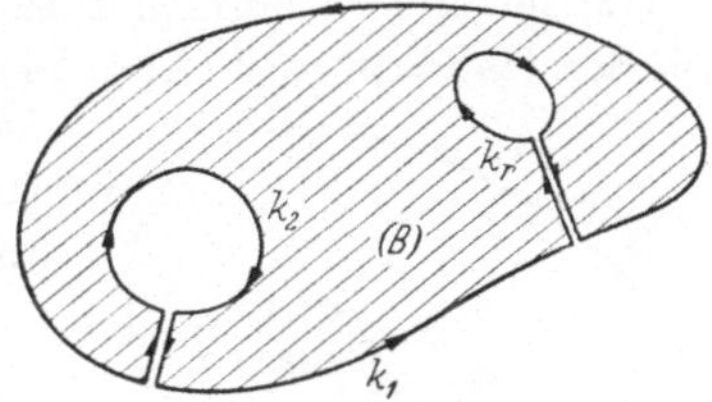

Abb. 72.
Mehrfach zusammenhängender Bereich

$$\oint_{k_1} f(\zeta)\,d\zeta + \cdots + \oint_{k_r} f(\zeta)\,d\zeta = 0. \qquad (59.1)$$

Jede der Randkurven ist so zu durchlaufen, daß der Bereich (B) jeweils zur Linken liegt. Da die Schnitte zweimal in entgegengesetzten Richtungen durchlaufen werden, liefern sie keinen Beitrag zum Integral.

59.2 Erzeugung analytischer Funktionen durch Kurvenintegrale

$\varphi(\zeta)$ sei eine auf einer stückweise glatten Kurve k stetige Funktion von ζ, und z ein nicht auf k liegender Punkt (Abb. 73). Dann gilt für jede ganze positive Zahl n:

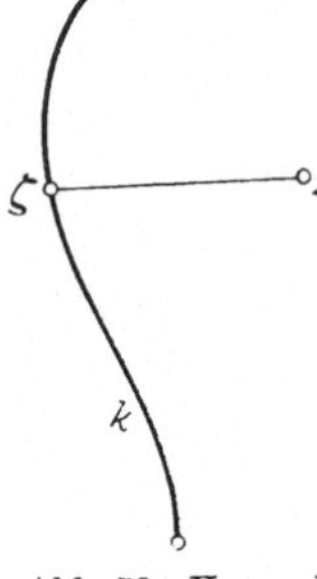

Das über den Integrationsweg k erstreckte Integral

$$f(z) = \int\limits_k \frac{\varphi(\zeta)\,d\zeta}{(\zeta - z)^n} \qquad (59.2)$$

ist eine analytische Funktion des Parameters z. Ihre Ableitung ergibt sich durch Differentiation nach z im Integranden, also

$$f'(z) = n \int\limits_k \frac{\varphi(\zeta)\,d\zeta}{(\zeta - z)^{n+1}} . \qquad (59.3)$$

Abb. 73. Kurve k und Punkt z

Die Behauptung läßt sich folgendermaßen verifizieren: Es ist

$$f(z + h) - f(z) = \int\limits_k \varphi(\zeta) \left[\frac{1}{(\zeta - z - h)^n} - \frac{1}{(\zeta - z)^n} \right] d\zeta$$

$$= \int\limits_k \varphi(\zeta) \frac{(\zeta - z)^n - (\zeta - z - h)^n}{(\zeta - z - h)^n (\zeta - z)^n} d\zeta = n\,h \int\limits_k \frac{\varphi(\zeta)\,(\zeta - z)^{n-1}}{(\zeta - z - h)^n (\zeta - z)^n} d\zeta + h^2 \{\dots\},$$

wobei von der binomischen Entwicklung von $(\zeta - z - h)$ nach Potenzen von $\zeta - z$ und h Gebrauch gemacht ist. Für $h \to 0$ kommt

$$\frac{f(z + h) - f(z)}{h} \quad \to \quad n \int\limits_k \frac{\varphi(\zeta)\,d\zeta}{(\zeta - z)^{n+1}} .$$

Damit ist gezeigt, daß $f(z)$ eine Ableitung besitzt und daß diese durch Gl. (59.3) gegeben ist. $f(z)$ ist also eine analytische Funktion. Da die Ableitung $f'(z)$ ein Ausdruck derselben Art wie $f(z)$ in Gl. (59.2) ist, kann man ebenso $f''(z)$ bilden usw.

59.3 Cauchysche Integralformel

$f(z)$ sei in dem einfach zusammenhängenden Bereich (B) einschließlich der Randkurve k (Abb. 74) analytisch. In jedem Innenpunkt z ist dann der Funktionswert $f(z)$ durch die Randwerte $f(\zeta)$ auf k eindeutig festgelegt auf Grund der CAUCHY*schen Integralformel*

$$f(z) = \frac{1}{2\pi i} \oint\limits_k \frac{f(\zeta)\,d\zeta}{\zeta - z} . \qquad (59.4)$$

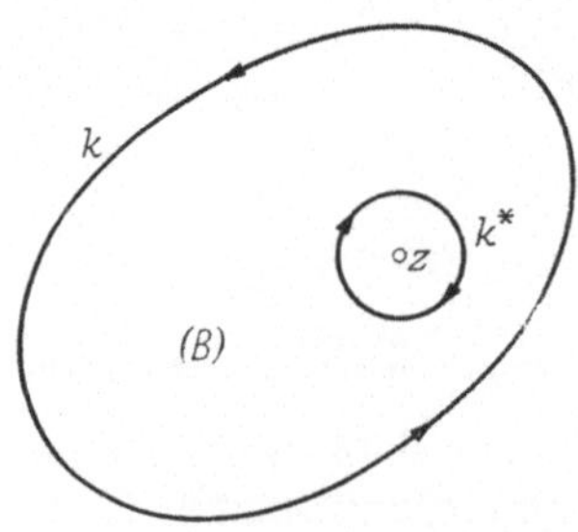

Abb. 74. Erläuterung zur CAUCHY-schen Integralformel

Das Symbol $\oint$ bzw. $\oint$ bedeutet, daß das Integral über eine geschlossene Kurve mit bestimmtem Umlaufsinn erstreckt werden soll.

Gl. (59.4) ergibt sich folgendermaßen: Wir schneiden aus (B) einen kleinen Kreis k^* um z mit dem Radius r aus. In dem so entstandenen zweifach zusammenhängenden Bereich einschließlich seiner Ränder k und k^* ist dann $\zeta - z \neq 0$, also $\dfrac{f(\zeta)}{\zeta - z}$ eine analytische Funktion von ζ. Nach dem CAUCHYschen Integralsatz (59.1) gilt daher

$$\oint\limits_k \frac{f(\zeta)\, d\zeta}{\zeta - z} + \oint\limits_{k^*} \frac{f(\zeta)\, d\zeta}{\zeta - z} = 0.$$

Für das zweite, über den Kreis k^* erstreckte Integral bekommt man mit

$$\zeta = z + r\, e^{i\vartheta}, \quad d\zeta = i\, r\, e^{i\vartheta}\, d\vartheta,$$

da $f(z)$ analytisch, also sicher stetig ist,

$$\oint\limits_{k^*} \frac{f(\zeta)\, d\zeta}{\zeta - z} = i \int\limits_{\vartheta\,=\,0}^{-2\pi} f(z + r\, e^{i\vartheta})\, d\vartheta \;\to\; -2\pi\, i\, f(z) \;\text{ für }\; r \to 0.$$

Hiermit ist Gl. (59.4) bewiesen.

Mit Hilfe der Gl. (59.3) läßt sich das Integral in Gl. (59.4) wiederholt differenzieren, womit sich die weiteren Integralformeln

$$f'(z) = \frac{1}{2\pi i} \oint\limits_k \frac{f(\zeta)\, d\zeta}{(\zeta - z)^2}, \quad \ldots, \quad f^{(n)}(z) = \frac{n!}{2\pi i} \oint\limits_k \frac{f(\zeta)\, d\zeta}{(\zeta - z)^{n+1}} \qquad (59.5)$$

ergeben. Sie liefern folgendes wichtige Ergebnis:

Eine in (B) analytische Funktion hat nicht nur, wie in ihrer Definition verlangt wurde, eine erste stetige Ableitung, sondern sie hat *stetige Ableitungen beliebig hoher Ordnungen.* Aus der Existenz einer stetigen ersten Ableitung folgt also im Komplexen die Existenz aller weiteren Ableitungen. Im Reellen ist dies, wie wir wissen, keineswegs so. Die Forderung, daß eine stetige erste Ableitung existiere, ist eben im Komplexen wesentlich einschneidender als im Reellen. Dies zeigt auch die CAUCHYsche Integralformel (59.4), nach der die Randwerte $f(\zeta)$ die Funktionswerte $f(z)$ für alle Innenpunkte des Bereichs (B) bereits mitbestimmen.

§ 60. Darstellung analytischer Funktionen durch Potenzreihen

60.1 Hilfssätze über gleichmäßige Konvergenz

Die Definition (14.21) und das CAUCHYsche Kriterium (14.22) der gleichmäßigen Konvergenz einer Funktionenreihe läßt sich unmittelbar auf Funktionen einer komplexen Veränderlichen z übertragen. Ferner beweist man ebenso wie im Reellen den Satz:

Wenn in einem abgeschlossenen Bereich (B) die $f_\nu(z)$ stetig sind und $\sum\limits_{1}^{\infty} f_\nu(z)$ in (B) gleichmäßig gegen $g(z)$ konvergiert, ist $g(z)$ selbst eine stetige Funktion. $\qquad (60.1)$

Für analytische Funktionen gilt außerdem:

Wenn in einem Bereich (B) die $f_\nu(z)$ analytisch sind und $\sum\limits_1^\infty f_\nu(z)$ in (B) gleichmäßig gegen $g(z)$ konvergiert, dann ist auch $g(z)$ in jedem im Innern vor (B) liegenden abgeschlossenen und beschränkten Bereich (B') eine analytische Funktion. Sie kann gliedweise integriert und differenziert werden und die dabei entstehenden Reihen konvergieren in (B') ebenfalls gleichmäßig. (60.2)

Vgl. hierzu [13] im Anhang.

60.2 Taylor-Entwicklungen einer analytischen Funktion

$f(z)$ sei analytisch innerhalb eines Kreises $\bar{k}\ (|z-a| < \bar{r})$. In jedem innerhalb von $\bar{k}$ liegenden konzentrischen Kreis k' einschließlich seines Randes $(|z-a| \leqq r' < \bar{r})$ gilt dann (Abb. 75):

$f(z)$ ist in $|z-a| \leqq r'$ in eine gleichmäßig und absolut konvergente Potenzreihe (TAYLOR-*Reihe*)

$$f(z) = \sum_{\nu=0}^\infty c_\nu (z-a)^\nu \quad \text{mit} \quad c_\nu = \frac{f^{(\nu)}(a)}{\nu!} = \frac{1}{2\pi i} \oint\limits_k \frac{f(\zeta)\, d\zeta}{(\zeta-a)^{\nu+1}} \quad (60.3)$$

entwickelbar. Dabei ist der Integrationsweg k ein Kreis $|z-a| = r$ mit $r' < r < \bar{r}$. Die Ableitungen $f^{(\nu)}(a)$ können hierbei nach Gl. (60.3) aus den Funktionswerten $f(\zeta)$ längs k berechnet werden. Man kann statt des Kreises k auch irgendeine andere den Punkt a einfach umschließende

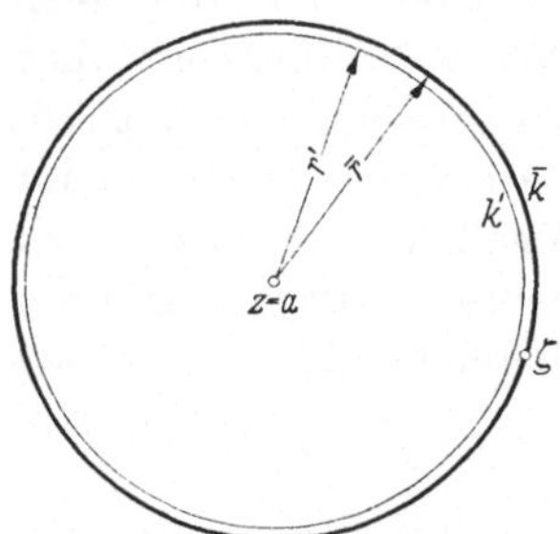

Abb. 75. Erläuterung zur TAYLOR-Entwicklung

Kurve innerhalb von $\bar{k}$ als Integrationsweg wählen; denn nach dem CAUCHYSCHEN Integralsatz liefern alle diese Wege denselben Wert des Integrals.

Die Ungleichung (53.6*) liefert mit $|f(\zeta)| < M$, $|\zeta-a| = r$ und $L = 2\pi r$ sofort die wichtige Abschätzung

$$|c_\nu| < \frac{M}{r^\nu} \quad (60.4)$$

und wegen $|z-a| \leqq r'$ weiter

$$|c_\nu(z-a)^\nu| < M\left(\frac{r'}{r}\right)^\nu . \quad (60.5)$$

Aus der letzten Beziehung folgt, daß die TAYLOR-Reihe (60.3) für $|z-a| \leqq r'$ absolut und gleichmäßig konvergiert, da die konvergente geometrische Reihe $M \sum\limits_{\nu=0}^\infty \left(\frac{r'}{r}\right)^\nu$ eine Majorante ist. Daß die TAYLOR-Reihe als Grenzwert die vorgegebene analytische Funktion $f(z)$ hat, ergibt sich aus der CAUCHYSCHEN Integralformel (59.4) folgendermaßen:

Die Umformung

$$\frac{f(\zeta)}{\zeta - z} = \frac{f(\zeta)}{(\zeta - a) - (z - a)} = \frac{f(\zeta)}{\zeta - a} \cdot \frac{1}{1 - \left(\dfrac{z - a}{\zeta - a}\right)}$$

$$= \frac{f(\zeta)}{\zeta - a} \cdot \frac{1 - \left(\dfrac{z - a}{\zeta - a}\right)^{n+1} + \left(\dfrac{z - a}{\zeta - a}\right)^{n+1}}{1 - \left(\dfrac{z - a}{\zeta - a}\right)}$$

liefert

$$\frac{f(\zeta)}{\zeta - z} = \frac{f(\zeta)}{\zeta - a} \cdot \sum_{\nu = 0}^{n} \left(\frac{z - a}{\zeta - a}\right)^{\nu} + R_n \quad \text{mit} \quad R_n = \frac{f(\zeta)}{\zeta - z} \left(\frac{z - a}{\zeta - a}\right)^{n+1} .$$

Mit $|z - a| \leqq r'$ und $|\zeta - a| = r > r'$ hat man

$$|R_n| < \frac{M}{r - r'} \left(\frac{r'}{r}\right)^{n+1} \to 0 \quad \text{für} \quad n \to \infty.$$

So ergibt sich für $\dfrac{f(\zeta)}{\zeta - z}$ die bezüglich z gleichmäßig konvergente Reihe

$$\frac{f(\zeta)}{\zeta - z} = \frac{f(\zeta)}{\zeta - a} \cdot \sum_{\nu = 0}^{\infty} \left(\frac{z - a}{\zeta - a}\right)^{\nu} = f(\zeta) \cdot \sum_{\nu = 0}^{\infty} \frac{(z - a)^{\nu}}{(\zeta - a)^{\nu+1}}$$

und durch gliedweise Integration bekommt man Gl. (60.3).

Wir fassen zusammen: *Jede in a und einer Umgebung $|z - a| < \bar{r}$ von a analytische Funktion $f(z)$ läßt sich als Potenzreihe nach Potenzen von $z - a$ entwickeln und diese Potenzreihe konvergiert gleichmäßig und absolut in jedem Kreis um a, in und auf dem $f(z)$ analytisch ist.* Der Name „analytische" Funktion soll diese Darstellbarkeit durch Potenzreihen, also die Erzeugung durch Potenzfunktionen als Elementen zum Ausdruck bringen.

Wir gehen jetzt umgekehrt von einer vorgegebenen Potenzreihe $\sum\limits_{\nu=0}^{\infty} c_\nu (z - a)^\nu$ aus. Dann gilt der zu Satz (14.28) für reelle Potenzreihen analoge Satz:

Wenn eine Potenzreihe $\sum\limits_{\nu=0}^{\infty} c_\nu (z - a)^\nu$ für einen Punkt $z = z_0 \neq a$ konvergiert, dann konvergiert sie absolut und gleichmäßig in jedem Kreis $|z - a| \leqq r' < |z_0 - a|$, der den Punkt z_0 nicht enthält, ihm aber beliebig nahe kommen darf. (60.6)

Der Beweis verläuft wie im Reellen (vgl. Band 1, [21] im Anhang). Aus diesem Satz folgt, wiederum durch analoge Schlüsse wie im Reellen:

Eine Potenzreihe $\sum\limits_{\nu=0}^{\infty} c_\nu (z - a)^\nu$ konvergiert im Innern eines Kreises $|z - a| = r$ und divergiert im Äußeren dieses Kreises. Für jeden Kreis $|z - a| \leqq r' < r$ konvergiert sie absolut und gleichmäßig und stellt daher nach Satz (60.2) eine analytische Funktion $f(z)$ dar. (60.7)

Der Kreis $|z - a| = r$ heißt der *Konvergenzkreis* der Potenzreihe, r der *Konvergenzradius*. Der Konvergenzkreis kann auch in den Punkt $z = a$

$(r = 0)$ oder in $|z| < \infty$ $(r = \infty)$ entarten. Im ersten Fall konvergiert die Reihe nur in trivialer Weise für $z = a$, im zweiten Fall für jedes endliche z.

Nach dem Vorangehenden konvergiert die TAYLOR-Entwicklung (60.3) in dem größten Kreis um a, innerhalb dessen $f(z)$ analytisch ist. Wie bereits in Ziff. 53.2 bezeichnen wir Punkte, die einem Regularitätsgebiet angehören, als *regulär*. Nicht-reguläre Punkte nennen wir *singulär*. Die Innenpunkte des Konvergenzkreises sind also regulär und der Konvergenzkreis erstreckt sich bis an den dem Mittelpunkt a nächstgelegenen singulären Punkt der durch die TAYLOR-Reihe dargestellten Funktion.

Wegen der gleichmäßigen Konvergenz in $|z - a| \leq r' < r$ kann eine Potenzreihe im Innern des Konvergenzkreises gliedweise integriert und differenziert werden. Die entstehenden neuen Potenzreihen stellen die Funktionen $\int\limits_a^z f(\zeta)\, d\zeta$ bzw. $f'(z)$ dar und haben denselben Konvergenzkreis wie $f(z)$.

Die Entwicklung einer analytischen Funktion $f(z)$ in eine Potenzreihe nach Potenzen von $z - a$ ist eindeutig; denn die gliedweise Differentiation der Potenzreihe liefert für die Koeffizienten die Beziehung

$$c_\nu = \frac{f^\nu(a)}{\nu!}\,.$$

60.3 Rechenregeln für Potenzreihen

Zwei Potenzreihen $f_1(z) = \sum\limits_{\nu=0}^{\infty} c_\nu^{(1)} (z - a)^\nu$ und $f_2(z) = \sum\limits_{\nu=0}^{\infty} c_\nu^{(2)} (z - a)^\nu$ mögen in einem gemeinsamen Bereich $|z - a| \leq r'$ konvergieren. Dann sind in diesem Bereich auch die *Linearkombinationen* $\lambda_1 f_1(z) + \lambda_2 f_2(z)$, das *Produkt* $f_1(z) \cdot f_2(z)$ und, falls $f_2(z) \neq 0$ ist, auch der *Quotient* $\dfrac{f_1(z)}{f_2(z)}$ analytische Funktionen. Die Potenzreihendarstellungen für diese Funktionen ergeben sich aus den Potenzreihen für $f_1(z)$ und $f_2(z)$ durch gliedweise Linearkombination bzw. durch gliedweises Ausmultiplizieren und Zusammenfassung gleicher Potenzen; die Division wird wie in Ziff. 14.8 auf die Multiplikation zurückgeführt, wobei sich wie dort die gesuchten Koeffizienten durch Koeffizientenvergleich ergeben.

Es sei durch $w - b = \sum\limits_{\nu=1}^{\infty} c_\nu (z - a)^\nu$ für $|z - a| < r_1$ eine analytische Funktion $w(z)$ gegeben (Abb. 76). Sie bildet für $c_1 \neq 0$ nach Ziff. 54.1 den Kreis $|z - a| < r_1$ konform auf eine Umgebung (B') des Punktes $w = b$ ab, in der der Kreis $|w - b| < r_2$ liegen möge. Ferner sei durch $f(w) = \sum\limits_{\mu=0}^{\infty} d_\mu (w - b)^\mu$ für $|w - b| < r_2$ eine analytische Funktion $f(w)$ gegeben. Durch Einsetzen wird dann $f(w(z)) = g(z)$ zu einer analytischen Funktion von z. Führt die Abbildung $w(z)$ den Bereich (B) in den Kreis $|w - b| < r_2$ über, so ist $g(z)$ in einem in (B) liegenden Kreis $|z - a| < r_3$ in eine nach Potenzen von $z - a$ fortschreitende konvergente Potenzreihe entwickelbar. Diese ergibt sich dadurch, daß man die Reihe für $w - b$ in die einzelnen Glieder $d_\mu (w - b)^\mu$ der Reihe für f einsetzt und dann nach Potenzen von $z - a$ ordnet.

Alle diese Regeln ergeben sich aus der gleichmäßigen Konvergenz der Potenzreihen und der Tatsache, daß man die Koeffizienten der Potenzreihen (= TAYLOR-Entwicklungen) aus den Ableitungen der von ihnen dargestellten Funktionen an der Stelle $z = a$ erhält. Auf dieselbe Weise kommt man auch zur *Umkehrung einer Potenzreihe*:

Es sei $w - b = \sum\limits_{\nu = 1}^{\infty} c_\nu (z - a)^\nu$ für $|z - a| < r_1$ eine analytische Funktion von z und $\left(\dfrac{dw}{dz}\right)_{z = a} = c_1 \neq 0$. Dann wird eine Umgebung von $z = a$ konform auf eine Umgebung von $w = b$ abgebildet und es ist

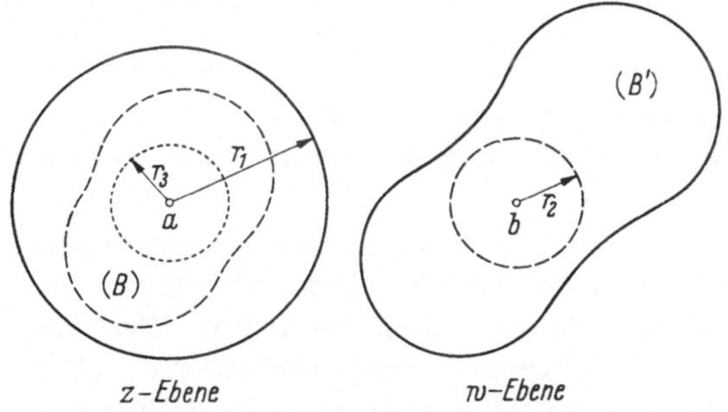

Abb. 76. Erläuterung der Bezeichnungen

$z(w)$ für einen Bereich $|w - b| < r_2$ eine analytische Funktion von w, also durch eine konvergente Potenzreihe $z - a = \sum\limits_{r = 1}^{\infty} d_\mu (w - b)^\mu$ darstellbar. Die Koeffizienten d_μ ergeben sich durch Einsetzen der Reihe für $z - a$ in die Glieder $c_\nu (z - a)^\nu$ der Reihe für $w - b$, Ordnen der Glieder nach Potenzen von $w - b$ und Koeffizientenvergleich:

$$w - b \equiv c_1 [d_1(w - b) + d_2(w - b)^2 + d_3(w - b)^3 + \cdots]$$
$$+ c_2 [d_1(w - b) + d_2(w - b)^2 + d_3(w - b)^3 + \cdots]^2 + \cdots$$
$$\equiv c_1 d_1(w - b) + (c_1 d_2 + c_2 d_1^2) (w - b)^2$$
$$+ (c_1 d_3 + 2 c_2 d_1 d_2 + c_3 d_1^3) (w - b)^3 + \cdots$$

Der Koeffizientenvergleich liefert

$$1 = c_1 d_1 > d_1 = \frac{1}{c_1},$$
$$0 = c_1 d_2 + c_2 d_1^2 > d_2 = -\frac{c_2}{c_1} d_1^2,$$
$$0 = c_1 d_3 + 2 c_2 d_1 d_2 + c_3 d_1^3 > d_3 = -\frac{1}{c_1} (2 c_2 d_1 d_2 + c_3 d_1^3),$$

usw.

60.4 Analytische Fortsetzung aus dem Reellen ins Komplexe

Auf Grund der TAYLOR-Entwicklung (60.3) ist eine analytische Funktion $f(z)$ im ganzen Kreis $|z - a| < r$ bestimmt durch die Funktionswerte in einer beliebig kleinen Umgebung von a; denn durch diese Funktionswerte ist $f(a)$ samt seinen Ableitungen $f'(a)$ usw. bestimmt und dadurch die TAYLOR-Entwicklung festgelegt. Man sieht hieraus von neuem, wie einschneidend die Forderung ist, daß eine Funktion analytisch sei, d. h. eine stetige Ableitung im Komplexen besitze.

Satz (60.6) ermöglicht die *analytische Fortsetzung* einer im Reellen durch eine konvergente Potenzreihe gegebenen Funktion ins Komplexe in folgendem Sinn:

Wenn im Reellen $\sum\limits_{\nu=0}^{\infty} c_\nu (x-a)^\nu$ für $|x-a| < r$ konvergiert, dann

konvergiert $\sum\limits_{\nu=0}^{\infty} c_\nu (z-a)^\nu$ für $|z-a| < r$ auch im Komplexen und (60.8)

stellt eine analytische Funktion $f(z)$ dar. Wenn $|x-a| < r$ das größte Konvergenzintervall im Reellen ist, dann ist r der Konvergenzradius der Reihe im Komplexen.

Auf diese Weise lassen sich die in den Gln. (15.9) bis (15.11) angegebenen Reihen für e^x, $\sinh x$, $\cosh x$, $\sin x$, $\cos x$, $\ln(1+x)$, $\arctan x$ und $(1+x)^k$ ins Komplexe analytisch fortsetzen. Bei den mehrdeutigen Funktionen $\ln(1+z)$, $\arctan z$ und gegebenenfalls $(1+z)^k$ liefern die Reihen jene Werte, die für $z = 0$ in $\ln 1 = 0$, $\arctan 0 = 0$ und $1^k = 1$ übergehen.

60.5 Satz von Liouville und Fundamentalsatz der Algebra

Aus der Abschätzung (60.4) folgt der *Satz von* LIOUVILLE:

Eine für alle endlichen z analytische und beschränkte Funktion $f(z)$ ist eine Konstante. (60.9)

Es muß dann nämlich eine für die ganze Ebene konvergente TAYLOR-Entwicklung gelten, und aus $|f(z)| < M$ und $|c_\nu| < \dfrac{M}{r^\nu}$ [vgl. Gl. (60.4)] folgt mit $r \to \infty$ die Behauptung $c_1 = c_2 = \cdots = 0$. Das der Funktion $f(z)$ in $z = \infty$ zugeschriebene Verhalten ist hierbei ohne Bedeutung.

Wir sind jetzt imstande, den bereits vielfach benützten *Fundamentalsatz der Algebra* (17.18) zu beweisen. Er sagt aus, daß jede algebraische Gleichung

$$P_n(z) \equiv a_n z^n + a_{n-1} z^{n-1} + \cdots + a_1 z + a_0 = 0 \text{ mit } n \geq 1 \text{ und } a_n \neq 0$$

mindestens eine Lösung z_1 besitzt.

Wäre nämlich $P_n(z) \neq 0$ für alle endlichen z, dann wäre

$$f(z) = \frac{1}{P_n(z)} = \frac{1}{z^n} \cdot \frac{1}{a_n + \dfrac{a_{n-1}}{z} + \cdots + \dfrac{a_0}{z^n}}$$

eine in der ganzen Ebene analytische Funktion. Sie wäre außerdem beschränkt; denn wegen $\lim\limits_{z \to \infty} f(z) = 0$ wäre $|f(z)| < \varepsilon$ (ε beliebig kleine positive Zahl) im Außenbereich $|z| > R(\varepsilon)$ eines hinreichend großen Kreises und für $|z| \leq R$ müßte wegen der Stetigkeit der Funktion $f(z)$ eine positive Zahl $M > |f(z)|$ existieren. Nach dem Satz von LIOUVILLE wäre also $f(z) = \text{const} = \dfrac{1}{a_0}$, im Widerspruch zu $n \geq 1$ und $a_n \neq 0$.

60.6 Laurent-Entwicklungen einer analytischen Funktion

Nach der Definition (55.3) des Punktes $z = \infty$ wird bei der Abbildung $z = \dfrac{1}{t}$ dem Punkt $t = 0$ der Punkt $z = \infty$ zugeordnet. Ist also $g(t)$ eine in einer Umgebung $|t| < r$ des Nullpunktes analytische Funktion, dann ordnen wir der Funktion

$$f(z) = f\left(\frac{1}{t}\right) = g(t) \tag{60.10}$$

im Punkt $z = \infty$ den Wert der Funktion $g(t)$ für $t = 0$ zu, also $f(\infty) = g(0)$. Wie wir unter der *Umgebung eines eigentlichen Punktes a* das Innere eines — hinreichend kleinen — Kreises $|z - a| < r$ verstehen, so verstehen wir unter einer *Umgebung des Punktes ∞* das Äußere $|z| > R$ eines hinreichend großen Kreises.

Aus der in der Umgebung $|t| < r$ des Nullpunktes analytischen Funktion

$$g(t) = \sum_{\nu=0}^{\infty} c_\nu\, t^\nu = c_0 + c_1 t + c_2\, t^2 + \cdots \tag{60.11}$$

ergibt sich nach Gl. (60.10) eine Funktion $f(z)$. Sie ist in der Umgebung $|z| > R = \dfrac{1}{r}$ des Punktes ∞, also im Äußeren eines Kreises, analytisch und dort durch die Potenzreihe mit fallenden Exponenten

$$f(z) = \sum_{\nu=0}^{\infty} c_\nu\, z^{-\nu} = c_0 + \frac{c_1}{z} + \frac{c_2}{z^2} + \cdots \tag{60.12}$$

darstellbar. Ist r der Konvergenzradius der Reihe (60.11), so ist $R = \dfrac{1}{r}$ der Konvergenzradius der Reihe (60.12).

Durch Addition einer Potenzreihe mit steigenden Exponenten und einer Potenzreihe mit fallenden Exponenten

$$f_1(z) = \sum_{\nu=0}^{\infty} c_\nu\, (z - a)^\nu \quad (\text{konvergent für } |z - a| < r_1),$$

$$f_2(z) = \sum_{\nu=-1}^{-\infty} c_\nu\, (z - a)^\nu \quad (\text{konvergent für } |z - a| > r_2)$$

ergibt sich

$$f(z) = f_1(z) + f_2(z) = \sum_{\nu=-\infty}^{+\infty} c_\nu \, (z-a)^\nu, \qquad (60.13)$$

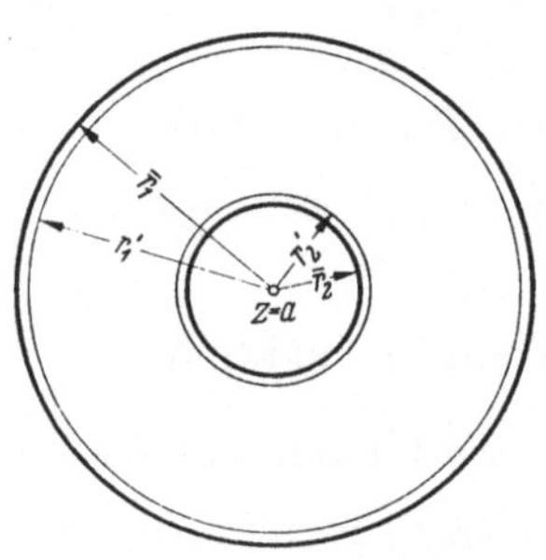

Abb. 77. Erläuterung
zur LAURENT-Entwicklung

also eine Reihe mit steigenden und fallenden Exponenten. Sie konvergiert, $r_1 > r_2$ vorausgesetzt, in dem Kreisring $r_2 < |z-a| < r_1$ und stellt dort die analytische Funktion $f(z) = f_1(z) + f_2(z)$ dar. Umgekehrt gilt:

Es sei $f(z)$ innerhalb eines Kreisrings $\overline{r_2} < |z-a| < \overline{r_1}$ analytisch (Abb. 77). In jedem innerhalb dieses Kreisrings liegenden konzentrischen Kreisring $\overline{r_2} < r_2' \leqq |z-a| \leqq r_1' < \overline{r_1}$ ist $f(z)$ in eine gleichmäßig und absolut konvergente Potenzreihe mit steigenden und fallenden Exponenten (LAURENT-*Reihe*)

$$f(z) = \sum_{\nu=-\infty}^{\infty} c_\nu \, (z-a)^\nu \quad \text{mit} \quad c_\nu = \frac{1}{2\pi i} \oint_k \frac{f(\zeta)\,d\zeta}{(\zeta-a)^{\nu+1}} \qquad (60.14)$$

entwickelbar. Die Integrale können hierbei über irgendeinen in $\overline{r_2} < |z-a| < \overline{r_1}$ verlaufenden, den Punkt $z=a$ einfach umschließenden Integrationsweg k erstreckt werden. Die Abschätzung (60.4) gilt auch für die c_ν einer LAURENT-Reihe.

Der Konvergenzbereich der LAURENT-Reihe (60.14) ist der Kreisring $r_2 < |z-a| < r_1$, der sich nach außen und innen bis an einen singulären Punkt der durch die LAURENT-Reihe dargestellten Funktion $f(z)$ erstreckt. Die TAYLOR-Reihen (60.3), bei denen der Konvergenzbereich das volle Innere eines Kreises ist, und die Reihen (60.12), bei denen der Konvergenzbereich das Äußere eines Kreises ist, sind Spezialfälle von LAURENT-Reihen. Wenn $f(z)$ zwar in der Umgebung von $z=a$, nicht aber für $z=a$ selbst analytisch ist, entartet der Konvergenz-Kreisring der LAURENT-Reihe mit $\overline{r_2}=0$ in eine gelochte Kreisscheibe, nämlich in das Innere eines Kreises mit Ausschluß des Mittelpunkts. Wenn $f(z)$ zwar in der Umgebung des Punktes ∞, nicht aber für $z=\infty$ selbst analytisch ist, entartet der Konvergenz-Kreisring mit $\overline{r_1}=\infty$ in das im Punkt ∞ gelochte Äußere eines Kreises (vgl. Ziff. 60.7 und § 61).

Die Herleitung der LAURENT-Reihe (60.14) verläuft ähnlich wie die Herleitung der TAYLOR-Reihe:

Wir denken uns wie in Abb. 77 den Kreisring $r_2 \leqq |z-a| \leqq r_1$ mit $\overline{r_2} < r_2 < r_2'$ und $\overline{r_1} > r_1 > r_1'$ durch einen Schnitt in einen einfachen zusammenhängenden Bereich verwandelt und erhalten aus der CAUCHY-schen Integralformel (59.4)

$$f(z) = \frac{1}{2\pi i} \oint_{|\zeta-a|=r_1} \frac{f(\zeta)}{\zeta-z}\,d\zeta + \frac{1}{2\pi i} \oint_{|\zeta-a|=r_2} \frac{f(\zeta)\,d\zeta}{\zeta-z}. \qquad (60.15)$$

Für den Integranden des ersten Integrals erhalten wir wie bei der TAYLOR-Entwicklung

$$\frac{f(\zeta)}{\zeta - z} = f(\zeta) \cdot \sum_{v=0}^{\infty} \frac{(z-a)^v}{(\zeta-a)^{v+1}} \quad \text{für} \quad |z-a| \leqq r_1' < r_1,$$

für den Integranden des zweiten Integrals ergibt sich in analoger Weise

$$\frac{f(\zeta)}{\zeta - z} = -f(\zeta) \cdot \sum_{v=0}^{\infty} \frac{(\zeta-a)^v}{(z-a)^{v+1}} \quad \text{für} \quad |z-a| \geqq r_2' > r_2.$$

Die gliedweise Integration dieser gleichmäßig konvergenten Reihen liefert dann die LAURENT-Entwicklung (60.14); das erste Integral in Gl. (60.15) ist entgegen, das zweite im Uhrzeigersinn zu erstrecken.

60.7 Beispiele

Wir erläutern die TAYLOR- und LAURENT-Entwicklungen am Beispiel (Abb. 78)

$$f(z) = \frac{1}{z^2 - 3z + 2} = \frac{1}{z-2} - \frac{1}{z-1}.$$

$f(z)$ ist analytisch mit Ausnahme der Punkte $z = 1$ und $z = 2$. Um den regulären Punkt $z = 0$ gibt es drei Entwicklungen nach Potenzen von z:

a) TAYLOR-Entwicklung im Kreis $|z| < 1$:

$$f(z) = \frac{1}{1-z} - \frac{1}{2} \frac{1}{1-\frac{z}{2}} = \begin{cases} 1 + z + z^2 + \cdots \\ -\frac{1}{2}\left(1 + \frac{z}{2} + \frac{z^2}{4} + \cdots\right) \end{cases}$$

$$= \frac{1}{2} + \frac{3}{4}z + \frac{7}{8}z^2 + \cdots$$

Die erste geometrische Reihe konvergiert für $|z| < 1$, die zweite für $|z| < 2$.

b) LAURENT-Entwicklung im Kreisring $1 < |z| < 2$:

$$f(z) = -\frac{1}{z} \cdot \frac{1}{1-\frac{1}{z}} - \frac{1}{2} \cdot \frac{1}{1-\frac{z}{2}} = \begin{cases} -\frac{1}{z}\left(1 + \frac{1}{z} + \frac{1}{z^2} + \cdots\right) \\ -\frac{1}{2}\left(1 + \frac{z}{2} + \frac{z^2}{4} + \cdots\right) \end{cases}$$

$$= \cdots - \frac{1}{z^3} - \frac{1}{z^2} - \frac{1}{z} - \frac{1}{2} - \frac{z}{4} - \frac{z^2}{8} - \cdots.$$

Die erste geometrische Reihe konvergiert für $|z| > 1$, die zweite für $|z| < 2$.

c) LAURENT-Entwicklung im Kreisäußeren $|z| > 2$:

$$f(z) = -\frac{1}{z} \cdot \frac{1}{1 - \dfrac{1}{z}} + \frac{1}{z} \cdot \frac{1}{1 - \dfrac{2}{z}} = \begin{cases} -\dfrac{1}{z} - \dfrac{1}{z^2} - \dfrac{1}{z^3} + - \cdots \\[2mm] +\dfrac{1}{z} \cdot \left(1 + \dfrac{2}{z} + \dfrac{4}{z^2} + \cdots\right) \end{cases}$$

$$= \frac{1}{z^2} + \frac{3}{z^3} + \cdots.$$

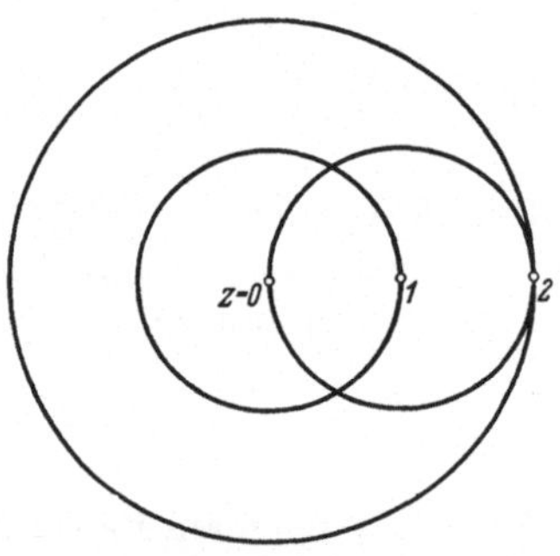

Abb. 78. Potenzentwicklungen für
$$f(z) = \frac{1}{z^2 - 3z + 2}$$

Die erste geometrische Reihe konvergiert für $|z| > 1$, die zweite für $|z| > 2$.

Um den singulären Punkt $z = 1$ gibt es zwei Entwicklungen nach Potenzen von $z - 1$, nämlich eine in der gelochten Kreisscheibe $0 < |z - 1| < 1$ konvergente LAURENT-Entwicklung und eine im Kreisäußeren $|z - 1| > 1$ konvergente LAURENT-Entwicklung. Wir begnügen uns damit, die erste Entwicklung anzugeben:

$$f(z) = -\frac{1}{z - 1} - \frac{1}{1 - (z - 1)} = -\frac{1}{z - 1} - 1 - (z - 1) - (z - 1)^2 - \cdots.$$

60.8 Transformation einer Laurent-Reihe in eine Fourier-Reihe

Die konforme Abbildung $z = e^{iw}$, $iw = \ln z$ (vgl. Ziff. 56.3) führt den auf der negativen reellen Achse geschlitzten Kreisring $r_1 \leqq |z| \leqq r_2$

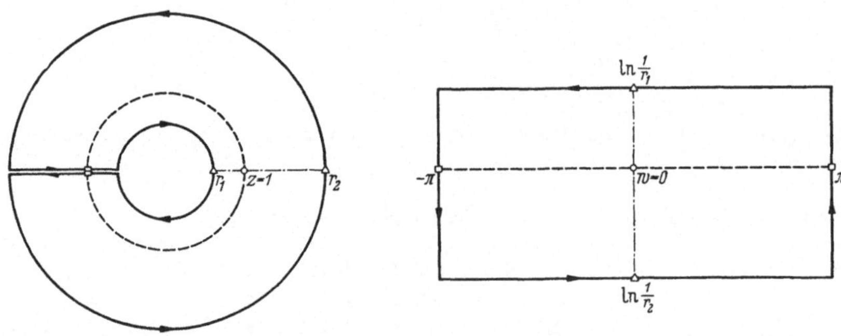

Abb. 79. Abbildung $z = e^{iw}$

mit $0 < r_1 < 1 < r_2$ in ein Rechteck der w-Ebene über (Abb. 79). Bei mehrfachem Durchlaufen des Kreisrings wiederholt sich die Abbildung periodisch, wobei das Rechteck um $n \cdot 2\pi$ $(n = 1, 2, \ldots)$ nach rechts bzw. links verschoben wird.

Die analytische Funktion $f(z)$ sei in dem Kreisring $r_1 \leq |z| \leq r_2$ durch die LAURENT-Entwicklung

$$f(z) = \sum_{\nu=-\infty}^{+\infty} c_\nu z^\nu$$

darstellbar. Durch die konforme Abbildung $z = e^{iw}$ wird diese LAURENT-Entwicklung in die FOURIER-Entwicklung

$$g(w) = f(e^{iw}) = \sum_{\nu=-\infty}^{+\infty} c_\nu e^{i\nu w} \tag{60.16}$$

mit der Periode 2π transformiert. Dabei ergibt sich aus Gl. (60.14), wenn wir als Integrationsweg für die Integrale den im Innern des Kreisrings verlaufenden Einheitskreis $|\zeta| = 1$, $\zeta = e^{i\varphi}$ wählen:

$$c_\nu = \frac{1}{2\pi i} \oint \frac{f(\zeta)\, d\zeta}{\zeta^{\nu+1}} = \frac{1}{2\pi} \int_{\varphi=-\pi}^{+\pi} g(\varphi)\, e^{-i\nu\varphi}\, d\varphi. \tag{60.17}$$

Der Einheitskreis $z = e^{i\varphi}$ der z-Ebene wird bei der konformen Abbildung $z = e^{iw} = e^{(-v+iu)}$ mit $\varphi = u$ auf die reelle Achse der w-Ebene abgebildet. Wenn wir dann in den Gln. (60.16) und (60.17) $w = u = \varphi$ setzen, stellt Gl. (60.16) die FOURIER-Entwicklung der analytischen Funktion $g(u)$ im Reellen dar und Gl. (60.17) wird identisch mit Gl. (50.12) für die FOURIER-Koeffizienten.

In § 50 wurden FOURIER-Reihen nicht nur wie hier für analytische Funktionen behandelt, sondern für wesentlich allgemeinere Funktionenklassen.

§ 61. Singuläre Stellen

61.1 Nullstellen einer analytischen Funktion

Ist $f(a) = 0$ und $f(z)$ in a und einer Umgebung von a analytisch, so existiert eine TAYLOR-Entwicklung mit verschwindendem konstanten Glied, also

$$f(z) = c_m(z-a)^m + c_{m+1}(z-a)^{m+1} + \cdots, \quad m > 0.$$

Wenn $f(z)$ nicht identisch Null ist, gibt es ein erstes nicht verschwindendes Glied $c_m(z-a)^m$; $z = a$ heißt dann eine *Nullstelle m-ter Ordnung*. Da in

$$f(z) = c_m(z-a)^m \cdot \left[1 + \frac{c_{m+1}}{c_m}(z-a) + \cdots\right]$$

die Potenzreihe in der eckigen Klammer eine für $z = a$ analytische und daher stetige Funktion ist, verschwindet sie in einer hinreichend kleinen Umgebung von $z = a$ nicht. In dieser Umgebung liegt dann keine weitere Nullstelle von $f(z)$. Also:

In einem Bereich (B), in dem $f(z)$ analytisch ist und nicht identisch verschwindet, sind die Nullstellen von $f(z)$ isoliert. $\tag{61.1}$

Ein regulärer Punkt einer nicht identisch verschwindenden analytischen Funktion kann also nicht Häufungspunkt von Nullstellen sein. Wohl aber können Nullstellen einen singulären Punkt als Häufungsstelle haben (vgl. Ziff. 61.2).

Aus dem Vorangehenden folgt: Wenn zwei in $|z-a| < r$ analytische Funktionen $f_1(z)$ und $f_2(z)$ auf einer Punktfolge mit a als Häufungspunkt dieselben Werte annehmen, sind sie in dem ganzen Bereich identisch; denn $f_1(z) - f_2(z)$ hat die Punkte der genannten Punktfolge als Nullstellen. Man kann hiernach die im ersten Absatz von Ziff. 60.4 getroffene Feststellung verschärfen: Eine in $|z-a| < r$ analytische Funktion $f(z)$ ist in diesem Bereich durch ihre Werte auf einer Punktfolge mit a als Häufungspunkt bereits vollständig bestimmt.

61.2 Isolierte singuläre Stellen einer analytischen Funktion

Wenn $f(z)$ in einer Umgebung von $z = a$, aber mit Ausschluß des Punktes $z = a$ selbst, regulär analytisch ist, dann ist a eine isolierte singuläre Stelle und es existiert nach Ziff. 60.6 eine LAURENT-Entwicklung, die in dem zu einer gelochten Kreisscheibe entarteten Kreisring $0 < |z-a| < r$ konvergiert. Wir bezeichnen den Teil der LAURENT-Reihe, der die Glieder mit negativen Exponenten umfaßt, $\sum\limits_{\nu=-1}^{-\infty} c_\nu (z-a)^\nu$, als *Hauptteil*. Es gibt hierbei drei Möglichkeiten:

(a) Der Hauptteil verschwindet, d. h. die LAURENT-Reihe spezialisiert sich zur TAYLOR-Reihe.

(b) Der Hauptteil besteht nur aus endlich vielen Gliedern, es ist also

$$f(z) = \frac{c_{-m}}{(z-a)^m} + \cdots + \frac{c_{-1}}{z-a} + \text{TAYLOR-Reihe}. \qquad (61.2)$$

(c) Der Hauptteil enthält unendlich viele Glieder.

Im Fall (a) nennt man a eine *behebbare singuläre Stelle*, im Fall (b) einen *Pol m-ter Ordnung* und im Fall (c) eine *wesentlich singuläre Stelle*. Statt der Bezeichnung *Pol* wird auch die Bezeichnung *außerwesentlich singuläre Stelle* verwendet.

Ist $z = a$ eine *behebbare singuläre Stelle*, dann ist $|f(z)|$ wegen der Stetigkeit der TAYLOR-Reihe in der Umgebung von $z = a$ beschränkt. Umgekehrt, d. h. wenn $|f(z)|$ in der Umgebung von $z = a$ beschränkt ist, handelt es sich um eine behebbare Singularität; denn dann folgt aus der Abschätzung (60.4) für alle Glieder des Hauptteils der LAURENT-Reihe $|c_{-\mu}| < M r^\mu$, wobei r beliebig klein genommen werden darf, also $c_{-\mu} = 0$ ($\mu = 1, 2, \ldots$). Die LAURENT-Reihe spezialisiert sich infolgedessen zu einer TAYLOR-Reihe. Die Stelle $z = a$ ist nur deshalb singulär, weil der Funktion $f(z)$ im Punkt a ein von c_0 verschiedener Wert zugewiesen ist.

Wenn man statt dieses Wertes den Funktionswert $f(a) = c_0$ vorschreibt, wird die Stelle $z = a$ regulär, die Singularität also behoben.

Ist $z = a$ ein *Pol m-ter Ordnung*, dann ist nach Gl. (61.2)

$$f(z) = \frac{1}{(z-a)^m} \cdot \{c_{-m} + c_{-m+1}(z-a) + \cdots\} \quad \text{mit} \quad c_{-m} \neq 0.$$

Die reziproke Funktion

$$\varphi(z) = \frac{1}{f(z)} = \frac{(z-a)^m}{c_{-m} + c_{-m+1}(z-a) + \cdots}$$
$$= \frac{(z-a)^m}{c_{-m}} \cdot \{1 + b_1(z-a) + \cdots\}$$

ist in $z = a$ und einer Umgebung von $z = a$ analytisch und hat in a eine Nullstelle m-ter Ordnung. Für $z \to a$ geht $\varphi(z) \to 0$, also $|f(z)| \to \infty$. Man kann einem Pol a daher den Funktionswert $f(a) = \infty$ zuordnen.

Ist $z = a$ eine *wesentlich singuläre Stelle*, dann gilt der *Satz von* Casorati *und* Weierstrasz:

In jeder noch so kleinen Umgebung einer wesentlich singulären Stelle $z = a$ kommen die Funktionswerte $f(z)$ jedem Wert — einschließlich ∞ — (61.3) *beliebig nahe. $f(z)$ hat also für $z \to a$ keinen Grenzwert.*

Beweis. Wäre $f(z)$ in einer Umgebung von $z = a$ beschränkt, käme also dem Wert ∞ nicht „beliebig nahe", dann wäre $z = a$ eine behebbare singuläre Stelle. Käme $f(z)$ irgendeinem anderen Wert c nicht beliebig nahe, dann wäre $g(z) = \dfrac{1}{f(z) - c}$ beschränkt, also in eine Taylor-Reihe

$$g(z) = \sum_{v=m}^{\infty} b_v(z-a)^v \quad \text{mit} \quad m \geqq 0 \quad \text{entwickelbar. Daraus würde dann}$$

$$f(z) = c + \frac{1}{g(z)} = c + \frac{1}{b_m(z-a)^m + b_{m+1}(z-a)^{m+1} + \cdots}$$
$$= c + \frac{1}{b_m} \cdot (z-a)^{-m} + \cdots$$

folgen, $f(z)$ hätte also entgegen der Voraussetzung in $z = a$ eine behebbare singuläre Stelle oder einen Pol m-ter Ordnung.

Beispiele:

$$f(z) = \frac{1}{z^2 - 3z + 2} = -\frac{1}{z-1} + \frac{1}{z-2} = -\frac{1}{z-1} - 1 - (z-1)$$
$$- (z-1)^2 - \cdots \hspace{4cm} \text{(vgl. Ziff. 60.7)}$$

hat in $z = 1$ (— und ebenso in $z = 2$ —) einen Pol erster Ordnung.

$$f(z) = \frac{1}{\sin z} = \frac{1}{z\left(1 - \frac{z^2}{3!} + \frac{z^4}{5!} - + \cdots\right)} = \frac{1}{z} \cdot \left(1 + \frac{z^2}{3!} + \cdots\right)$$

hat in $z = 0$ und wegen

$$\sin (z \pm n\,\pi) = \begin{cases} - \sin z \ \text{für ungerade } n \\ + \sin z \ \text{für gerade } n \end{cases}$$

an allen Stellen $z = \pm\, n\,\pi$ $(n = 0, 1, 2, \ldots)$ einen Pol erster Ordnung.

$$f(z) = e^{1/z} = 1 + z^{-1} + \frac{1}{2!}\,z^{-2} + \cdots$$

hat bei $z = 0$ eine wesentlich singuläre Stelle. Den Satz (61.3) kann man hier leicht verifizieren: Für reelle Werte $z = x$ ergibt sich $e^{1/x} \to 0$ bzw. $e^{1/x} \to \infty$ für $x \to 0$ von links bzw. rechts (Abb. 80). $e^{1/z}$ kommt also den Werten ∞ und 0 in jeder Umgebung von $z = 0$ beliebig nahe.

Jeden anderen Wert c nimmt $e^{\frac{1}{z}}$ in den Punkten

$$z = \frac{1}{\ln c} = \frac{1}{\ln |c| + i \arc c \pm n \cdot 2\,\pi\,i}$$

an und diese Punkte konvergieren mit $n \to \infty$ gegen $z = 0$.

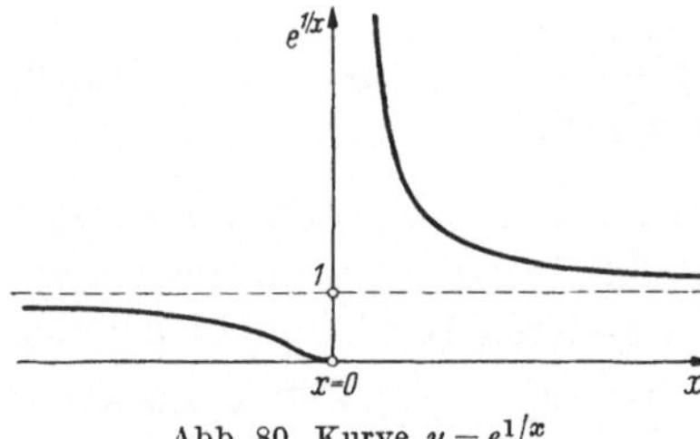

Abb. 80. Kurve $y = e^{1/x}$

Nach Satz (61.1) kann ein regulärer Punkt einer nicht konstanten analytischen Funktion $f(z)$ nicht Häufungspunkt von Nullstellen sein. Auch gegen einen Pol a können sich wegen $|f(z)| \to \infty$ für $z \to a$ Nullstellen nicht häufen, wohl aber gegen eine wesentlich singuläre Stelle. Das letzte der eben erörterten Beispiele zeigt, daß die Nullstellen der Funktion $g(z) = e^{1/z} - c$ die wesentlich singuläre Stelle $z = 0$ als Häufungspunkt haben.

In allen vorangehenden Betrachtungen über die Entwicklung einer analytischen Funktion $f(z)$ nach Potenzen in der Umgebung einer Stelle $z = a$ war angenommen worden, daß $f(z)$ in dieser Umgebung eindeutig ist. Sie gelten nicht für die Umgebung von Verzweigungspunkten (vgl. Ziff. 56.3), weil dort $f(z)$ mehrdeutig ist. Verzweigungspunkte sind singuläre Stellen anderer Art als die hier betrachteten. Für ihre Umgebung gibt es natürlich keine LAURENT-Entwicklung.

61.3 Verhalten einer analytischen Funktion im Punkt ∞

Das Verhalten einer Funktion $f(z)$ im Punkt $z = \infty$ wird durch das Verhalten der Funktion $f\!\left(\dfrac{1}{t}\right) = g(t)$ im Punkt $t = 0$ erklärt (vgl. Ziff. 60.6). Daraus folgt:

(a) Der Punkt ∞ ist eine *reguläre* bzw. *behebbar singuläre Stelle*, wenn $|f(z)|$ im Äußeren eines hinreichend großen Kreises beschränkt ist. Die

LAURENT-Entwicklung enthält dann keine Glieder mit positivem Exponenten, lautet also

$$f(z) = c_0 + \frac{c_{-1}}{z} + \frac{c_{-2}}{z^2} + \cdots.$$

(b) Der Punkt ∞ ist Pol, wenn $|f(z)| \to \infty$ für beliebige $z \to \infty$. Die LAURENT-Entwicklung enthält dann nur endlich viele Glieder mit positivem Exponenten, lautet also

$$f(z) = c_m z^m + \cdots + c_1 z + c_0 + \frac{c_{-1}}{z} + \frac{c_{-2}}{z^2} + \cdots \quad (\textit{Pol m-ter Ordnung}).$$

(c) Der Punkt ∞ ist eine *wesentlich singuläre Stelle*, wenn $f(z)$ für $z \to \infty$ weder einen eigentlichen noch den Grenzwert ∞ hat. Die LAURENT-Entwicklung hat dann unendlich viele Glieder mit positivem Exponenten, lautet also

$$f(z) = \sum_{\nu=0}^{\infty} c_\nu z^\nu + \frac{c_{-1}}{z} + \frac{c_{-2}}{z^2} + \cdots$$

Beispiele:

$$f(z) = \frac{1+z}{1-z} \text{ ist in } z = \infty \text{ regulär und hat dort den Wert } f(\infty) = -1.$$

Die Potenzentwicklung in der Umgebung von $z = \infty$ lautet

$$f(z) = -1 + \frac{2}{1-z} = -1 - \frac{2}{z} \cdot \frac{1}{1 - \frac{1}{z}} = -1 - 2\left(\frac{1}{z} + \frac{1}{z^2} + \cdots\right).$$

Sie konvergiert für $|z| > 1$.

$$f(z) = z + \frac{1}{z} \text{ hat Pole erster Ordnung in } z = 0 \text{ und } z = \infty.$$

$$f(z) = e^z = 1 + z + \frac{z^2}{2!} + \cdots$$

hat in $z = \infty$ eine wesentlich singuläre Stelle. Dasselbe gilt natürlich für die Kreis- und Hyperbelfunktionen. Man macht sich an der konformen Abbildung $w = e^z$ (vgl. Abb. 59 für die inverse Funktion $z = e^w$) klar, daß die Funktion e^z für $z = \infty$ den Satz (61.3) erfüllt.

Wenn $f(z)$ in der ganzen Ebene einschließlich des Punktes ∞ analytisch ist, muß $f(z) = \text{const}$ sein; denn dann ist $f(z)$ in der ganzen Ebene beschränkt, nach Satz (60.9) also eine Konstante.

Wenn $f(z)$ in der ganzen Ebene ausschließlich des Punktes ∞ analytisch ist, heißt $f(z)$ eine *ganze Funktion* und zwar eine ganze *rationale* oder *transzendente* Funktion, je nachdem der Punkt ∞ ein Pol oder eine wesentlich singuläre Stelle ist. Die TAYLOR-Entwicklung $\sum_{\nu=0}^{\infty} c_\nu z^\nu$ konvergiert für alle $z \neq \infty$.

Die ganzen rationalen Funktionen sind die Polynome

$$f(z) = c_0 + c_1 z + \cdots + c_m z^m.$$

Die ganzen transzendenten Funktionen lassen sich durch eine in der ganzen Ebene mit Ausnahme von $z = \infty$ konvergente unendlich Potenzreihe

$$f(z) = \sum_{\nu=0}^{\infty} c_\nu\, z^\nu$$

darstellen. Die Funktionen e^z, $\sin z$, $\cos z$ sind Beispiele ganzer transzendenter Funktionen.

Die *gebrochenen rationalen Funktionen*

$$f(z) = \frac{a_0 + a_1 z + \cdots + a_m z^m}{b_0 + b_1 z + \cdots + b_n z^n}\,, \quad (a_m \neq 0,\; b_n \neq 0)$$

wobei Zähler und Nenner keine gemeinsame Nullstelle haben sollen, haben die Nullstellen des Nenners als Pole, wie die Partialbruchzerlegung zeigt. Der Punkt ∞ ist regulär für $m \leqq n$ (Nullstelle für $m < n$) und Pol für $m > n$.

Funktionen, die im Endlichen nur Pole haben, heißen *meromorphe Funktionen*. Dazu gehören die gebrochen rationalen Funktionen, aber auch Funktionen, welche im Endlichen unendlich viele Pole haben, wie z. B. $f(z) = \dfrac{1}{\sin z}$ oder $f(z) = \cot z$ mit den Polen $z = \pm\, n \cdot \pi$ ($n = 0, 1, 2, \ldots$). Der Punkt ∞ ist dann Häufungsstelle von Polen, also eine *nicht isolierte singuläre Stelle*. Im Endlichen können die Pole einer meromorphen Funktion keinen Häufungspunkt haben; denn ein solcher Häufungspunkt wäre weder eine reguläre Stelle noch eine isolierte singuläre Stelle.

Das letzte Beispiel zeigt, daß es neben den hier erörterten isolierten auch nicht isolierte singuläre Stellen gibt. Solche nicht isolierten singulären Stellen können auch im Endlichen liegen. So hat z. B. $f(z) = \cot\left(\dfrac{1}{z}\right)$ den Nullpunkt als nicht isolierte singuläre Stelle ($=$ Häufungsstelle der Pole $z = \dfrac{1}{\pm\, n\, \pi}$). Es gibt natürlich keine LAURENT-Entwicklung um eine nicht isolierte singuläre Stelle a, die für eine in a gelochte Umgebung von a konvergieren würde.

§ 62. Residuensatz. Auswertung uneigentlicher Integrale im Komplexen

62.1 Residuensatz

Ist a eine isolierte singuläre Stelle im Endlichen, so ergibt sich aus der LAURENT-Entwicklung $f(z) = \sum_{\nu=-\infty}^{\infty} c_\nu\, (z - a)^\nu$ für jeden Integrationsweg k, der die singuläre Stelle im Konvergenzbereich der LAURENT-Reihe entgegen dem Uhrzeigersinn umkreist,

$$r = \frac{1}{2\pi i} \oint_k f(z)\, dz = c_{-1}. \tag{62.1}$$

Man nennt $r = \mathrm{Res}_f(a)$ das *Residuum von $f(z)$ an der Stelle a*. Für reguläre Stellen a ist stets $r = 0$, für singuläre Stellen ist $r \gtreqless 0$.

Ist der Punkt ∞ eine isolierte singuläre Stelle, so soll

$$r = R_f(\infty) = \frac{1}{2\pi i} \oint_k f(z)\, dz = -\, c_{-1} \qquad (62.2)$$

als *Residuum von $f(z)$ an der Stelle ∞* bezeichnet werden, wobei der Integrationsweg im Uhrzeigersinn durchlaufen wird. Dabei ist c_{-1} Koeffizient einer in der Umgebung des Punktes ∞ konvergenten LAURENT-Entwicklung $\sum\limits_{-\infty}^{+\infty} c_\nu (z - a)^\nu$ um einen von ∞ verschiedenen Punkt a. Offenbar kann das so definierte Residuum $R_f(\infty)$ ungleich Null sein, sowohl wenn ∞ eine reguläre als auch wenn ∞ eine singuläre Stelle ist.

$f(z)$ sei nun analytisch auf einer und innerhalb einer ganz im Endlichen liegenden geschlossenen Kurve k mit Ausnahme von endlich vielen, innerhalb von k liegenden singulären Stellen $a_1, \ldots, a_n$ mit den Residuen $r_1, \ldots, r_n$. Wir schneiden aus dem von k berandeten Bereich kleine Kreise $k_1, \ldots, k_n$ um die singulären Stellen aus und legen wie in Abb. 72 Schnitte von diesen Kreisen zur Randkurve k. Auf diesen nunmehr einfach zusammenhängenden Bereich, der von $k, k_1, \ldots, k_n$ und den doppelt durchlaufenen Schnitten begrenzt ist, wenden wir den CAUCHYschen Integralsatz an. Dieser liefert den *Residuensatz*:

$$\oint_k f(z)\, dz = 2\pi i\, (r_1 + \cdots + r_n). \qquad (62.3)$$

In Worten: Das Integral von $f(z)$ längs der entgegen dem Uhrzeigersinn durchlaufenen Kurve k ist gleich der Summe der Residuen für die innerhalb von k gelegenen singulären Stellen, multipliziert mit $2\pi i$.

Hat $f(z)$ in der vollen Ebene nur endlich viele singuläre Stellen, so kann man die Kurve k so legen, daß sie alle im Endlichen vorhandenen singulären Stellen umschließt. Dann ist das Integral über k in Gl. (62.3) entgegengesetzt gleich dem Residuum im Punkt ∞. Man kann dies so formulieren: *Wenn $f(z)$ in der ganzen Ebene nur endlich viele singuläre Stellen besitzt, ist die Residuensumme über sämtliche im Endlichen gelegenen singulären Stellen und den Punkt ∞ gleich Null.*

62.2 Folgerungen aus dem Residuensatz

Der Punkt $a \neq \infty$ sei eine Nullstelle oder ein Pol der analytischen Funktion $f(z)$, die Funktion $\varphi(z)$ sei in a und einer Umgebung von a analytisch.

Dann erhält man als Residuum der Funktion $\varphi(z)\dfrac{f'(z)}{f(z)}$ im Punkt a

$$\frac{1}{2\pi i}\oint_k \varphi(z)\frac{f'(z)}{f(z)}\,dz = \pm\, m\,\varphi(a), \qquad (62.4)$$

falls a eine Nullstelle (oberes Vorzeichen) bzw. ein Pol m-ter Ordnung (unteres Vorzeichen) der Funktion $f(z)$ ist. Wäre a eine reguläre Stelle, aber keine Nullstelle, hätte man $m = 0$ zu setzen. Der Integrationsweg k muß in einer hinreichend kleinen Umgebung von a verlaufen, d. h. auf und innerhalb k darf keine weitere Nullstelle und keine weitere singuläre Stelle von $f(z)$ liegen.

Mit $\varphi(z) \equiv 1$ und $\varphi(z) \equiv z$ erhält man die spezielleren Sätze

$$\frac{1}{2\pi i}\oint \frac{f'(z)}{f(z)}\,dz = \pm\, m, \qquad \frac{1}{2\pi i}\oint z\,\frac{f'(z)}{f(z)}\,dz = \pm\, m\,a. \qquad (62.5)$$

Satz (62.4) ergibt sich aus

$$f(z) = (z - a)^{\pm m} \cdot \{b_0 + b_1(z - a) + \cdots\} \quad \text{mit} \quad m \geqq 0 \quad \text{und} \quad b_0 \neq 0$$

und hierauf

$$\ln f(z) = \pm\, m \ln(z - a) + g(z) \;>\; \frac{f'(z)}{f(z)} = \pm\,\frac{m}{z - a} + g'(z)$$

[$g(z)$ ist in a und einer Umgebung von a analytisch].

Hiermit erhält man

$$\varphi(z)\frac{f'(z)}{f(z)} = \pm\,\frac{m\,\varphi(a)}{z - a} \pm \frac{m\,[\varphi(z) - \varphi(a)]}{z - a} + \varphi(z)\,g'(z)$$

$$= \pm\,\frac{m\,\varphi(a)}{z - a} + \sum_{\nu = 0}^{\infty} d_\nu\,(z - a)^\nu.$$

Sonach ist $\pm\, m\varphi(a)$ das Residuum der Funktion $\varphi(z)\dfrac{f'(z)}{f(z)}$, wie in Satz (62.4) behauptet wurde.

$f(z)$ sei analytisch auf einer und innerhalb einer ganz im Endlichen liegenden Kurve k bis auf n Pole $b_\nu(\nu = 1, 2, \ldots, n)$ der Ordnungen β_ν innerhalb k. Außerdem soll $f(z)$ auf k keine, innerhalb k jedoch $s\,(\geqq 0)$ Nullstellen $a_\mu(\mu = 1, 2, \ldots, s)$ der Ordnungen α_μ haben. Die Anwendung des Residuensatzes (62.3) auf die Funktion $\dfrac{f'(z)}{f(z)}$ bzw. $z\,\dfrac{f'(z)}{f(z)}$ liefert dann unter Berücksichtigung der Gln. (62.5) für die über k entgegen dem Uhrzeigersinn erstreckten Integrale

$$\frac{1}{2\pi i}\oint_k \frac{f'(z)}{f(z)}\,dz = \sum_{\mu = 1}^{s} \alpha_\mu - \sum_{\nu = 1}^{n} \beta_\nu, \qquad \frac{1}{2\pi i}\cdot\oint_k \frac{z\,f'(z)}{f(z)}\,dz = \sum_{\mu = 1}^{s} a_\mu\alpha_\mu - \sum_{\nu = 1}^{n} b_\nu\beta_\nu.$$

$$(62.6)$$

Das erste Integral liefert also die Anzahl der Nullstellen, vermindert um die Anzahl der Pole, wenn man die Nullstellen und die Pole jeweils ihrer Ordnung entsprechend α_μ-fach bzw. β_ν-fach zählt. Das zweite Integral gibt, in entsprechender Zählung, die „Summe" der Nullstellen, vermindert um die „Summe" der Pole, an.

62.3 Beispiel

$$f(z) = \frac{2z}{z-2} = \frac{4}{z-2} + 2 = -z \cdot \frac{1}{1-\frac{z}{2}} = -z - \frac{z^2}{2} - \frac{z^3}{4} - \cdots.$$

Nullstelle $a_1 = 0$, $\alpha_1 = 1$; Pol $b_1 = 2$, $\beta_1 = 1$, $r_1 = 4$.

Daraus folgt für jeden die Punkte $z = a_1 = 0$ und $z = b_1 = 2$ umschließenden Integrationsweg:

$$\frac{1}{2\pi i} \oint \frac{f'(z)}{f(z)}\, dz = \alpha_1 - \beta_1 = 0,$$

$$\frac{1}{2\pi i} \oint z\, \frac{f'(z)}{f(z)}\, dz = \alpha_1 a_1 - \beta_1 b_1 = -2.$$

62.4 Berechnung der Residuen von Polen

Zur praktischen Berechnung der Residuen von Polen sind folgende Regeln nützlich:

a) Ist $a \neq \infty$ ein Pol erster Ordnung, so ergibt sich aus

$$f(z) = \frac{c_{-1}}{z-a} + c_0 + c_1(z-a) + \cdots \tag{62.7}$$

sogleich die Berechnungsvorschrift

$$\operatorname{Res}_f(a) = \lim_{z \to a} [(z-a)\, f(z)]. \tag{62.8}$$

Für $f(z) = \frac{g(z)}{h(z)}$ mit $h(a) = 0$, $h'(a) \neq 0$ und $g(a) \neq 0$, also

$$f(z) = \frac{g(a) + g'(a)(z-a) + \cdots}{h'(a)(z-a) + \cdots}, \tag{62.9}$$

kommt

$$\operatorname{Res}_f(a) = \frac{g(a)}{h'(a)}. \tag{62.10}$$

b) Ist $a \neq \infty$ ein Pol n-ter Ordnung, so tritt an Stelle der Gl. (62.8) die allgemeinere Vorschrift

$$\operatorname{Res}_f(a) = \frac{1}{(n-1)!} \lim_{z \to a} \left\{ \frac{d^{n-1}}{dz^{n-1}} [(z-a)^n\, f(z)] \right\}. \tag{62.11}$$

62.5 Fundamentalsatz der Algebra

In Ziff. 60.5 leiteten wir den Fundamentalsatz der Algebra aus dem LIOUVILLEschen Satz her. Die erste der beiden Gln. (62.6) liefert ebenfalls einen Beweis für den Fundamentalsatz der Algebra:

Das Polynom $P_n(z) = a_n\, z^n + \cdots + a_1\, z + a_0$ $(n \geqq 1,\ a_n \neq 0)$ ist im Endlichen eine analytische Funktion und hat im Punkt ∞ einen Pol. Außerhalb eines hinreichend großen Kreises k um den Nullpunkt und auf k ist daher $|P_n(z)|$ positiv. Alle etwa vorhandenen Nullstellen liegen infolgedessen innerhalb von k und die erste der Gl. (62.6) liefert, wenn k als Integrationsweg genommen wird, mit $\dfrac{1}{2\pi i} \oint \dfrac{P_n'(z)}{P_n(z)}\, dz$ die Anzahl der in ihren Ordnungen gezählten Nullstellen.

Wegen der außerhalb des Kreises k konvergenten Entwicklung

$$\frac{P_n'(z)}{P_n(z)} = \frac{n\,a_n\,z^{n-1} + \cdots + a_1}{a_n\,z^n + \cdots + a_1\,z + a_0} = \frac{n}{z}\left(1 + \sum_{\nu=1}^{\infty} b_\nu \cdot \frac{1}{z^\nu}\right)$$

hat das vorangehende Integral den Wert n, also hat $P_n(z)$ Nullstellen und zwar genau n, wenn man die Nullstellen mit ihren Ordnungen zählt.

62.6 Auswertung uneigentlicher Integrale im Komplexen

Mit Hilfe des Residuensatzes kann man komplexe Integrale auswerten und erhält dadurch unter Umständen auch Aufschluß über gewisse uneigentliche Integrale im Reellen. Wir erläutern dies an einigen *Beispielen*:

$$\text{(a)} \quad \frac{1}{2\pi i} \oint \frac{dz}{1+z^2} = -\frac{i}{2} \quad > \quad J = \oint \frac{dz}{1+z^2} = \pi.$$

Der Integrationsweg ist in Abb. 81 angegeben $(-R \leqq x \leqq +R$ und Halbkreis $z = R \cdot e^{i\varphi}$ mit $R > 1$ und $0 \leqq \varphi \leqq \pi)$. Er enthält im Innern den Pol erster Ordnung $z = i$ des Integranden. Nach Gl. (62.8) ist sein Residuum

$$r = \mathrm{Res}_f(i) = \lim_{z \to i} \frac{z-i}{1+z^2} = \lim_{z \to i}\left(\frac{1}{z+i}\right) = -\frac{i}{2}\,.$$

Wir zerlegen das Integral $J = \oint \dfrac{dz}{1+z^2}$ in das reelle Integral

$$J_1 = \int_{x=-R}^{+R} \frac{dx}{1+x^2} \text{ und das Integral } J_2$$

über den Halbkreis. Für den Integranden von J_2 gilt

$$\left|\frac{1}{1+z^2}\right| \leqq \frac{1}{R^2-1}\,,$$

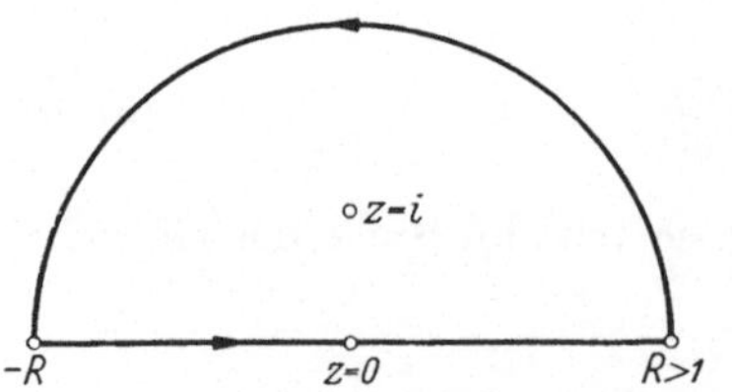

Abb. 81. Erläuterung zu den Beispielen (a) und (b)

worauf die Abschätzung (53.6*)

$$|J_2| < \frac{R\,\pi}{R^2 - 1}$$

liefert. Für $R \to \infty$ geht demnach $J_2 \to 0$ und $J_1 \to J = \pi$ und man erhält

$$\int\limits_{-\infty}^{+\infty} \frac{dx}{1+x^2} = \lim_{R \to \infty} J_1 = \pi,$$

was sich natürlich auch unmittelbar aus der Integralrechnung im Reellen [vgl. Formeltabelle (10.12), letzte Formel] ergeben hätte.

$$\text{(b)} \quad \frac{1}{2\pi i} \oint \frac{e^{iz}\,dz}{1+z^2} = -\frac{i}{2e} \; > \; J = \oint \frac{e^{iz}\,dz}{1+z^2} = \frac{\pi}{e}.$$

Der Integrationsweg ist derselbe wie beim Beispiel (a). Er enthält wiederum im Innern den Pol erster Ordnung $z = i$ und als Residuum ergibt sich, ebenfalls wie bei (a),

$$r = R_f(i) = \lim_{z \to i}\left[(z-i)\,\frac{e^{iz}}{1+z^2}\right] = \lim_{z \to i}\left(\frac{e^{iz}}{z+i}\right) = -\frac{i}{2e}.$$

Wiederum setzen wir

$$J = \oint \frac{e^{iz}}{1+z^2}\,dz = J_1 + J_2$$

$$\text{mit} \quad J_1 = \int\limits_{-R}^{+R} \frac{e^{ix}}{1+x^2}\,dx \quad \text{und}$$

$$J_2 = \text{Integral über den Halbkreis.}$$

In J_2 ist

$$\left|\frac{e^{iz}}{1+z^2}\right| \leq \left|\frac{e^{iR\cos\varphi} \cdot e^{-R\sin\varphi}}{R^2-1}\right| \leq \frac{1}{R^2-1}.$$

Daraus folgt wieder $J_2 \to 0$ für $R \to \infty$ und

$$\int\limits_{-\infty}^{+\infty} \frac{e^{ix}}{1+x^2}\,dx = \lim J_1 = J = \frac{\pi}{e},$$

also für den Realteil — weil der Imaginärteil verschwindet —

$$\int\limits_{-\infty}^{+\infty} \frac{\cos x}{1+x^2}\,dx = \frac{\pi}{e}. \tag{62.12}$$

Diese Beziehung hätte sich aus unseren Formeltabellen für reelle Integrale nicht gewinnen lassen.

$$\text{(c)} \quad J = \oint \frac{e^{iz}}{z}\, dz = 0.$$

Der Integrationsweg (Abb. 82) besteht aus einem Teil der reellen Achse ($-R \leqq x \leqq -r$ und $r \leqq x \leqq R$), einem Halbkreis um $z = 0$ mit dem Radius r und einem Halbkreis um $z = 0$ mit dem größeren Radius R. Dementsprechend zerlegen wir das Integral J in

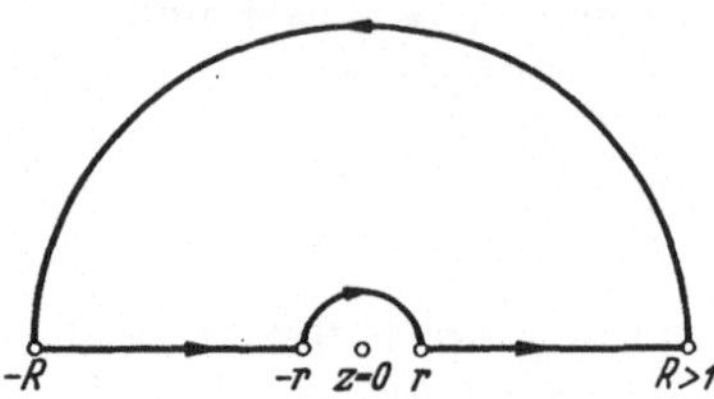

Abb. 82. Erläuterung zum Beispiel (c)

$$J = J_1 + J_2 + J_3 = 0. \quad (62.13)$$

J hat den Wert Null; denn $\dfrac{e^{iz}}{z}$ hat im Endlichen nur die singuläre Stelle $z = 0$ und diese liegt wegen des um sie geschlagenen Hakens außerhalb des vom Integrationsweg umschlossenen Bereichs.

Für J_2, das über den kleinen Halbkreis erstreckte Integral, ergibt sich mit $z = r\, e^{i\varphi}$, also $\dfrac{dz}{z} = i\, d\varphi$ sogleich

$$J_2 = i \int\limits_{\varphi=\pi}^{0} e^{ir(\cos\varphi + i\sin\varphi)}\, d\varphi = i \int\limits_{\varphi=\pi}^{0} e^{-r\sin\varphi}\, e^{ir\cos\varphi}\, d\varphi \to -\, i\pi \ \text{für}\ r \to 0.$$

Für J_3, d. h. das über den großen, Halbkreis erstreckte Integral, kommt mit $z = Re^{i\varphi}$, also $\dfrac{dz}{z} = i\, d\varphi$,

$$J_3 = i \int\limits_{\varphi=0}^{\pi} e^{-R\sin\varphi}\, e^{iR\cos\varphi}\, d\varphi$$

$$> \quad |J_3| \leqq \int\limits_{\varphi=0}^{\pi} e^{-R\sin\varphi}\, d\varphi = 2 \int\limits_{\varphi=0}^{\pi/2} e^{-R\sin\varphi}\, d\varphi.$$

Zur Abschätzung von J_3 benutzen wir jetzt die Ungleichung

$$\frac{2\varphi}{\pi} \leqq \sin\varphi \quad \text{für}\quad 0 \leqq \varphi \leqq \frac{\pi}{2}$$

(die Gerade $y = \dfrac{2\varphi}{\pi}$ verläuft für $0 < \varphi < \dfrac{\pi}{2}$ ganz unterhalb der Kurve $y = \sin\varphi$).

Sie liefert sofort

$$|J_3| \leq 2 \int\limits_{0}^{\frac{\pi}{2}} e^{-R\sin\varphi}\, d\varphi < 2 \int\limits_{0}^{\frac{\pi}{2}} e^{-R\frac{2\varphi}{\pi}}\, d\varphi = \frac{\pi}{R}\left(1 - e^{-R}\right).$$

Folglich geht $J_3 \to 0$ für $R \to \infty$.

Läßt man nun gleichzeitig $r \to 0$ und $R \to \infty$ gehen, so folgt mit $J_2 \to -i\pi$ und $J_3 \to 0$ aus Gl. (62.13)

$$\lim_{\substack{r \to 0 \\ R \to \infty}} J_1 = -\lim_{r \to 0} J_2 = i\pi,$$

d. h.

$$\lim_{\substack{r \to 0 \\ R \to \infty}} \left\{ \int_{-R}^{-r} \frac{e^{ix}}{x} dx + \int_{+r}^{R} \frac{e^{ix}}{x} dx \right\} = i\pi.$$

Der Realteil liefert den CAUCHYSCHEN Hauptwert (vgl. Ziff. 10.7, Schlußabsatz)

$$\lim_{\substack{r \to 0 \\ R \to \infty}} \left\{ \int_{-R}^{-r} \frac{\cos x}{x} dx + \int_{+r}^{R} \frac{\cos x}{x} dx \right\} = 0,$$

der sich auch unmittelbar aus Symmetriegründen ergibt. Aus dem Imaginärteil, für den der Integrand $\dfrac{\sin x}{x}$ an der Stelle $x = 0$ regulär ist und den Wert 1 hat, so daß man nicht den CAUCHYSCHEN Hauptwert zu bilden braucht, erhält man

$$\int_{-\infty}^{+\infty} \frac{\sin x}{x} dx = \pi. \tag{62.14}$$

Diese wichtige Beziehung haben wir bereits in Ziff. 18.3 (vgl. Abb. 95 im 1. Band) ohne Beweis benützt.

62.7 Hakenintegrale

Den Grenzwert des Ausdrucks $J_1 + J_2$ in Ziff. 62.6, Beispiel (c), bezeichnet man als *Hakenintegral* $\int \dfrac{e^{iz}}{z} dz$. Legt man den Haken in Abb. 82 nach unten, dann fällt der Punkt $z = 0$ (Pol erster Ordnung mit dem Residuum 1) ins Innere des Integrationsbereichs und man erhält dadurch das Hakenintegral $\dfrac{1}{2\pi i} \int \dfrac{e^{iz}}{z} dz = 1$. Durch $z = i s \zeta$ $(s > 0)$ wird das erste Hakenintegral

$$\int \frac{e^{iz}}{z} dz = 0 \quad \text{in} \quad \int \frac{e^{-s\zeta}}{\zeta} d\zeta = 0 = \int \frac{e^{-s\zeta}}{\zeta} d\zeta,$$

durch $z = -i s \zeta$ $(s > 0)$ wird das zweite Hakenintegral

$$\frac{1}{2\pi i} \int \frac{e^{iz}}{z} dz = 1 \quad \text{in} \quad \frac{1}{2\pi i} \int \frac{e^{s\zeta}}{\zeta} d\zeta = 1$$

transformiert. Da außerdem, wie man leicht sieht,

$$\frac{1}{2\pi i} \int\limits_{\circlearrowleft} \frac{dz}{z} = \frac{1}{2}$$

ist, kann man die an der Stelle $t = 0$ unstetige Funktion der reellen Veränderlichen t

$$H(t) = \begin{cases} 0 & \text{für } t < 0, \\ \dfrac{1}{2} & \text{für } t = 0, \\ 1 & \text{für } t > 0 \end{cases} \tag{62.15}$$

einheitlich durch das Hakenintegral

$$H(t) = \frac{1}{2\pi i} \int\limits_{\circlearrowleft} \frac{e^{tz}}{z}\, dz \tag{62.16}$$

darstellen. Man bezeichnet $H(t)$ als HEAVISIDE-*Funktion* oder als *Einheitssprung-Funktion*.

§ 63. Ausblick auf weitere Begriffe und Sätze der Funktionentheorie

63.1 Analytische Fortsetzung und Riemannsche Fläche

In Ziff. 60.4 haben wir Funktionen, die im Reellen auf einem Intervall der x-Achse durch eine konvergente Potenzreihe gegeben waren, in eine Kreisscheibe der z-Ebene ,,analytisch fortgesetzt''. Jetzt besprechen wir ein allgemeines Konstruktionsprinzip zur *analytischen Fortsetzung* einer durch eine konvergente Potenzreihe definierten analytischen Funktion über den Konvergenzkreis dieser Potenzreihe hinaus:

$\mathfrak{P}_1(z)$ sei eine im Kreis k_1 um a_1 konvergente Potenzreihe für eine analytische Funktion $f(z)$. Auf seinem Umfang liegt mindestens eine singuläre Stelle s (Abb. 83). Z. B. geht der Konvergenzkreis um $a_1 = 1$ für die Funktion

$$f(z) = \frac{1}{z} = \frac{1}{1 + (z-1)} = 1 - (z-1) + (z-1)^2 - + \cdots \tag{63.1}$$

und ebenso für die Funktion

$$f(z) = \ln z = \ln\left(1 + (z-1)\right) = (z-1) - \frac{(z-1)^2}{2} + - \cdots \tag{63.2}$$

durch den Nullpunkt. Dieser ist bei der Funktion (63.1) ein Pol, bei (63.2) ein Verzweigungspunkt (vgl. Ziff. 56.3). Die Reihe (63.2) liefert diejenigen Werte der unendlich vieldeutigen Funktion $\ln z$, die für $z \to 1$ stetig in $\ln 1 = 0$ übergehen.

Sei nun a_2 ein Innenpunkt des Kreises k_1. Dann gibt es zu $f(z)$ eine Potenzreihe $\mathfrak{P}_2(z)$ um $z = a_2$, deren Konvergenzkreis k_2 wieder bis zur nächstgelegenen singulären Stelle reicht, die natürlich von der vorhergenannten singulären Stelle s verschieden sein kann. Wenn a_2 ein Zwischenpunkt des von a_1 nach s gehenden Radius des Kreises k_1 ist, liegt k_2 ganz innerhalb k_1 und berührt k_1 innen in s. Sonst aber kann, was wir jetzt annehmen wollen, k_2 über k_1 hinausragen, wie dies in den beiden Beispielen (63.1) und (63.2), bei denen $s = 0$ die einzige singuläre Stelle im Endlichen ist, zutrifft. In dem den beiden Kreisen k_1 und k_2 gemeinsamen Kreisbogenzweieck liefern $\mathfrak{P}_1(z)$ und

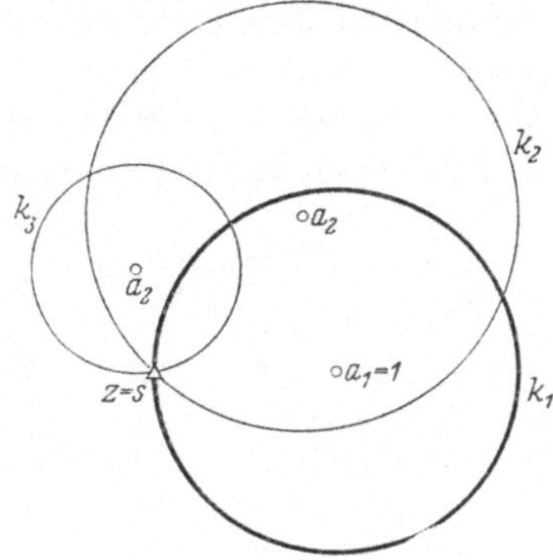

Abb. 83.   Analytische Fortsetzung und RIEMANNsche Fläche

$\mathfrak{P}_2(z)$ dieselben Funktionswerte; wir heften daher die beiden Kreisscheiben in dem ihnen gemeinsamen Teil zu einem einzigen Blatt zusammen. Durch die Potenzreihe $\mathfrak{P}_2(z)$ wird die zunächst nur in k_1 definierte analytische Funktion in einen über k_1 hinausragenden Teil der z-Ebene fortgesetzt. Fährt man in den beiden Beispielen (63.1) und (63.2) in derselben Weise fort, so kommt man zu immer neuen Kreisscheiben, die sich um die singuläre Stelle $s = 0$ herumwinden. Schließlich wird einer dieser Kreise k_m in den ersten Kreis k_1 hineinragen. In dem den Kreisen k_m und k_1 gemeinsamen Bereich liefern $\mathfrak{P}_1(z)$ und $\mathfrak{P}_m(z)$ bei der Funktion (63.1) dieselben, bei der Funktion (63.2) dagegen verschiedene Funktionswerte. Im ersten Fall heften wir k_m und k_1 in ihrem gemeinsamen Teil wieder zu einem einblättrigen Gebilde zusammen, im zweiten Fall dagegen nicht, so daß dann dort die z-Ebene zweiblättrig überdeckt ist.

Durch sinngemäße Wiederholung dieses Prozesses gelangt man schließlich zu einem ein- oder mehrblättrigen Gebilde, das nur noch singuläre Stellen als Randpunkte hat, so daß eine weitere Fortsetzung nicht mehr möglich ist. Man nennt dieses Gebilde RIEMANN*sche Fläche* (vgl. Ziff. 56.3). Die ursprünglich gegebene Potenzreihe $\mathfrak{P}_1(z)$ hatte nur ein *Funktionselement* geliefert. Durch den Fortsetzungsprozeß entstand schließlich aus diesem einen Funktionselement der gesamte Wertevorrat der analytischen Funktion. Aus diesem Grund spricht man von einer *monogenen analytischen Funktion*. Je nachdem die RIEMANNsche Fläche ein- oder mehrblättrig ist, handelt es sich um eine eindeutige oder mehrdeutige Funktion.

Als Funktionselement kann auch eine LAURENT-Entwicklung um den Punkt ∞ vorkommen; an Stelle einer Kreisscheibe tritt dann der Außenbereich eines Kreises, der im Punkt ∞ gelocht ist, falls dieser Punkt singulärer Punkt ist.

63.2 Analytische Fortsetzung durch Spiegelungen

Der in Ziff. 63.1 definierte Prozeß der analytischen Fortsetzung ist zur tatsächlichen Durchführung der analytischen Fortsetzung meist ungeeignet. Eine in gewissen Fällen praktisch brauchbare Methode bietet das SCHWARZsche *Spiegelungsprinzip* (Abb. 84):

Eine analytische Funktion $w = f_1(z)$ bilde das Innere eines Bereichs

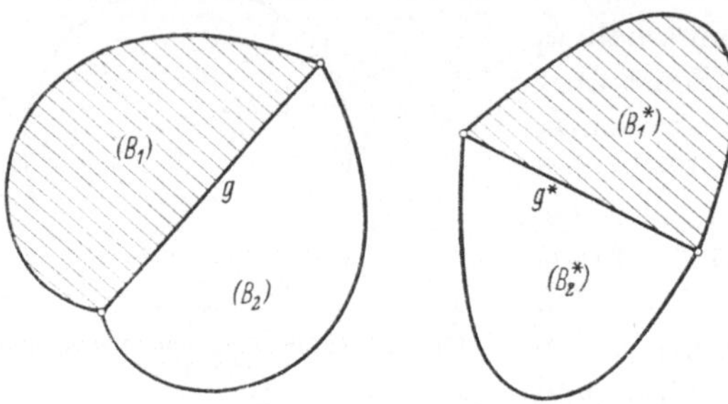

(B_1), dessen Rand ein Geradenstück g enthält, konform so auf das Innere eines Bereichs (B_1^*) ab, daß dem geraden Randstück g wieder ein gerades Randstück g^* entspricht. In den Punkten von g, abgesehen von den Endpunkten, soll die Abbildung $w = f_1(z)$ noch konform sein. Die an g bzw. g^* gespiegelten Bereiche (B_2), (B_2^*) gehen dann wiederum durch eine konforme Abbildung ineinander über und die diese Abbildung vermittelnde analytische Funktion $w = f_2(z)$

Abb. 84. SCHWARZsches Spiegelungsprinzip

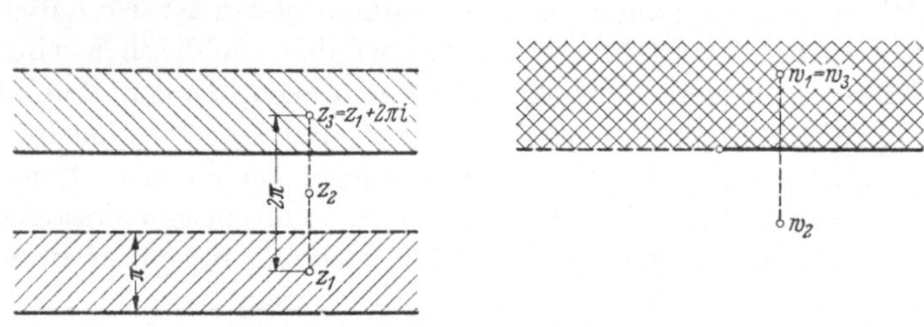

Abb. 85. Einfach-periodische Funktionen

ist eine analytische Fortsetzung der analytischen Funktion $w = f_1(z)$; zum Beweis vgl. [14] im Anhang.

Mit Hilfe dieses Spiegelungsprinzips lassen sich *einfach-periodische* und *doppelt-periodische Funktionen* erzeugen:

Einfach-periodische Funktionen ergeben sich, wenn ein Streifen der z-Ebene auf eine w-Halbebene abgebildet wird (Abb. 85). Durch fortgesetzte Spiegelung des Streifens, abwechselnd am einen und am anderen Rand, wird die ganze z-Ebene schlicht d. h. einblättrig überdeckt. Das Bild eines solchen Streifens ist jeweils die eine oder die andere w-Halbebene. Die Gesamtheit der Bilder liefert dann eine unendlich vielblättrige Überdeckung der w-Ebene. Alle Punkte $z_1, z_3, \ldots$ (vgl. Abb. 85) liefern denselben Bildpunkt $w_1 = w_3 = \cdots$, die Abbildung ist periodisch mit der doppelten Streifenbreite — komplex gerechnet! — als Periode. In Abb. 85 ist die konforme Abbildung durch $w = e^z$ dargestellt (vgl. Ziff. 56.3); sie hat die Periode $2\pi i$.

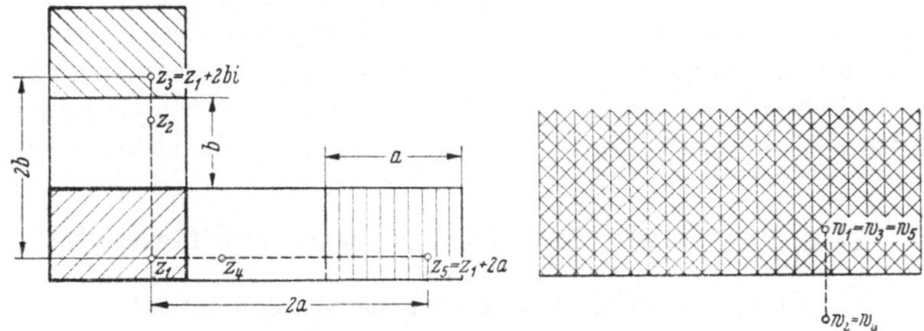

Abb. 86. Doppelt-periodische Funktionen

In analoger Weise kommt man zu doppelt-periodischen Funktionen durch die konforme Abbildung eines Rechtecks der z-Ebene auf eine w-Halbebene (Abb. 86). Die doppelten Rechtecksseiten $2a$ und $2bi$ sind die beiden Perioden. In Ziff. 64.2 werden wir auf diese Abbildung zurückkommen.

63.3 Riemannscher Abbildungssatz

In Ziff. 55.7 erkannten wir, daß das Innere (oder Äußere) eines Kreises k_1 auf das Innere eines Kreises k_2 durch eine lineare Funktion umkehrbar eindeutig und konform abgebildet werden kann, und daß diese Abbildung auch in den Randpunkten konform ist. Es ergab sich weiter, daß es jeweils genau eine solche Abbildung gibt, wenn man entweder drei Randpunkte auf k_1 und ihre Bildpunkte auf k_2 oder wenn man einen Punkt innerhalb k_1 und einen Randpunkt auf k_1 und die Bildpunkte innerhalb bzw. auf k_2 vorschreibt.

Dieser Satz ist ein Sonderfall eines sehr allgemeinen Satzes, des sog. RIEMANNschen *Abbildungssatzes*, der hier ohne Beweis mitgeteilt sei:

Das Innere eines einfach zusammenhängenden, schlichten, d. h. einblättrigen Bereichs (B), der von der vollen oder der in einem Punkt gelochten Ebene verschieden ist, läßt sich umkehrbar eindeutig und konform auf das Innere eines Kreises abbilden. Dabei kann ein beliebiger Innenpunkt z_0 von (B) in (63.3) *einen beliebigen Punkt w_0 des Kreisinneren und eine beliebige Richtung in z_0 in eine beliebige Richtung in w_0 übergeführt werden. Die konforme Abbildung ist dadurch eindeutig bestimmt.*

Die volle Ebene und die in einem Punkt gelochte Ebene (vgl. Schlußabsatz in Ziff. 55.6) sind zwar einfach zusammenhängende und schlichte Bereiche. Sie lassen sich aber, wie man mit Hilfe des Satzes (60.9) leicht zeigen kann, nicht auf das Innere eines Kreises umkehrbar eindeutig und konform abbilden.

11*

Aus dem RIEMANNschen Abbildungssatz folgt, daß die Abbildungen des Innern eines Kreises auf das Innere eines anderen Kreises vermöge einer linearen Funktion (vgl. Ziff. 55.7) die einzigen konformen Abbildungen sind, welche diese Bereiche aufeinander abbilden. Durch zweimalige Anwendung des RIEMANNschen Abbildungssatzes kommt man zur konformen Abbildung des Innern zweier einfach zusammenhängender, schlichter Bereiche (B) und (B') aufeinander, wobei wiederum die volle und die in einem Punkt gelochte Ebene auszuschließen sind.

§ 64. Polygonabbildung nach Schwarz und Christoffel

64.1 Abbildung einer Halbebene auf das Innere eines im Endlichen liegenden Polygons

Die obere z-Halbebene soll konform auf das Innere eines ganz im Endlichen liegenden Polygons in der w-Ebene abgebildet werden (Abb. 87).

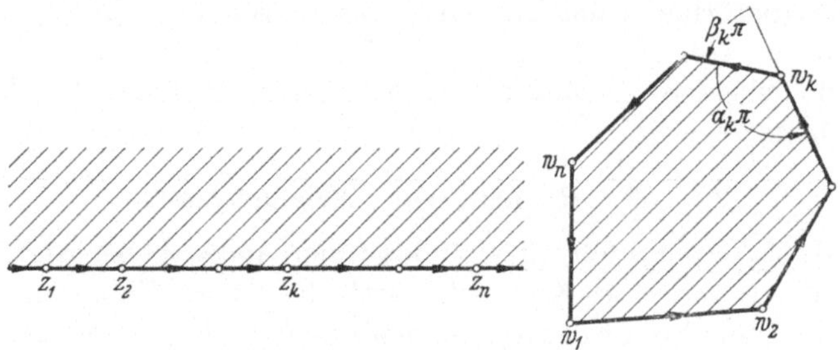

Abb. 87. Bezeichnungen zur Polygonabbildung

$z_1, z_2, \ldots, z_n$ seien die Punkte auf der reellen Achse der z-Ebene, die sich in die Polygonecken $w_1, w_2, \ldots, w_n$ abbilden. Das Polygon soll entgegen dem Uhrzeigersinn durchlaufen werden. Die im gleichen Sinn gezählten Außenwinkel an den Polygonecken bezeichnen wir mit $\beta_k \pi$, die Supplementwinkel $\alpha_k \pi = (1 - \beta_k) \pi$ sind die Innenwinkel. Dann ist

$$\sum_{k=1}^{n} \beta_k = 2, \quad \alpha_k + \beta_k = 1, \quad \sum_{k=1}^{n} \alpha_k = n - 2. \qquad (64.1)$$

Die verlangte Abbildung wird vermittelt durch

$$\frac{dw}{dz} = C_1 \cdot \prod_{k=1}^{n} (z - z_k)^{\alpha_k - 1} = \frac{C_1}{\prod_{k=1}^{n} (z - z_k)^{\beta_k}} \qquad (64.2)$$

$$> w = C_1 \int_{\zeta = z_0}^{z} \prod_{k=1}^{n} (\zeta - z_k)^{\alpha_k - 1} \, d\zeta + C_2;$$

das Symbol Π bedeutet Produktbildung. Der Beweis ist im Anhang unter [15] angegeben. Daß sich die reelle Achse der z-Ebene auf Geradenstücke der w-Ebene, die unter den Winkeln $\beta_k \pi$ aneinandergesetzt sind, abbildet, sieht man fast unmittelbar folgendermaßen ein:

Für den Winkel, um den bei der konformen Abbildung (64.2) die Linienelemente der z-Ebene verdreht werden, erhält man

$$\operatorname{arc}\left(\frac{dw}{dz}\right)$$
$$= \operatorname{arc} C_1 - \beta_1 \operatorname{arc}(z - z_1) - \cdots - \beta_k \operatorname{arc}(z - z_k) - \cdots - \beta_n \operatorname{arc}(z - z_n).$$

Längs der reellen Achse sind die $\operatorname{arc}(z - z_k)$ gleich Null für $z > z_k$ und gleich π für $z < z_k$. Zwischen zwei Punkten z_{k-1} und z_k bleibt daher $\operatorname{arc}\left(\frac{dw}{dz}\right)$ konstant, das in der w-Ebene entstehende Bild der Strecke von z_{k-1} bis z_k ist also geradlinig. Beim Überschreiten des Punktes z_k nimmt $\operatorname{arc}\left(\frac{dw}{dz}\right)$ um $\beta_k \pi$ zu, d. h. in der w-Ebene entsteht eine Ecke mit dem Winkel $\beta_k \pi$.

Abzählung der Konstanten: Um die Gestalt des Polygons eindeutig festzulegen, muß neben den bereits in der Abbildungsgleichung (64.2) auftretenden Winkeln α_k bzw. β_k noch über $n - 3$ reelle Parameter verfügt werden; als Parameter kann man beispielsweise die Längenverhältnisse der von einer Ecke ausgehenden Diagonalen zu einer Polygonseite nehmen. Zur Festlegung der Größe und Lage des Polygons benötigt man dann noch zwei komplexe Konstante, nämlich eine für eine Drehstreckung um den Nullpunkt und eine zweite für eine Parallelverschiebung.

Die Abbildungsgleichung (64.2) enthält n reelle Parameter $(z_1, z_2, \ldots, z_n)$ und zwei komplexe Konstanten C_1 und C_2. Drei der n reellen Parameter sind frei wählbar, entsprechend den noch frei verfügbaren konformen Abbildungen der oberen z-Halbebene in sich [vgl. Ziff. 63.3 und Ziff. 55.7, Beispiel (c)]. Es bleiben daher $n - 3$ reelle Parameter zur Erfüllung der $n - 3$ Bedingungen, die sich aus der Gestalt des Polygons ergeben. Mit Hilfe der beiden komplexen Konstanten C_1, C_2 läßt sich dann schließlich die durch Größe und Lage des Polygons bedingte Drehstreckung und Parallelverschiebung herbeiführen.

Die praktische Durchführung der Bestimmung der Parameter z_k im Fall $n > 3$ ist meist sehr schwierig. Einen der Punkte z_k kann man nach ∞ legen. Dann gilt folgende einfache Regel:

Wenn $z_k = \infty$ ist, fällt der Faktor $(z - z_k)^{\alpha_k - 1}$ bzw. $(z - z_k)^{\beta_k}$ in der Formel (64.2) weg. (64.3)

Die Regel läßt sich leicht verifizieren: Es soll etwa der Punkt z_n nach ∞ gebracht werden. Zu diesem Zweck bilden wir die obere Halbebene mittels

$$z = z_n - \frac{1}{t} \qquad t = -\frac{1}{z - z_n}$$

in sich ab, wobei $z = z_n$ in $t = \infty$ übergeht. Dabei ist $t_k = \dfrac{1}{z_n - z_k}$ und

$$\frac{dw}{dt} = \frac{\text{const}}{t^2} \cdot \frac{1}{\prod\limits_{k=1}^{n-1} \left(z_n - \dfrac{1}{t} - z_k\right)^{\beta_k} \left(\dfrac{1}{t}\right)^{\beta_n}} = \frac{\text{const}}{t^2} \cdot \frac{t^{\beta_n} \cdot \prod\limits_{k=1}^{n-1} t^{\beta_k}}{\prod\limits_{k=1}^{n-1} [t(z_n - z_k) - 1]^{\beta_k}} \,.$$

Wegen $t^{\beta_n} \cdot \prod\limits_{k=1}^{n-1} t^{\beta_k} = \prod\limits_{k=1}^{n} t^{\beta_k} = t^2$ und $t(z_n - z_k) - 1 = \text{const} \cdot (t - t_k)$ kommt schließlich

$$\frac{dw}{dt} = \text{const} \frac{1}{\prod\limits_{k=1}^{n-1} (t - t_k)^{\beta_k}} \,,$$

der Faktor mit dem Exponenten β_n ist also in der Tat weggefallen.

64.2 Abbildung einer Halbebene auf ein Rechteck

Als Beispiel erörtern wir die Abbildung einer Halbebene auf ein Rechteck (Abb. 88a). Von der umgekehrten Abbildung wissen wir schon,

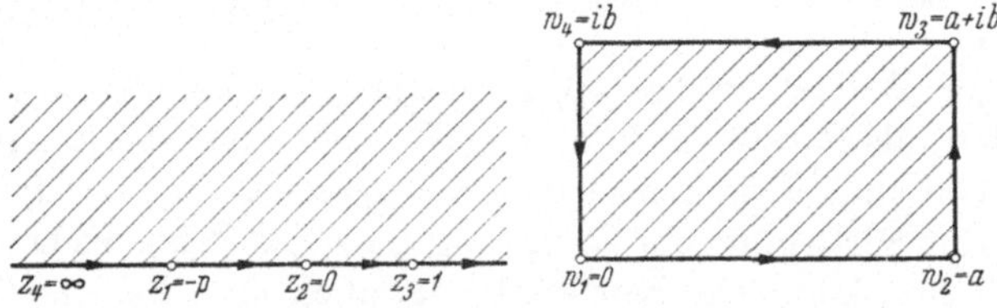

Abb. 88 a. Abbildung der Halbebene auf ein Rechteck

daß sie durch eine *doppelt-periodische Funktion* vermittelt wird (vgl. Schlußabsatz in Ziff. 63.2 und Abb. 86).

Wir legen z_4 nach ∞ und setzen $z_2 = 0$, $z_3 = 1$. Über den vierten Parameter $z_1 = -p < 0$ kann dann nicht mehr verfügt werden. Mit $\beta_1 = \beta_2 = \beta_3 = \beta_4 = \dfrac{1}{2}$ spezialisiert sich Gl. (64.2) unter Berücksichtigung der Regel (64.3) zu

$$\frac{dw}{dz} = \frac{C_1}{\sqrt{z(z-1)(z+p)}} \;>\; w = C_1 \int\limits_{\zeta=-p}^{z} \frac{d\zeta}{\sqrt{\zeta(\zeta-1)(\zeta+p)}} + C_2. \quad (64.4)$$

Wenn das Rechteck wie in Abb. 88a liegt, ist $C_2 = 0$ und C_1 eine reelle Konstante. Die beiden reellen Zahlen p und C_1 müssen dann aus den beiden Bedingungen

$$a = C_1 \int\limits_{-p}^{0} \frac{d\zeta}{\sqrt{\zeta(\zeta-1)(\zeta+p)}} \,, \quad i\,b = C_1 \int\limits_{0}^{1} \frac{d\zeta}{\sqrt{\zeta(\zeta-1)(\zeta+p)}}$$

ermittelt werden.

Nach Gl. (64.4) ist $w = w(z)$ ein *elliptisches Integral* (vgl. Schlußbemerkung in Ziff. 18.2 sowie Ziff. 19.3). Die Umkehrfunktion $z = z(w)$ ist eine sog. *elliptische Funktion.*

Wenn man in Abb. 88a das Büschel der vom Punkt $z_2 = 0$ ausgehenden Halbgeraden sowie die konzentrischen Kreise mit dem Mittelpunkt $z_2 = 0$ in die w-Ebene abbildet, ergibt sich das in Abb. 88b eingezeichnete orthogonale Kurvennetz. Dieses läßt sich in zweifacher Weise physikalisch deuten:

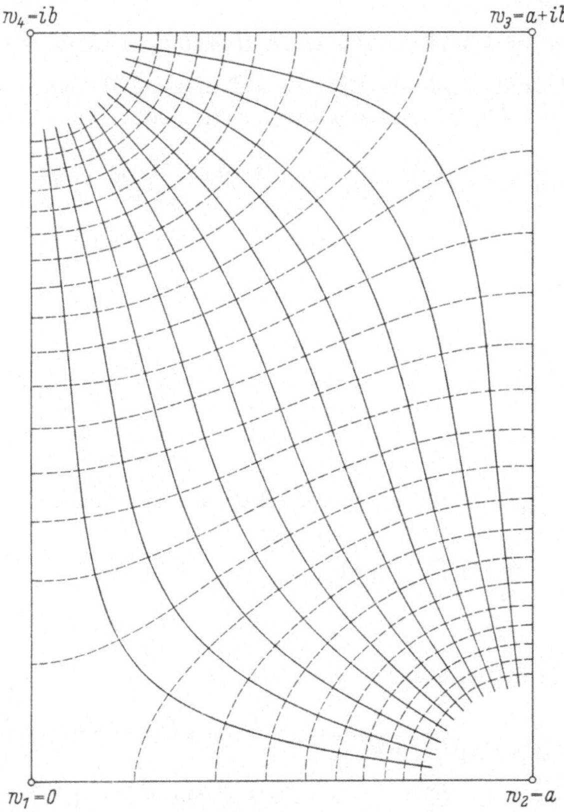

Abb. 88 b. Strom- und Potentiallinien in einem Rechteck

Bei der ersten Deutung handelt es sich um die Strom- und Potentiallinien einer Quell-Senken-Strömung innerhalb eines Rechtecks. Die Quelle und die Senke liegen in den Eckpunkten $w_2 = a$ und $w_4 = ib$. Bei der zweiten Deutung handelt es sich um die Potential- und Feldlinien eines elektrostatischen Feldes innerhalb eines Rechtecks. Die beiden Seitenpaare ($w_2 w_1$, $w_1 w_4$) und ($w_4 w_3$, $w_3 w_2$) des Rechtecks sind auf konstante, aber verschiedene Potentiale aufgeladen.

Das Kurvennetz wurde mit einem Rechenautomaten auf Grund eines von R. Bulirsch aufgestellten Programms berechnet.

64.3 Polygone mit uneigentlichen Ecken

Bei den Anwendungen der Polygonabbildung in der Elektrostatik treten vielfach Polygon-Bereiche auf, bei denen eine Ecke oder mehrere Ecken w_k in den Punkt ∞ fallen. Die Abbildungsformel (64.2) bleibt dann unverändert gültig. Zur Erläuterung folgen einige Beispiele:

(a) *Abbildung der Halbebene auf einen Halbstreifen* (Abb. 89).

Der Halbstreifen ist als Dreieck aufzufassen, dessen eine Ecke im Punkt ∞ liegt. Für die Außenwinkel erhält man

$$\beta_1 = \beta_2 = \frac{1}{2}, \quad \beta_3 = 1 \quad \left(\text{Probe:} \ \sum_{k=1}^{3} \beta_k = 2\right).$$

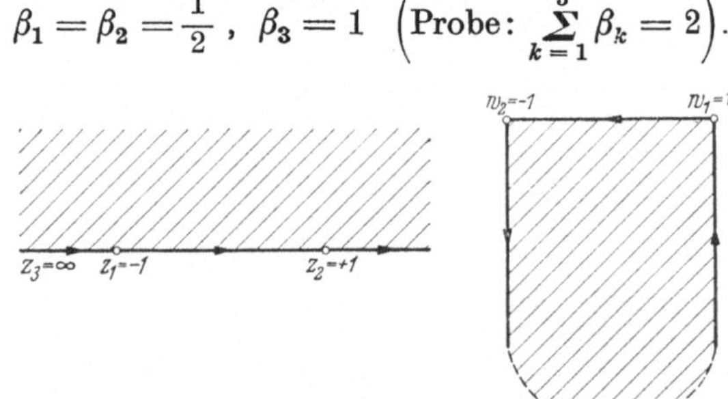

Abb. 89. Abbildung der Halbebene auf einen Halbstreifen

Wir verfügen über die z_k durch

$$z_1 = -1, \quad z_2 = 1, \quad z_3 = \infty$$

und erhalten mit Hilfe der Regel (64.3)

$$\frac{dw}{dz} = \frac{C_1}{\sqrt{(z-1)(z+1)}} = \frac{i\,C_1}{\sqrt{1-z^2}} \ > \ w = i\,C_1 \arcsin z + C_2$$
$$> \ z = \sin(C_1^* w + C_2^*). \tag{64.5}$$

Durch die Zuordnung der Punkte $z_1 = -1$, $w_1 = 1$ und $z_2 = 1$, $w_2 = -1$ ergibt sich

$$-1 = \sin(C_1^* + C_2^*), \quad 1 = \sin(-C_1^* + C_2^*),$$

$$C_1^* + C_2^* = -\frac{\pi}{2}, \quad C_1^* - C_2^* = -\frac{\pi}{2},$$

also $C_1^* = -\dfrac{\pi}{2}$, $C_2^* = 0$ und somit

$$z = -\sin\left(\frac{\pi}{2} w\right); \tag{64.6}$$

vgl. hierzu Ziff. 57.3.

(b) *Abbildung der Halbebene auf eine geschlitzte Halbebene* (Abb. 90).

Wir setzen $z_1 = -1$, $z_2 = 0$, $z_3 = \infty$. Die geschlitzte obere w-Halbebene ist ein „Dreieck" mit den Ecken $w_1 = i$, $w_2 = \infty$ und $w_3 = \infty$. Für die Außenwinkel hat man

$$\beta_1 = -1, \quad \beta_2 = 1, \quad \beta_3 = 2 \left(\text{Probe:} \ \sum_{k=1}^{3} \beta_k = 2 \right).$$

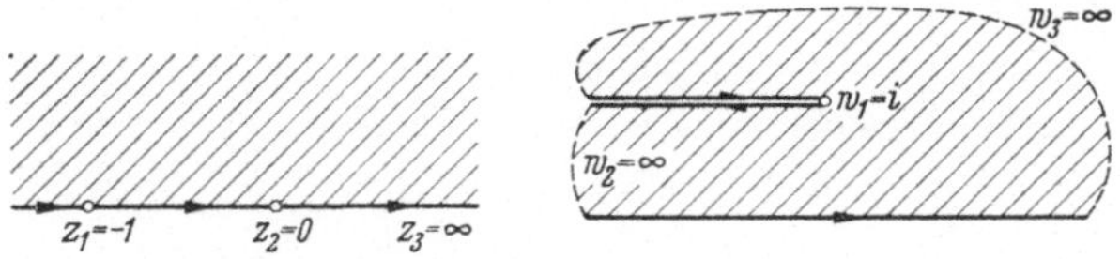

Abb. 90. Abbildung der Halbebene auf die geschlitzte Halbebene

Die negative reelle Achse der z-Ebene bildet sich auf die beiden Ränder des Schlitzes ab, die positive Achse der z-Ebene auf die reelle Achse der w-Ebene.

Unter Berücksichtigung der Regel (64.3) kommt

$$\frac{dw}{dz} = C_1 \cdot \frac{z+1}{z} \ > \ w = C_1 (z + \ln z) + C_2. \tag{64.7}$$

Konstantenbestimmung. Die positive reelle Achse der z-Ebene soll sich auf die reelle Achse der w-Ebene abbilden. Wenn wir dann bei positiven reellen z für $\ln z$ seinen reellen Wert nehmen, müssen C_1 und C_2 reell gewählt werden. Die Zuordnung $z_1 = -1$, $w_1 = i$ liefert dann

$$i = C_1 (-1 + i\pi) + C_2 \ > \ 1 = C_1 \pi, \ \ C_2 - C_1 = 0 \ > \ C_1 = C_2 = \frac{1}{\pi},$$

also

$$w = \frac{1}{\pi} (z + \ln z + 1). \tag{64.8}$$

Durch Spiegelung an der positiven reellen Achse der z-Ebene und der ihr zugeordneten reellen Achse der w-Ebene ergibt sich eine konforme Abbildung der längs der negativen reellen Achse geschlitzten z-Ebene auf eine doppelt geschlitzte w-Ebene (Abb. 91). Man kann diese Abbildung zur Untersuchung der Randwirkung eines Plattenkondensators verwenden. Dabei geht man in der z-Ebene vom komplexen Potential (vgl. Ziff. 58.1)

$$F(z) = \frac{1}{2} (\varphi_1 + \varphi_2) + \frac{i}{2\pi} (\varphi_2 - \varphi_1) \ln z, \ \begin{pmatrix} \varphi_1 = \text{const} \\ \varphi_2 = \text{const} \end{pmatrix} \tag{64.9}$$

aus, welches am oberen Rand des z-Schlitzes das Potential $\varphi = \varphi_1$ und am unteren Rand $\varphi = \varphi_2$ liefert. Dem oberen Rand des z-Schlitzes entspricht in der w-Ebene der von $w_1 = +i$ ausgehende Schlitz, dem unteren Rand des z-Schlitzes der von $w_1 = -i$ ausgehende Schlitz. Die beiden Schlitze der w-Ebene werden als die Schnitte durch die beiden Platten eines Plattenkondensators aufgefaßt.

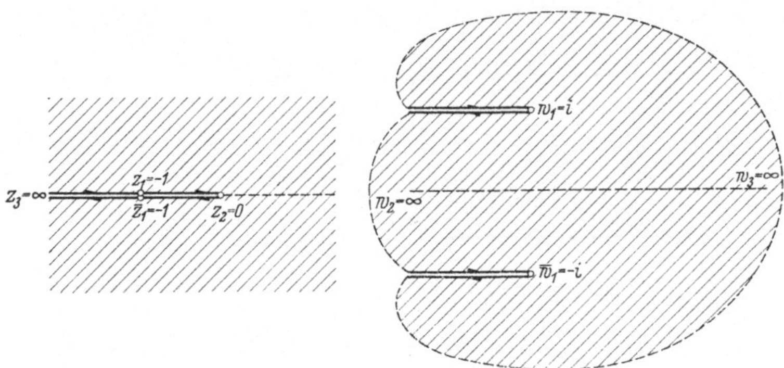

Abb. 91. Abbildung einer einfach geschlitzten auf eine doppelt geschlitzte Ebene

(c) *Blitzableiterproblem* (Abb. 92).

Hier hat man in der w-Ebene ein „Viereck" mit

$$w_1 = 0, \ w_2 = i, \ w_3 = 0, \ w_4 = \infty,$$

$$\beta_1 = \frac{1}{2}, \ \beta_2 = -1, \ \beta_3 = \frac{1}{2}, \ \beta_4 = 2 \quad \left(\text{Probe: } \sum_{k=1}^{4} \beta_k = 2\right).$$

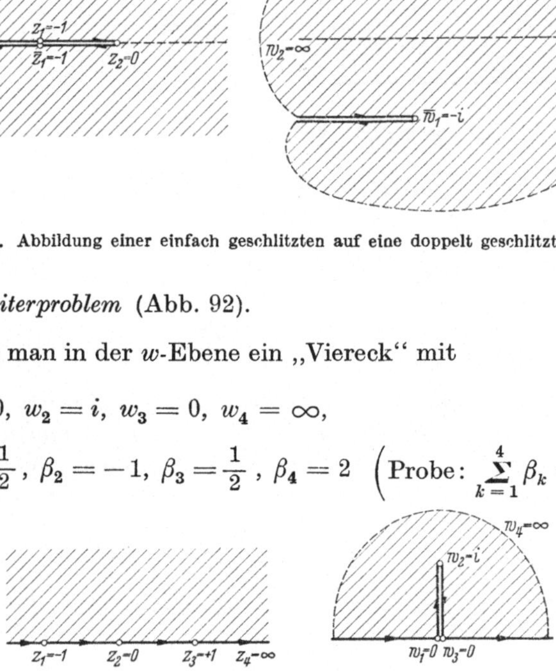

Abb. 92. Blitzableiterproblem

Wir verfügen über die vier Parameter z_k durch

$$z_1 = -1, \ z_2 = 0, \ z_3 = 1, \ z_4 = \infty$$

und erhalten dann

$$\frac{dw}{dz} = \frac{C_1 z}{\sqrt{(z+1)(z-1)}} = \frac{C_1 z}{\sqrt{z^2-1}} \ > \ w = C_1 \sqrt{z^2-1} + C_2. \quad (64.10)$$

Mit $C_1 = 1$ und $C_2 = 0$ ergibt sich die richtige Zuordnung der Punkte z_k und w_k, wenn man vom Funktionswert $\sqrt{z^2-1} = +i$ für $z = 0$ ausgeht.

Aerodynamisch kann das „Blitzableiterproblem" als Strömung um einen quergestellten unendlich langen ebenen Tragflügel gedeutet werden.

§ 65. Potentialgleichung

65.1 Potentialfunktionen und analytische Funktionen

Wie wir schon aus Ziff. 53.2 wissen, sind Real- und Imaginärteil einer in einem Bereich (B) analytischen Funktion *Potentialfunktionen*, d. h. sie genügen der *Potentialgleichung*

$$\varphi_{xx} + \varphi_{yy} = 0. \tag{65.1}$$

Umgekehrt gilt: *Jede Potentialfunktion, d. h. jede Funktion $\varphi(x, y)$, die in einem Bereich (B) stetige zweite Ableitungen besitzt und der Potentialgleichung (65.1) genügt, ist Realteil — oder Imaginärteil — einer in (B) analytischen Funktion $f(z)$. Diese analytische Funktion $f(z)$ ist durch $\varphi(x, y)$ bis auf eine additive Konstante bestimmt.* Der Satz ergibt sich sofort aus der Tatsache, daß nach Gl. (65.1)

$$dv = -\varphi_y \, dx + \varphi_x \, dy$$

ein vollständiges Differential ist. Infolgedessen gibt es eine bis auf eine additive Konstante bestimmte Funktion $v(x, y)$, welche zusammen mit der gegebenen Funktion $\varphi(x, y)$ den CAUCHY-RIEMANNschen Differentialgleichungen (53.3)

$$v_x = -\varphi_y, \quad v_y = \varphi_x$$

genügt und wie $\varphi(x, y)$ stetige zweite Ableitungen hat.

Da eine analytische Funktion $f(z)$ nach Ziff. 59.3 stetige Ableitungen beliebiger Ordnung besitzt, gilt für die Potentialfunktionen als Real- oder Imaginärteile analytischer Funktionen der entsprechende Satz:

Jede Funktion $\varphi(x, y)$, die in einem Bereich (B) Potentialfunktion ist, hat dort stetige Ableitungen beliebig hoher Ordnungen hinsichtlich x und y.

Beispiele von Potentialfunktionen: Wegen

$$\ln f(z) = \ln |f(z)| + i \operatorname{arc} f(z)$$

liefert jede analytische Funktion $f(z)$ mit $\ln |f(z)|$ und $\operatorname{arc} f(z)$ Potentialfunktionen. Aus $\ln (z - a) = \ln |z - a| + i \operatorname{arc} (z - a)$ ergeben sich insbesondere

$$\varphi = \ln \sqrt{(x - \alpha)^2 + (y - \beta)^2} \quad \text{und} \quad \varphi = \operatorname{arc} \tan \frac{y - \beta}{x - \alpha} \tag{65.2}$$

als Potentialfunktionen.

65.2 Gegenüberstellung der Lösungen der Wellengleichung und der Potentialgleichung

Die Lösungen der Wellengleichung $\varphi_{xx} - \varphi_{yy} = 0$ (vgl. § 52) und die der Potentialgleichung $\varphi_{xx} + \varphi_{yy} = 0$ haben wesentlich verschiedenes

Verhalten. Die Lösungen (52.6) der Wellengleichung brauchen nur stetige Ableitungen bis zur zweiten Ordnung zu haben, von den Lösungen der Potentialgleichung haben wir in Ziff. 65.1 erkannt, daß sie im Innern von (B) Ableitungen beliebig hoher Ordnung besitzen. Bei der Wellengleichung ist das in Ziff. 52.3 gestellte *Anfangswertproblem* sachgemäß, bei der Potentialgleichung sind gewisse *Randwertprobleme* sachgemäß. Wir

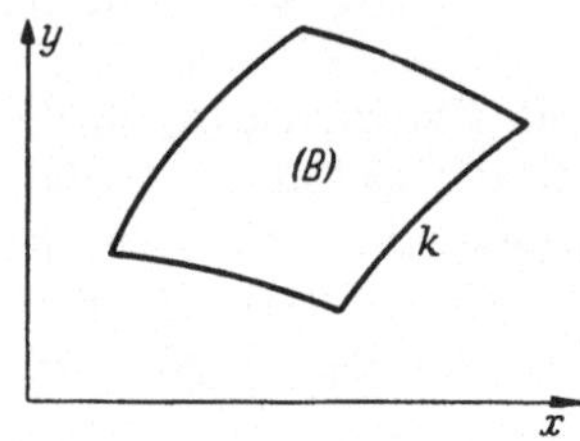

Abb. 93. DIRICHLETsche Randwertaufgabe für einen Bereich (B)

beschränken uns im folgenden auf die Erörterung der sog. DIRICHLETschen *Randwertaufgabe* (Abb. 93):

Von einer Funktion $\varphi(x, y)$, die in einem einfach zusammenhängenden Bereich (B) einschließlich des stückweise glatten Randes k Potentialfunktion ist, seien die Randwerte auf k bekannt. Dann sind die Funktionswerte im Innern von k eindeutig bestimmt. Sie sollen aus den Randwerten ermittelt werden.

Die eindeutige Bestimmtheit von $\varphi(x, y)$ im Innern von (B) ergibt sich folgendermaßen: Wir setzen $q = \varphi(x, y) \cdot \operatorname{grad} \varphi(x, y)$ und erhalten mit

$$\operatorname{div} q = \varphi_x^2 + \varphi_y^2 + \varphi(\varphi_{xx} + \varphi_{yy}) = \varphi_x^2 + \varphi_y^2$$

aus dem GAUSSschen Satz (41.10)

$$\iint\limits_{(B)} (\varphi_x^2 + \varphi_y^2)\, dx\, dy = \oint\limits_k \varphi \left(\varphi_x \frac{dy}{ds} - \varphi_y \frac{dx}{ds} \right) ds. \qquad (65.3)$$

Ist nun $f = \varphi_1(x, y) - \varphi_2(x, y)$ die Differenz zweier Lösungen unserer Randwertaufgabe, so ist f Lösung der Randwertaufgabe mit identisch verschwindenden Randwerten. Für $\varphi = f(x, y)$ verschwindet daher die rechte Seite der Gl. (65.3) identisch, es ist also

$$\iint\limits_{(B)} (f_x^2 + f_y^2)\, dx\, dy = 0.$$

Daraus folgt $f_x = f_y = 0$ in (B) und demnach $f = \varphi_1 - \varphi_2 = \operatorname{const} = 0$, wie behauptet wurde.

Wie sich die Funktionswerte $\varphi(x, y)$ im Innern von (B) aus den Randwerten längs k berechnen lassen, wird in Ziff. 65.3 und 65.4 gezeigt.

65.3 Lösung der Dirichletschen Randwertaufgabe für die Halbebene

Wir lösen die Randwertaufgabe zunächst für die Halbebene als Bereich (B):

Mit den in Abb. 94 erläuterten Bezeichnungen ist

$$\varphi_1(x, y) = \frac{\vartheta_1}{\pi} = \frac{1}{\pi} \operatorname{arc\,tan} \frac{y}{x - \xi_1}$$

eine Potentialfunktion, die auf der x-Achse die Werte 0 für $x > \xi_1$ und 1 für $x < \xi_1$ annimmt. Durch Überlagerung dieser und einer analogen Funktion $\varphi_2(x, y)$ ergibt sich die Potentialfunktion

$$\bar\varphi = \varphi_1 - \varphi_2 = \frac{1}{\pi}(\vartheta_1 - \vartheta_2) = \frac{\varDelta\vartheta}{\pi}\,,$$

die auf der x-Achse zwischen ξ_2 und ξ_1 den Wert 1, sonst aber den Wert Null hat. Denkt man sich dann die x-Achse mit abschnittsweise konstanten φ-Werten belegt, so ist $\frac{1}{\pi}\sum \bar\varphi\, \varDelta\vartheta$ Lösung der Randwertaufgabe für die obere Halbebene. Beim Grenzübergang von der Summe zum

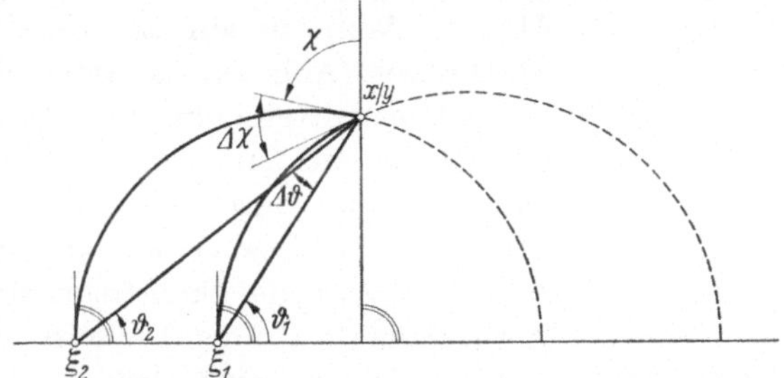

Abb. 94. DIRICHLETsche Randwertaufgabe für die Halbebene

Integral ergibt sich als Lösung der Randwertaufgabe das sog. POISSON-sche Integral für die Halbebene

$$\varphi(x, y) = \frac{1}{\pi}\int\limits_{\vartheta=0}^{\pi}\bar\varphi\, d\vartheta = \frac{y}{\pi}\int\limits_{\xi=-\infty}^{\infty}\frac{\bar\varphi(\xi)\,d\xi}{(x-\xi)^2 + y^2}\,, \quad \left(\vartheta = \arctan\frac{y}{x-\xi}\right).$$

$$(65.4)$$

Führt man die neue Integrationsveränderliche χ ein, d. h. den Winkel zwischen der Normalen zur x-Achse und den auf der x-Achse senkrecht einmündenden Kreisbögen durch den Punkt (x, y), so ist (vgl. Abb. 94)

$$\varDelta\chi = \varDelta\vartheta + \left(\frac{\pi}{2} - \vartheta_2\right) - \left(\frac{\pi}{2} - \vartheta_1\right) = 2\,\varDelta\vartheta > d\chi = 2\,d\vartheta.$$

Gl. (65.4) geht dadurch über in

$$\varphi(x, y) = \frac{1}{2\pi}\int\limits_{\chi=0}^{2\pi}\bar\varphi\, d\chi. \qquad (65.5)$$

65.4 Lösung der Dirichletschen Randwertaufgabe für beliebige Bereiche (B)

Da die Potentialfunktionen als Real- oder Imaginärteil analytischer Funktionen aufgefaßt werden können, geht bei konformer Abbildung des Bereichs (B) auf einen Bereich (B') die für (B) gestellte Randwertaufgabe in eine solche für (B') über (vgl. hierzu Ziff. 54.3). Auf diese Weise läßt sich die Lösung der Randwertaufgabe für einen speziellen Bereich mit Hilfe der konformen Abbildung auf weitgehend beliebige Bereiche verallgemeinern. Demgemäß behandeln wir jetzt zuerst (a) ein spezielles DIRICHLETsches Randwertproblem und hernach (b) das allgemeine Problem.

(a) DIRICHLET*sche Randwertaufgabe für Kreis und Mittelpunkt* (Abb. 95)

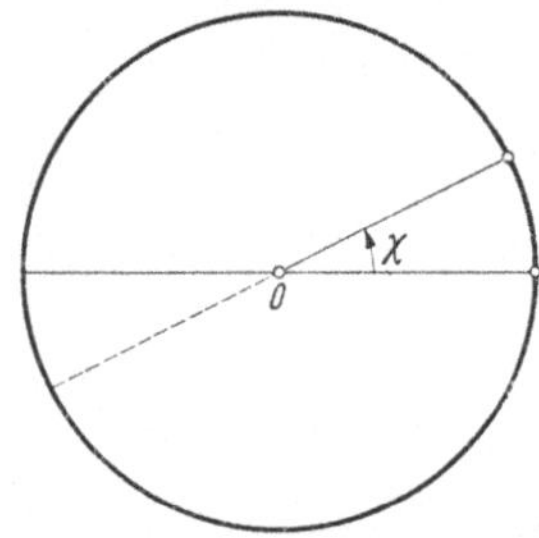

Abb. 95. DIRICHLETsche Randwertaufgabe für Kreis und Mittelpunkt

Wir bilden die obere Halbebene (vgl. Abb. 94) konform auf das Innere des Einheitskreises (Abb. 95) ab, wobei der Punkt z in den Kreismittelpunkt übergehen soll. Dann bilden sich die zur reellen Achse senkrechten Halbkreise durch z in die Durchmesser des Einheitskreises ab und die Winkel χ in die Zentriwinkel des Einheitskreises. Gl. (65.5) läßt sich daher auf den Einheitskreis und natürlich auch auf einen beliebigen Kreis beziehen und liefert dabei folgenden Satz:

In jedem Innenpunkt P eines Bereichs, in dem $\varphi(x, y)$ Potentialfunktion ist, ergibt sich der Wert von φ als Mittelwert der φ-Werte auf jedem innerhalb dieses Bereichs liegenden Kreis um P. Eine Potentialfunktion kann daher im Innern eines Bereichs kein Maximum oder Minimum haben. (65.6)

(b) DIRICHLET*sche Randwertaufgabe für einen beliebigen Bereich* (B)

Um die DIRICHLETsche Randwertaufgabe für einen beliebigen Bereich (B) der ζ-Ebene zu lösen, bilden wir (B) durch eine analytische Funktion $w = w(\zeta)$ auf das Innere des Einheitskreises der w-Ebene

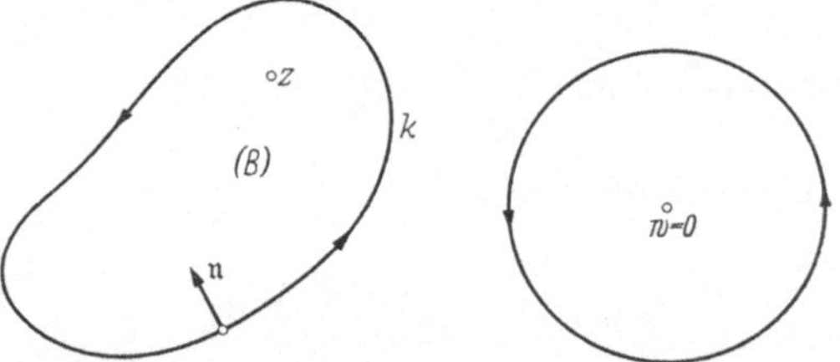

Abb. 96. Konforme Abbildung auf den Einheitskreis

derart ab, daß ein beliebiger Innenpunkt $\zeta = z$ von (B) in den Mittelpunkt des Einheitskreises der w-Ebene transformiert wird (Abb. 96). Die Abbildungsfunktion enthält dann diesen Wert z noch als Parameter, also $w = w(\zeta; z)$. Setzt man nun

$$\ln w(\zeta; z) = -g(\xi, \eta; x, y) - i\,h(\xi, \eta; x, y), \tag{65.7}$$

$$(z = x + i\,y, \quad \zeta = \xi + i\,\eta)$$

dann wird die für (B) gestellte Randwertaufgabe durch

$$\varphi(x, y) = \frac{1}{2\pi} \oint_k \bar{\varphi}(s)\, \frac{\partial g}{\partial n}\, ds = \frac{1}{2\pi i} \oint_k \varphi\, \frac{w_\zeta}{w}\, d\zeta \tag{65.8}$$

gelöst. Dabei ist s die Bogenlänge von k und $\dfrac{\partial g}{\partial n}$ die Ableitung von $g(\xi, \eta; x, y)$ in Richtung der nach innen weisenden Normalen $\mathfrak{n}$ der Randkurve k. Die Funktion $g(\xi, \eta; x, y)$, welche nach Gl. (65.8) die Funktionswerte $\varphi(x, y)$ im Innern von (B) aus den Randwerten $\bar{\varphi}(s)$ erzeugt, heißt die GREENsche Funktion des Problems.

Herleitung der Lösung (65.8): Da sich k auf den Einheitskreis $w = e^{i\varkappa}$ abbildet, ist längs k

$$|w| = 1 \,>\, w = e^{-ih} \,>\, -h = \chi \text{ und } g = 0.$$

Aus Gl. (65.5) folgt dann mit $dh = \dfrac{\partial h}{\partial s}\, ds + \dfrac{\partial h}{\partial n}\, dn$ und $dn = 0$ längs k

$$\varphi(x, y) = -\frac{1}{2\pi} \oint_k \varphi\, dh = -\frac{1}{2\pi} \oint_k \varphi\, \frac{\partial h}{\partial s}\, ds. \tag{65.9}$$

Mit

$$dh = h_\xi\, d\xi + h_\eta\, d\eta = -g_\eta\, d\xi + g_\xi\, d\eta, \quad \mathfrak{n} = \left(-\frac{d\eta}{ds},\ \frac{d\xi}{ds}\right),$$

$$\frac{\partial h}{\partial s} = -g_\eta\, \frac{d\xi}{ds} + g_\xi\, \frac{d\eta}{ds} = -\mathfrak{n}\, \operatorname{grad} g = -\frac{\partial g}{\partial n}$$

bzw. mit

$$h = -\frac{1}{i}\ln w \,>\, dh = -\frac{1}{i}\, \frac{w_\zeta}{w}\, d\zeta \text{ längs } k$$

geht Gl. (65.9) in die zu beweisende Beziehung (65.8) über.

Beispiel: POISSONsches *Integral für den Kreis*

Ist in Abb. 96 die Kurve k ein Kreis $|\zeta| = R$ und z wieder ein beliebiger Innenpunkt, dann hat man den Bereich $|\zeta| \leq R$ auf $|w| \leq 1$ so abzubilden, daß $\zeta = z$ in $w = 0$ transformiert wird. Offenbar leistet die lineare Funktion

$$w = w(\zeta; z) = R\, \frac{\zeta - z}{R^2 - z\,\zeta}$$

diese Abbildung. Mit den Bezeichnungen (Abb. 97)

$$\zeta = R\, e^{i\vartheta} \text{ (Randkurve } k\text{)}, \quad z = r\, e^{i\varphi} \text{ (Innenpunkt } z\text{)}$$

erhält man

$$w = e^{i\vartheta} \cdot \frac{R - r\, e^{i(\psi - \vartheta)}}{R - r\, e^{-i(\psi - \vartheta)}}$$

und hierauf nach elementaren Umformungen

$$\frac{w_\zeta}{w}\, d\zeta = d \ln w = \left[\frac{1}{\zeta - z} + \frac{\bar{z}}{R^2 - \bar{z}\,\zeta}\right] d\zeta = \frac{(R^2 - r^2)\, i\, d\vartheta}{R^2 + r^2 - 2\,R\,r\,\cos(\vartheta - \psi)}\,.$$

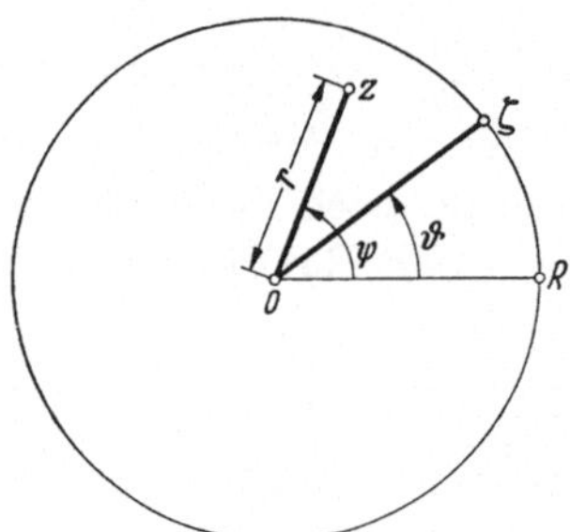

Abb. 97.
Erläuterung der Bezeichnungen

Gl. (65.8) liefert somit

$$\varphi(x, y) = \frac{1}{2\pi} \int\limits_{\vartheta = 0}^{2\pi} \frac{\bar{\varphi}(\vartheta)\,(R^2 - r^2)\, d\vartheta}{R^2 + r^2 - 2\,R\,r\,\cos(\vartheta - \psi)} \tag{65.10}$$

als Lösung der DIRICHLETschen Randwertaufgabe für den Kreis $\xi^2 + \eta^2 \leqq R^2$ und einen beliebigen Innenpunkt $x = r \cos \psi$, $y = r \sin \psi$. Man bezeichnet das Integral (65.10) als das POISSONsche *Integral für den Kreis.*

65.5 Reihenentwicklung einer Potentialfunktion

Ist φ im Innern und auf dem Rand des Kreises $x^2 + y^2 \leqq R^2$ eine Potentialfunktion, dann ist φ Realteil einer analytischen Funktion $f(z)$ und diese ist für $|z| \leqq R$ durch eine gleichmäßig konvergente Potenzreihe $\sum\limits_{\nu = 0}^{\infty} c_\nu z^\nu$ darstellbar, also

$$\varphi(r, \psi) = \mathrm{Re}\,\{f(z)\} = \mathrm{Re}\left\{\sum_{\nu = 0}^{\infty} c_\nu z^\nu\right\}. \tag{65.11}$$

Wir setzen $\mathrm{Re}\,\{c_0\} = \dfrac{a_0}{2}$ und $c_\nu = a_\nu - i\,b_\nu$ mit $\nu = 1, 2, \dots$. Dann ist

$$c_\nu z^\nu = (a_\nu - i\,b_\nu)\, r^\nu\,(\cos\psi + i \sin\psi)^\nu = (a_\nu - i\,b_\nu)\, r^\nu\,(\cos\nu\psi + i \sin\nu\psi),$$

also

$$\varphi(r, \psi) = \frac{a_0}{2} + \sum_{\nu = 1}^{\infty} r^\nu\,(a_\nu \cos\nu\psi + b_\nu \sin\nu\psi). \tag{65.12}$$

Für die vorgegebenen Randwerte erhält man mit $r = R$, $\psi = \vartheta$ die FOURIER-Reihe

$$\varphi(R, \vartheta) = \bar{\varphi}(\vartheta) = \frac{a_0}{2} + \sum_{\nu = 1}^{\infty} R^\nu\,(a_\nu \cos\nu\vartheta + b_\nu \sin\nu\vartheta) \tag{65.13}$$

und auch diese Reihe ist gleichmäßig konvergent. Die FOURIER-Koeffizienten ergeben sich hieraus nach Gl. (50.11),

$$a_0 = \frac{1}{\pi} \int\limits_{-\pi}^{+\pi} \bar{\varphi}\,(\vartheta)\, d\vartheta, \quad a_\nu = \frac{1}{\pi\,R^\nu} \int\limits_{-\pi}^{+\pi} \bar{\varphi}\,(\vartheta)\, \cos \nu\,\vartheta\, d\vartheta, \tag{65.14}$$

$$b_\nu = \frac{1}{\pi\,R^\nu} \int\limits_{-\pi}^{+\pi} \bar{\varphi}(\vartheta)\, \sin \nu\,\vartheta\, d\vartheta.$$

Durch Einsetzen dieser Ausdrücke in Gl. (65.12) kommt man nach einigen Umformungen wieder auf das POISSONsche Integral (65.10).

65.6 Numerische Lösung der Dirichletschen Randwertaufgabe

Wir ersetzen die zweiten Ableitungen φ_{xx}, φ_{yy} durch Differenzenquotienten in einem zu den Koordinatenachsen parallelen Quadratgitter. Nach Gl. (29.3) tritt dann an Stelle der Potentialgleichung die finite Gleichung (Abb. 98)

$$\varphi_0 = \frac{1}{4}\,(\varphi_1 + \varphi_2 + \varphi_{-1} + \varphi_{-2}). \tag{65.15}$$

Sie ist für jeden inneren Punkt des Quadratgitters und die vier ihm benachbarten Gitterpunkte zu erfüllen und liefert die zu Satz (65.6) analoge Aussage: *Der Funktionswert in einem inneren Gitterpunkt ist stets der Mittelwert der Funktionswerte in den vier Nachbarpunkten.* Als innerer Gitterpunkt gilt hierbei jeder Gitterpunkt, dessen vier Nachbarpunkte noch dem Gitter angehören.

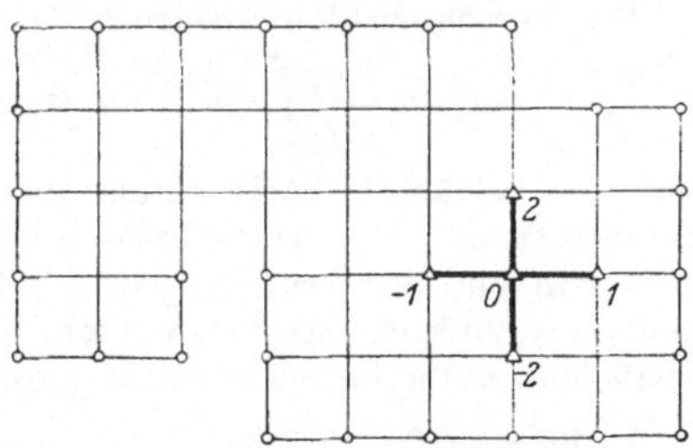

Abb. 98. Numerische Lösung der DIRICHLET-schen Randwertaufgabe

Die DIRICHLETsche Randwertaufgabe modifizieren wir jetzt folgendermaßen: Vorgegeben sei ein Quadratgitter, das einen endlichen Bereich der Ebene überdeckt und von einem geschlossenen, doppelpunktfreien Polygon begrenzt wird. Die Punkte des Gitters, die nicht innere Punkte im Sinn der oben gegebenen Definition sind, nennen wir Randpunkte; sie sind in Abb. 98 durch Nullkreise markiert. Die φ-Werte in den Randpunkten seien vorgegeben. Die Beziehung (65.15) liefert dann für die m Werte von φ in den m inneren Gitterpunkten m lineare Gleichungen. Wie eine nähere Untersuchung zeigt, besitzen diese Gleichungen eine eindeutig bestimmte Lösung, die φ-Werte in den Innenpunkten sind also durch die φ-Werte in den Randpunkten festgelegt.

Anhang: Beweise

[1] Integralsatz von Gauß (Ziff. 39.2)

Wir machen folgende Voraussetzung $\{V\}$: Die geschlossene Begrenzungsfläche (H) soll von jeder Parallelen zur z-Achse in höchstens zwei Punkten getroffen werden. Sie zerfällt dann in zwei Teile, nämlich einen oberen Teil (H_2) und einen unteren Teil (H_1). Beide Teile haben denselben Grundriß (H'). Dann ist

$$\iiint\limits_{(B)} w_z \, d\tau = \int dx \int dy \int w_z \, dz = \iint\limits_{(H')} \{w(x, y, z_2) - w(x, y, z_1)\} \, dx \, dy$$

$$= \oiint\limits_{(H)} w \cos \gamma \, d\sigma.$$

Dabei ist $z_2 = z_2(x, y)$ bzw. $z_1 = z_1(x, y)$ die Gleichung der Fläche (H_2) bzw. (H_1) und γ der Winkel der Flächennormalen $\mathfrak{n}$ gegen die positive z-Achse. Man vgl. hierzu Gl. (33.27) im 1. Band und bedenke, daß der Winkel γ auf (H_2) spitz und auf (H_1) stumpf ist. Durch zyklische Vertauschung ergibt sich

$$\iiint\limits_{(B)} (u_x + v_y + w_z) \, d\tau = \oiint\limits_{(H)} (u \cos \alpha + v \cos \beta + w \cos \gamma) \, d\sigma,$$

also der Integralsatz (39.5). Wenn die Voraussetzung $\{V\}$ nicht erfüllt ist, zerlegt man (B) in endlich viele Teilbereiche und dreht, falls nötig, das Koordinatensystem jeweils so, daß $\{V\}$ für jeden Teilbereich gilt. Man schreibt dann den Integralsatz für die einzelnen Teilbereiche hin und erhält durch Summation den Integralsatz für den ganzen Bereich (B); denn die Oberflächenintegrale über die zu (H) hinzukommenden Begrenzungsflächen der Teilbereiche heben sich bei der Summation weg.

[2] Integralsatz von Stokes (Ziff. 39.4)

Wir berechnen den Ausdruck

$$\iint\limits_{(F)} \mathfrak{n} \operatorname{rot} \mathfrak{q} \, d\sigma = \iint\limits_{(F)} \{(w_y - v_z) \cos \alpha + (u_z - w_x) \cos \beta + (v_x - u_y) \cos \gamma\} \, d\sigma,$$

und zwar zunächst die Integrale über die Glieder mit u. Dabei machen wir die Voraussetzung $\{V'\}$: Der Winkel γ der Flächennormalen $\mathfrak{n}$ gegen die z-Achse soll spitz sein und der Grundriß von k soll von jeder Parallelen zur y-Achse in höchstens zwei Punkten getroffen werden. Ferner soll (F) schlicht über (F') liegen. Dann erhält man unter Berücksichtigung von Gl. (33.27) des 1. Bandes

$$\iint\limits_{(F)} (u_z \cos \beta - u_y \cos \gamma) \, d\sigma = \iint\limits_{(F')} \left(u_z \frac{\cos \beta}{\cos \gamma} - u_y \right) dx \, dy.$$

Ist $z = z(x, y)$ die Gleichung der Fläche (F), dann ist

$$\cos \alpha : \cos \beta : \cos \gamma = z_x : z_y : (-1) \ > \ \frac{\cos \beta}{\cos \gamma} = -z_y,$$

also

$$\iint\limits_{(F)} (u_z \cos \beta - u_y \cos \gamma) \, d\sigma = -\iint\limits_{(F')} (u_y + u_z z_y) \, dx \, dy$$

$$= -\iint\limits_{(F')} \frac{\partial}{\partial y} u(x, y, z(x, y)) \, dx \, dy$$

$$= \int\limits_{b}^{a} \{u \big|_{y = y_1(x)} - u \big|_{y = y_2(x)}\} \, dx = \oint\limits_{k'} u \, \frac{dx}{ds} \, ds.$$

Das Symbol $\oint\limits_{k'}$ bedeutet Integration längs k' entgegen dem Uhrzeigersinn.

Dabei ist k' der Grundriß der Kurve k in der x, y-Ebene. Bezüglich der Bezeichnungen vgl. Abb. 4. Ist die Voraussetzung $\{V'\}$ nicht erfüllt, so zerlegt man ähnlich wie bei [1] die Fläche (F) in Teilbereiche und dreht, falls nötig, das Koordinatensystem jedesmal in geeigneter Weise. Durch zyklische Vertauschung ergibt sich

$$\iint\limits_{(F)} \mathfrak{n} \operatorname{rot} \mathfrak{q}\, d\sigma = \oint\limits_{k} \left(u\, \frac{dx}{ds} + v\, \frac{dy}{ds} + w\, \frac{dz}{ds} \right) ds,$$

also der Integralsatz (39.10).

[3] Existenz- und Eindeutigkeitssatz für Differentialgleichungen erster Ordnung (Ziff. 42.2 und 42.3)

Da $f(x, y)$ in (B) stetig ist, gilt dort $|f(x, y)| \leqq M$. Wenn wir uns auf $|x - x_0| \leqq \delta$ mit $\delta = \operatorname{Min}\left[a, \dfrac{b}{M} \right]$ beschränken, ist in den Gln. (42.5)

$$|y_1 - y_0| \leqq M\, |x - x_0| \leqq b;$$

die erste Näherung $y_1(x)$ ist stetig und verläuft wegen $|y_1(x) - y_0| \leqq M\, |x - x_0| \leqq b$ ganz in (B). Durch Schluß von n auf $n+1$ findet man, daß auch alle weiteren Näherungen $y_k(x)$ für $|x - x_0| \leqq \delta$ stetig sind und in (B) verlaufen. Ferner hat man

$$|y_2 - y_1| = \left| \int\limits_{x_0}^{x} \{f(\xi, y_1(\xi)) - f(\xi, y_0)\}\, d\xi \right|,$$

woraus sich die Abschätzung

$$|y_2 - y_1| < M\, K\, \frac{(x - x_0)^2}{2!}$$

ergibt, wobei K die LIPSCHITZ-Konstante ist. Durch Wiederholung des zu dieser Abschätzung führenden Schlusses erhält man

$$|y_n - y_{n-1}| < M\, K^{n-1}\, \frac{|x - x_0|^n}{n!} \quad (n = 1, 2, \ldots).$$

Die Reihe $y_0 + \sum\limits_{n=1}^{\infty} (y_n - y_{n-1})$ hat demnach die Reihe

$$y_0 + \frac{M}{K} \sum\limits_{n=1}^{\infty} \frac{\{K\, |x - x_0|\}^n}{n!} = y_0 + \frac{M}{K} \{e^{K\, |x - x_0|} - 1\}$$

als Majorante und konvergiert infolgedessen für $|x - x_0| \leqq \delta$ absolut und gleichmäßig. Ihre Summe $y(x) = \lim\limits_{n \to \infty} y_n(x)$ ist nach Satz (14.24) im 1. Band eine stetige Funktion. Sie ist auch differenzierbar und genügt der Differentialgleichung (42.2) $y' = f(x, y)$ sowie der Anfangsbedingung $y(x_0) = y_0$; denn wegen

$$|y(\xi) - y_n(\xi)| < \varepsilon \quad \text{für} \quad n > N(\varepsilon) \text{ und alle } |\xi - x_0| \leqq \delta$$

ist

$$\left| \int\limits_{x_0}^{x} \{f(\xi, y(\xi)) - f(\xi, y_n(\xi))\}\, d\xi \right| < K\, \varepsilon\, \delta$$

und aus den Gln. (42.5) folgt daher für $n \to \infty$

$$y(x) = y_0 + \int\limits_{x_0}^{x} f(\xi, y(\xi))\, d\xi \;>\; \frac{dy}{dx} = f(x, y).$$

Hiermit ist gezeigt, daß die Picardsche Funktionenfolge $y_n(x)$ gegen eine Lösung $y(x)$ der Differentialgleichung (42.2) konvergiert und daß diese Lösung die Anfangsbedingung $y(x_0) = y_0$ befriedigt.

Daß die so ermittelte Lösung die einzige Lösung mit dem Anfangswert y_0 ist, sieht man folgendermaßen: Es sei

$$\eta(x) = y_0 + \int\limits_{x_0}^{x} f(\xi, \eta(\xi)) \, d\xi$$

eine andere derartige Lösung. Dann ergibt sich ähnlich wie oben

$$|\eta - y_0| \leqq M \, |x - x_0|,$$

$$|\eta - y_1| = \left| \int\limits_{x_0}^{x} \{f(\xi, \eta(\xi)) - f(\xi, y_0)\} \right| < M \, K \, \frac{|x - x_0|^2}{2},$$

$$|\eta - y_{n-1}| < M \, K^{n-1} \frac{|x - x_0|^n}{n!} \leqq \frac{M}{K} \frac{(K \delta)^n}{n!}.$$

Für $n \to \infty$ geht $\dfrac{(K \delta)^n}{n!}$ wegen der Konvergenz der Exponentialreihe $e^{K\delta}$ gegen Null, es ist also $\eta = \lim\limits_{n \to \infty} y_n = y$.

[4] Fehlerabschätzung des einstufigen Differenzenverfahrens für gewöhnliche Differentialgleichungen (Ziff. 43.2)

$y = \eta(x)$ sei die Gleichung des nach den Gln. (43.2) konstruierten Streckenzugs. Sie genügt — mit Ausschluß der Eckpunkte — der Differentialgleichung $\eta' = \varphi(x, \eta)$, wobei φ längs jeder Strecke konstant ist, nämlich gleich dem Funktionswert $f(x, y)$ für den Anfangspunkt x_k, y_k der Strecke. Wir erklären in den Punkten x, y des Streckenzuges $y = \eta(x)$ eine Funktion $g(x, y)$ durch

$$\varphi(x, y) = f(x, y) + g(x, y).$$

Wenn $|\Delta x|$ und wegen $|f(x, y)| \leqq M$ dann auch $|\Delta y| \leqq M \, |\Delta x|$ hinreichend klein bleibt, ist $|g(x, y)| < \varepsilon$ wegen der gleichmäßigen Stetigkeit von $f(x, y)$.

Wegen $|f(x, y)| \leqq M$ ist $|\varphi(x, y)| \leqq M + \varepsilon$. Aus $\eta = y_0 + \int\limits_{x_0}^{x} \varphi(\xi, \eta(\xi)) \, d\xi$ folgt daher, wenn wir x auf das Intervall $|x - x_0| \leqq \dfrac{b}{M + \varepsilon}$ beschränken,

$$|\eta - y_0| \leqq (M + \varepsilon) \, |x - x_0| \leqq b.$$

Wir bilden nun nach den Gln. (42.5) eine Picardsche Funktionenfolge, gehen dabei aber statt von der Geraden $y = y_0$ vom Streckenzug $y = \eta(x)$ als erster Näherung aus. Dann ist

$$y_1 = y_0 + \int\limits_{x_0}^{x} f(\xi, \eta(\xi)) \, d\xi$$

eine für $|x - x_0| \leqq \dfrac{b}{M + \varepsilon}$ stetige Funktion mit

$$|y_1 - y_0| \leqq (M + \varepsilon) \, |x - x_0| \leqq b.$$

Aus

$$\eta = y_0 + \int\limits_{x_0}^{x} \{f(\xi, \eta(\xi)) + g(\xi, \eta(\xi))\} \, d\xi$$

folgt

$$|\eta - y_1| \leqq \varepsilon \, |x - x_0|.$$

Auf die gleiche Weise erhalten wir die für $|x - x_0| \leqq \dfrac{b}{M + \varepsilon}$ stetige Funktion

$$y_2 = y_0 + \int\limits_{x_0}^{x} f\,(\xi, y_1(\xi))\, d\xi \quad \text{mit} \quad |y_2 - y_0| \leqq b \ \text{und}$$

$$|y_2 - y_1| \leqq \varepsilon \, K \, \frac{|x - x_0|^2}{2!}\,.$$

Aus

$$\eta - y_2 = y_1 - y_2 + \eta - y_1$$

folgt

$$|\eta - y_2| \leqq \varepsilon \, K \, \frac{|x - x_0|^2}{2!} + \varepsilon \, |x - x_0|.$$

In derselben Weise fährt man fort und findet

$$|y_n - y_{n-1}| \leqq \varepsilon \, K^{n-1} \frac{|x - x_0|^n}{n!}$$

und

$$|\eta - y_n| \leqq \varepsilon \, K^{n-1} \frac{|x - x_0|^n}{n!} + \varepsilon \, K^{n-2} \, \frac{|x - x_0|^{n-1}}{(n-1)!} + \cdots + \varepsilon \, |x - x_0|$$

$$\leqq \varepsilon \, |x - x_0| \cdot e^{K\,|x - x_0|}\,.$$

Es folgt dann wie in [3], daß $y = \lim\limits_{n \to \infty} y_n(x)$ die Anfangsbedingung $y(x_0) = y_0$ und die Differentialgleichung (42.2) erfüllt, und außerdem, daß $\eta(x)$ eine Näherung der Lösung $y(x)$ ist; denn für hinreichend kleines $|\varDelta x|$ kann ε und damit $|\eta - y_n|$ beliebig klein gemacht werden. Die hier gefundene Fehlerschranke $\varepsilon \, |x - x_0| \, e^{K\,|x - x_0|}$ ist allerdings meist viel zu groß und daher für praktische Zwecke nicht brauchbar.

[5] Hüllkurve einer Kurvenschar (Ziff. 45.1)

Die Tangentenrichtung einer Kurve $C = \text{const}$ ist durch $\Phi_x + \Phi_y \dfrac{dy}{dx} = 0$ bestimmt. Für die Tangentenrichtung der durch die Gleichungen $\Phi = 0$ und $\Phi_C = 0$ bestimmten Hüllkurve $x = x(C)$, $y = y(C)$ ergibt sich

$$0 = \Phi_x \frac{dx}{dC} + \Phi_y \frac{dy}{dC} + \Phi_C = \Phi_x \frac{dx}{dC} + \Phi_y \frac{dy}{dC}\,,$$

also ebenfalls $\Phi_x + \Phi_y \dfrac{dy}{dx} = 0$. Infolgedessen sind die Tangenten der Hüllkurve zugleich Tangenten der Kurven $C = \text{const}$, wie in Satz (45.4) behauptet wird.

[6] Linear unabhängige Lösungen einer verkürzten linearen Differentialgleichung (Ziff. 47.2)

Wenn n Lösungen $\eta_1(x), \ldots, \eta_n(x)$ der Differentialgleichung (47.4) linear abhängig sind, bestehen die n Gleichungen

$$\begin{aligned}
C_1\,\eta_1(x) + \cdots + C_n\,\eta_n(x) &= 0, \\
C_1\,\eta_1'(x) + \cdots + C_n\,\eta_n'(x) &= 0, \\
&\cdots\cdots\cdots\cdots\cdots, \\
C_1\,\eta_1^{(n-1)}(x) + \cdots + C_n\,\eta_n^{(n-1)}(x) &= 0
\end{aligned}$$

für alle x des Intervalls $|x - x_0| \leqq a$ mit Konstanten C_k, die nicht alle verschwinden. Die Determinante dieses linearen Gleichungssystems für die C_k ist die in Gl. (47.8) eingeführte WRONSKI-Determinante $W(x)$. Die Auflösung dieses Gleichungssystems nach Gl. (36.3) im 1. Band liefert

$$W(x) \cdot C_1 = W(x) \cdot C_2 = \cdots = W(x) \cdot C_n = 0.$$

Da nicht alle C_k Null sind, folgt hieraus $W(x) \equiv 0$, d. h. $W(x) \equiv 0$ ist eine für die lineare Abhängigkeit der $\eta_1(x), \ldots, \eta_n(x)$ notwendige Bedingung.

Umgekehrt ist $W(x_0) = 0$ eine hinreichende Bedingung, wie man folgendermaßen sieht: Nach Satz (36.9) im 1. Band besitzen die n Gleichungen

$$C_1 \eta_1(x_0) + \cdots + C_n \eta_n(x_0) \qquad = 0,$$

$$C_1 \eta_1'(x_0) + \cdots + C_n \eta_n'(x_0) \qquad = 0,$$

$$\cdots\cdots\cdots\cdots\cdots\cdots\cdots\cdots\cdots\cdots\cdots\cdots\cdots,$$

$$C_1 \eta_1^{(n-1)}(x_0) + \cdots + C_n \eta_n^{(n-1)}(x_0) = 0$$

im Falle $W(x_0) = 0$ eine nichttriviale Lösung $C_1, \ldots, C_n$. Die mit diesen C_k gebildete Linearkombination $\eta = C_1 \eta_1(x) + \cdots + C_n \eta_n(x)$ erfüllt die Anfangsbedingungen $\eta(x_0) = \eta'(x_0) = \cdots = \eta^{(n-1)}(x_0) = 0$. Da diese Anfangsdaten nach Satz (47.3) die Lösung $\eta(x)$ eindeutig festlegen und von der trivialen Lösung $\eta \equiv 0$ befriedigt werden, ist $C_1 \eta_1(x) + \cdots + C_n \eta_n(x) \equiv 0$. Die Lösungen $\eta_1(x), \ldots, \eta_n(x)$ sind also in der Tat linear abhängig. Nach dem Vorangehenden verschwindet dann $W(x)$ nicht nur, wie vorausgesetzt, für $x = x_0$, sondern im ganzen Intervall $|x - x_0| \leqq a$. Sonach sind die $\eta_1(x), \ldots, \eta_n(x)$ im Intervall $|x - x_0| \leqq a$ dann und nur dann linear unabhängig, wenn $W(x_0) \neq 0$ ist, und in diesem Fall ist $W(x) \neq 0$ für alle x des Intervalls.

[7] Mehrfache Nullstellen des charakteristischen Polynoms (Ziff. 48.1)

Das charakteristische Polynom $P(\lambda)$ habe λ_0 als r-fache Nullstelle, d. h. es sei $P(\lambda) = (\lambda - \lambda_0)^r \cdot Q(\lambda)$ mit $Q(\lambda_0) \neq 0$. Aus der TAYLOR-Entwicklung von $P(\lambda)$ nach Potenzen von $\lambda - \lambda_0$ folgt dann

$$P(\lambda_0) = P'(\lambda_0) = \cdots = P^{(r-1)}(\lambda_0) = 0, \; P^{(r)}(\lambda_0) \neq 0.$$

Ferner setzen wir zur Abkürzung $L[\eta] = \eta^{(n)} + p_1 \eta^{(n-1)} + \cdots + p_{n-1} \eta' + p_n \eta$, so daß für Gl. (48.1) kurz $L[\eta] = 0$ geschrieben werden kann. Wegen

$$\frac{\partial^\mu}{\partial \lambda^\mu}\left(\frac{\partial^\nu e^{\lambda x}}{\partial x^\nu}\right) = \frac{\partial^\nu}{\partial x^\nu}\left(\frac{\partial^\mu e^{\lambda x}}{\partial \lambda^\mu}\right) = \frac{\partial^\nu}{\partial x^\nu}(x^\mu e^{\lambda x})$$

ist dann

$$L[e^{\lambda x}] = e^{\lambda x} \cdot P(\lambda),$$

$$L[x e^{\lambda x}] = \frac{\partial}{\partial \lambda}\{L[e^{\lambda x}]\} = e^{\lambda x}\{x P(\lambda) + P'(\lambda)\},$$

$$L[x^2 e^{\lambda x}] = \frac{\partial^2}{\partial \lambda^2}\{L[e^{\lambda x}]\} = e^{\lambda x}\{x^2 P(\lambda) + 2 x P'(\lambda) + P''(\lambda)\},$$

$$\cdots\cdots\cdots\cdots\cdots\cdots\cdots\cdots\cdots\cdots\cdots\cdots\cdots\cdots$$

$$L[x^\mu e^{\lambda x}] = \frac{\partial^\mu}{\partial \lambda^\mu}\{L[e^{\lambda x}]\}$$

$$= e^{\lambda x}\left\{x^\mu P(\lambda) + \binom{\mu}{1} x^{\mu-1} P'(\lambda) + \cdots + \binom{\mu}{\mu-1} x P^{(\mu-1)}(\lambda) + P^{(\mu)}(\lambda)\right\}.$$

Für eine r-fache Nullstelle $\lambda = \lambda_0$ folgt hieraus

$$L\,[e^{\lambda_0 x}] = 0,\ L\,[x\,e^{\lambda_0 x}] = 0,\ \ldots,\ L\,[x^{r-1}\,e^{\lambda_0 x}] = 0,$$

womit Gl. (48.5) bewiesen ist.

[8] Lineare Unabhängigkeit der nach Satz (48.7) ermittelten Lösungen $\eta_k(x)$ (Ziff. 48.1)

Es sei λ_1 eine r_1-fache, λ_2 eine r_2-fache Nullstelle usw. des charakteristischen Polynoms $P(\lambda)$ vom Grade n. Die hierzu nach Satz (48.7) gebildeten Lösungen $\eta_k(x)$ sind linear unabhängig, wenn aus der Identität

$$e^{\lambda_1 x}\sum_{\mu=1}^{r_1} c_{1\mu}\,x^{\mu-1} + e^{\lambda_2 x}\sum_{\mu=1}^{r_2} c_{2\mu}\,x^{\mu-1} + \cdots \equiv 0 \tag{*}$$

das Verschwinden aller Koeffizienten $c_{k\mu}$ folgt. Um zu beweisen, daß tatsächlich alle $c_{k\mu} = 0$ sind, verfahren wir folgendermaßen:

Die Bezeichnungen seien so gewählt, daß $|\lambda_1| \geq |\lambda_2| \geq |\lambda_3| \geq \cdots$ gilt. Wenn alle λ_k gleich Null sind, reduziert sich die linke Seite von (*) auf ein Polynom $(n-1)$-ten Grades und die Identität (*) kann nach Satz (3.20) im 1. Band nur bestehen, wenn alle Koeffizienten verschwinden. Wenn nicht alle λ_k gleich Null sind, ist bei unserer Bezeichnung $\lambda_1 \neq 0$. Wir setzen dann $\dfrac{z}{\lambda_1} = x$ und erhalten aus (*) nach Division durch $e^{\lambda_1 x}$

$$\sum_{\mu=1}^{r_1} c_{1\mu}\left(\frac{z}{\lambda_1}\right)^{\mu-1} + e^{\left(\frac{\lambda_2}{\lambda_1}-1\right)z}\sum_{\mu=1}^{r_2} c_{2\mu}\left(\frac{z}{\lambda_1}\right)^{\mu-1} + \cdots = 0.$$

Wegen $|\lambda_2/\lambda_1| \leq 1$ ist auch der Realteil $\mathrm{Re}\left\{\dfrac{\lambda_2}{\lambda_1}\right\} \leq 1$, und zwar ist $\mathrm{Re}\left\{\dfrac{\lambda_2}{\lambda_1}\right\} < 1$; denn aus $\left|\dfrac{\lambda_2}{\lambda_1}\right| \leq 1$ und $\mathrm{Re}\left\{\dfrac{\lambda_2}{\lambda_1}\right\} = 1$ würde $\lambda_2 = \lambda_1$ folgen, die λ_1, λ_2 usw. in (*) sollen aber natürlich verschiedene Nullstellen von $P(\lambda)$ sein. Infolgedessen ist $\mathrm{Re}\left\{\dfrac{\lambda_2}{\lambda_1}-1\right\} < 0$ und für $z \to +\infty$ streben die Produkte

$$e^{\left(\frac{\lambda_2}{\lambda_1}-1\right)z}\cdot\left(\frac{z}{\lambda_1}\right)^{\mu-1}\quad\text{usw.}$$

gegen Null (vgl. Gl. (12.14) im 1. Band). Aus der Identität (*) ergibt sich also

$$\lim_{z\to\infty}\sum_{\mu=1}^{r_1} c_{1\mu}\left(\frac{z}{\lambda_1}\right)^{\mu-1} = 0$$

und hieraus folgt $c_{1r_1} = 0$; denn für hinreichend große z ist

$$\left|\sum_{\mu=1}^{r_1} c_{1\mu}\left(\frac{z}{\lambda_1}\right)^{\mu-1}\right| \geq z^{r_1-1}\left\{\left|\frac{c_{1r_1}}{\lambda_1^{r_1-1}}\right| - \varepsilon\right\}$$

mit beliebig kleinem positiven ε. Hernach hebt man z^{r_1-2} heraus und findet ebenso $c_{1,r_1-1} = 0$ usw. Alsdann verfährt man mit dem zweiten Glied und den folgenden Gliedern in (*) auf dieselbe Weise und erhält dadurch auch für alle weiteren Koeffizienten $c_{k\mu} = 0$.

Der Beweis gilt für beliebige komplexe λ_k. Geht man im Falle konjugiert komplexer imaginärer Nullstellen $\lambda = \alpha \pm i\beta$ nach Satz (48.7) zu reellen Lösungen $\eta = x^\mu\,e^{\alpha x}\cos\beta x$ und $\eta = x^\mu\,e^{\alpha x}\sin\beta x$ über, dann treten in der Identität (*)

noch Glieder der Form $x^\mu\, e^{\alpha x}\,(c\cos\beta\, x + \tilde{c}\sin\beta x)$ mit reellen $c,\,\tilde{c}$ auf. Nun ist

$$x^\mu\, e^{\alpha x}\,(c\cos\beta\, x + \tilde{c}\sin\beta\, x) = \frac{1}{2}\,x^\mu\,\left\{(c - i\,\tilde{c})\,e^{(\alpha + i\beta)x} + (c + i\,\tilde{c})\,e^{(\alpha - i\beta)x}\right\}$$

und aus dem vorangehenden Beweis folgt $c - i\,\tilde{c} = c + i\,\tilde{c} = 0$, also $c = \tilde{c} = 0$. Hiernach ist der Beweis für die lineare Unabhängigkeit der n Lösungen $\eta_k(x)$ auch bei Einbeziehung der Lösungen nach Gl. (48.6) erbracht.

[9] Ermittlung partikulärer Lösungen nach Satz (48.14) (Ziff. 48.4)

Es soll gezeigt werden, daß die Differentialgleichung

$$L\,[y] \equiv y^{(n)} + p_1\,y^{(n-1)} + \cdots + p_{n-1}\,y' + p_n\,y = e^{\mu x}\sum_{\sigma=0}^{m} a_\sigma\,x^\sigma$$

mit konstanten Koeffizienten p_k eine Lösung der Form

$$y = e^{\mu x}\sum_{k=r}^{r+m} b_k\,x^k$$

hat, wenn μ eine r-fache Nullstelle des charakteristischen Polynoms $P(\lambda)$ ist; falls μ mit keiner Nullstelle von $P(\lambda)$ zusammenfällt, ist $r = 0$ zu setzen. Die Bezeichnung der Koeffizienten ist hier etwas anders als in Satz (48.14). Mit den in [7] eingeführten Bezeichnungen ergibt sich durch Einsetzen von y in die Differentialgleichung und nach Weglassen des nicht verschwindenden Faktors $e^{\mu x}$

$$\sum_{k=r}^{r+m} b_k\left\{\sum_{\nu=r}^{k}\binom{k}{\nu}x^{k-\nu}\,P^{(\nu)}(\mu)\right\} = \sum_{\sigma=0}^{m} a_\sigma\,x^\sigma\,.$$

Der Koeffizientenvergleich liefert dann

$$\sum_{\nu=r}^{r+m-\sigma} b_{\nu+\sigma}\binom{\nu+\sigma}{\nu}P^{(\nu)}(\mu) = a_\sigma \quad \text{mit} \quad \sigma = 0, 1, 2, \ldots, m.$$

Aus diesen $m + 1$ linearen Gleichungen für die $m + 1$ zunächst unbestimmt angesetzten Koeffizienten $b_r, b_{r+1}, \ldots, b_{r+m}$ lassen sich der Reihe nach b_{r+m} für $\sigma = m$, b_{r+m-1} für $\sigma = m - 1$ usw. eindeutig berechnen.

[10] Approximation einer stückweise stetigen Funktion durch ein trigonometrisches Polynom (Ziff. 50.2)

Benützt man an Stelle der a_ν, b_ν nach Gl. (50.11) für $f_n(t)$ irgendwelche $\bar{a}_\nu$ und $\bar{b}_\nu$, so ergibt sich durch entsprechende Rechnungen wie in Ziff. 50.2

$$F(\bar{a}_0, \bar{a}_1, \ldots, \bar{a}_n, \bar{b}_1, \ldots, \bar{b}_n) = \int_{-\pi}^{+\pi}\left[g(t) - \frac{\bar{a}_0}{2} - \sum_{\nu=1}^{n}(\bar{a}_\nu\cos\nu\, t + \bar{b}_\nu\sin\nu\, t)\right]^2 dt$$

$$= F_{\min} + \pi\left\{\frac{(\bar{a}_0 - a_0)^2}{2} + \sum_{\nu=1}^{n}\left[(\bar{a}_\nu - a_\nu)^2 + (\bar{b}_\nu - b_\nu)^2\right]\right\} \geq F_{\min}.$$

Hiermit ist nachgewiesen, daß für die durch Gl. (50.11) definierten a_0, a_ν, b_ν die Funktion F tatsächlich ihren kleinsten Wert annimmt.

[11] Konvergenz der Fourier-Koeffizienten (Ziff. 50.5)

Um Satz (50.22) zu beweisen, formen wir die Koeffizienten c_ν mittels Produktintegration um und erhalten hierbei

$$2\pi\, c_\nu = \int\limits_{-\pi}^{+\pi} g(t)\, e^{-i\,\nu\,t}\, dt = \left[-\frac{1}{i\,\nu}\, g(t)\, e^{-i\,\nu\,t}\right]_{t=-\pi}^{t=+\pi} + \frac{1}{i\,\nu}\int\limits_{-\pi}^{+\pi} g'(t)\, e^{-i\,\nu\,t}\, dt.$$

Wegen $g(\pi) = g(-\pi)$ verschwindet das erste Glied der rechten Seite, es ist also

$$2\pi\, c_\nu \cdot (i\,\nu) = \int\limits_{-\pi}^{+\pi} g'(t)\, e^{-i\,\nu\,t}\, dt.$$

Durch weitere Produktintegrationen erhält man

$$2\pi\, c_\nu \cdot (i\,\nu)^2 = \int\limits_{-\pi}^{+\pi} g''(t)\, e^{-i\,\nu\,t}\, dt, \ldots, \qquad 2\pi\, c_\nu\, (i\,\nu)^r = \int\limits_{-\pi}^{+\pi} g^{(r)}(t)\, e^{-i\,\nu\,t}\, dt,$$

da nach Voraussetzung auch $g^{(k)}(\pi) = g^{(k)}(-\pi)$ für $k = 1, \ldots, r-1$. Eine letzte Produktintegration liefert

$$2\pi\, c_\nu \cdot (i\,\nu)^r = -\frac{1}{i\,\nu}\sum_\sigma \left[g^{(r)}(t)\, e^{-i\,\nu\,t}\right]_{t=t_\sigma}^{t=t_{\sigma+1}} + \frac{1}{i\,\nu}\sum_\sigma \int\limits_{t_\sigma}^{t_{\sigma+1}} g^{(r+1)}(t)\, e^{-i\,\nu\,t}\, dt,$$

wobei die t_σ die Sprungstellen von $g^{(r)}$ bzw. $g^{(r+1)}$ sowie die Endpunkte $-\pi$ und $+\pi$ des Periodenintervalls sind. Wegen der Beschränktheit von $g^{(r)}$ und der Integrierbarkeit von $g^{(r+1)}$ folgt aus der letzten Gleichung die Behauptung

$$|c_\nu|\, \nu^{r+1} \leqq M.$$

[12] Stereographische Projektion (Ziff. 55.6)

Wir beweisen den Satz (55.11) in drei Schritten und beziehen uns dabei auf Abb. 54:

1. Die Kreise durch N bilden sich in die Geraden der x, y-Ebene ab und umgekehrt.

2. Zwei Kreise, die durch N und einen beliebigen weiteren Punkt ξ, η, ζ der Kugel gehen und im Punkt ξ, η, ζ zwei vorgegebene Tangenten haben, bilden sich in zwei Gerade ab, welche sich im Bildpunkt x, y des Punktes ξ, η, ζ schneiden. Der Winkel dieser Geraden ist gleich dem Schnittwinkel der Kreise, da die Geraden zu den Tangenten der Kreise in N parallel sind. Die stereographische Abbildung ist infolgedessen winkeltreu. Wenn man die Kugel von außen und die x, y-Ebene von oben betrachtet, entspricht dem positiven Drehsinn in ξ, η, ζ der negative Drehsinn in x, y, die stereographische Abbildung kehrt also den Drehsinn um.

3. Es sei k irgendein nicht durch N gehender Kreis der Kugel und Q der Scheitel des Kegels, der die Kugel längs k berührt. Da Q nicht in der Tangentenebene des Punktes N liegt, schneidet die Gerade NQ die x, y-Ebene in einem Punkt P. Das Ebenenbüschel mit der Achse NQP schneidet den Kegel nach seinen Mantellinien und die Kugel nach Kreisen, die durch N gehen und den gegebenen Kreis rechtwinklig durchsetzen. Diese Kreise gehen bei der stereographischen Projektion in die Geraden der x, y-Ebene durch den Punkt P über, der Orthogonalkreis k bildet sich wegen der Winkeltreue in eine Orthogonaltrajektorie der Geraden durch P, also wiederum in einen Kreis ab.

[13] Gleichmäßig konvergente Funktionenreihen (Ziff. 60.1)

Beweis des Satzes (60.2): Vorausgesetzt ist, daß die Funktionenfolge $g_n(z) = \sum\limits_{\nu=1}^{n} f_\nu(z)$ in einem Bereich (B) gleichmäßig gegen eine Funktion $g(z)$ konvergiert, daß also $|g(z) - g_n(z)| < \varepsilon$ für alle $n > N(\varepsilon)$ und alle z aus (B). Satz (60.1), wonach $g(z)$ eine stetige Funktion ist, wird ebenso wie im Reellen (vgl. Ziff. 14.7 im 1. Band) bewiesen. Daß $g(z)$ in jedem innerhalb von (B) liegenden abgeschlossenen und beschränkten Bereich (B') auch eine analytische Funktion ist, sieht man folgendermaßen: (B') liegt im Innern von (B). Daher ist mit jedem Punkt z_0 noch ein ganzer Kreis um z_0 in (B) enthalten; r_{z_0} sei der größtmögliche Radius dieses Kreises. Weil (B') abgeschlossen und beschränkt ist, folgt $a = \mathrm{Min}\, r_{z_0} > 0$ und man kann im Abstand $\dfrac{a}{2}$ um (B') eine Kurve k legen, die noch ganz in (B) liegt. Für alle z aus (B') und alle ζ auf k ist $|\zeta - z| \geqq \dfrac{a}{2} > 0$.

Daher konvergiert $\dfrac{g_n(\zeta)}{\zeta - z}$ gegen $\dfrac{g(\zeta)}{\zeta - z}$ gleichmäßig in ζ und z. Aus der CAUCHYschen Integralformel (59.4), angewandt auf die analytischen Funktionen $g_n(z)$, folgt

$$g(z) = \lim_{n \to \infty} g_n(z) = \lim_{n \to \infty} \left\{ \frac{1}{2\pi i} \oint\limits_{k'} \frac{g_n(\zeta)}{\zeta - z}\, d\zeta \right\} = \frac{1}{2\pi i} \oint\limits_{k'} \frac{g(\zeta)\, d\zeta}{\zeta - z}$$

Nach Ziff. 59.2 ist $g(z)$ also eine analytische Funktion.

[14] Schwarzsches Spiegelungsprinzip (Ziff. 63.2)

Sind speziell g und g^* ein Teil der reellen Achse, was sich durch Bewegungen in der z- und w-Ebene stets erreichen läßt, so entsteht f_2 aus f_1 durch $f_2(z) = \overline{f_1(\bar z)}$. Real- und Imaginärteil

$$u_2(x, y) = u_1(x, -y) \quad \text{und} \quad v_2(x, y) = -v_1(x, -y)$$

sind im Punkt x, y stetig differenzierbar und erfüllen die CAUCHY-RIEMANNschen Differentialgleichungen, weil u_1 und v_1 dies im Punkt $x, -y$ tun.

Wir setzen $w = \varphi(z) = \begin{cases} f_1(z) \text{ in } (B_1) \\ f_2(z) \text{ in } (B_2) \end{cases}$; vgl. Abb. 84.

Ist z ein Innenpunkt von (B_1), dann ist

$$\frac{1}{2\pi i} \oint \frac{\varphi(\zeta)\, d\zeta}{\zeta - z} = \begin{cases} f_1(z) \\ 0 \end{cases}, \text{ wenn das Integral über die Berandung von } \begin{cases} (B_1) \\ (B_2) \end{cases} \text{ erstreckt}$$

wird. Ist z ein Innenpunkt von (B_2), dann hat man entsprechend

$$\frac{1}{2\pi i} \oint \frac{\varphi(\zeta)\, d\zeta}{\zeta - z} = \begin{cases} 0 \\ f_2(z) \end{cases}, \text{ wenn das Integral über die Berandung von } \begin{cases} (B_1) \\ (B_2) \end{cases} \text{ erstreckt}$$

wird.

Diese Behauptungen folgen aus der CAUCHYschen Integralformel (59.4), Satz (53.11) und der Stetigkeit von $f_1(z)$ und $f_2(z)$; man bildet die Integrale zunächst über Kurven im Innern von (B_1) und (B_2) und läßt diese dann gegen die Berandung rücken. Addiert man die beiden genannten Integrale, so heben sich die Teilintegrale für das den Bereichen (B_1) und (B_2) gemeinsame Geradenstück heraus und es bleibt

$$\frac{1}{2\pi i} \oint \frac{\varphi(\zeta)\, d\zeta}{\zeta - z} = \begin{cases} f_1(z) \text{ für } z \text{ in } (B_1), \\ f_2(z) \text{ für } z \text{ in } (B_2), \end{cases}$$

wobei jetzt das Integral über den Rand des aus (B_1) und (B_2) zusammengesetzten Bereichs erstreckt ist. Das Integral definiert nach Ziff. 59.2 eine analytische Funktion $\varphi(z)$, es ist also in der Tat $f_2(z)$ die analytische Fortsetzung von $f_1(z)$.

[15] Polygonabbildung von Schwarz und Christoffel (Ziff. 64.1)

Die analytische Funktion $w = f(z)$, welche die obere z-Halbebene in das Innere eines Polygons in der w-Ebene abbildet (vgl. Abb. 87), werde durch wiederholte Spiegelung der Halbebene an der reellen Achse und des Polygons an seinen Seiten nach dem SCHWARZschen Spiegelungsprinzip (vgl. Ziff. 63.2) analytisch fortgesetzt. Nach einer geraden Anzahl solcher Spiegelungen kommt man in der z-Ebene wieder auf den nämlichen Punkt z, in der w-Ebene ergibt sich ein zu dem gegebenen Polygon kongruentes Polygon, also eine Transformation $w^* = A\,w + B$. Bei diesen Transformationen ist $w^{*\prime} = A\,w'$, $w^{*\prime\prime} = A\,w''$, also $\dfrac{w^{*\prime\prime}}{w^{*\prime}} = \dfrac{w''}{w'}$. Der Ausdruck

$\dfrac{w''}{w'} = \dfrac{d}{dz}\,(\ln w')$ ist demnach eine Invariante. Er ist bei Ausschluß der Eckpunkte des Polygons eine eindeutige analytische Funktion von z.

Für die Umgebung der Polygonecken w_k hat man Entwicklungen der Form

$$w - w_k = (z - z_k)^{\alpha_k} \cdot \left\{ c_{k0} + c_{k1}\,(z - z_k) + c_{k2}\,(z - z_k)^2 + \cdots \right\},$$

da die Winkel π in den Punkten z_k auf die Winkel $\alpha_k\,\pi$ in den Polygonecken w_k abgebildet werden. Daraus folgt weiter

$$w' = \alpha_k\,(z - z_k)^{\alpha_k - 1} \cdot \left\{ c_{k0} + \cdots \right\},$$

also

$$\frac{w''}{w'} = \frac{d\,(\ln w')}{dz} = \frac{\alpha_k - 1}{z - z_k} + \text{reguläre Funktion.}$$

Hiernach hat die Funktion $\dfrac{w''}{w'}$ in den Punkten z_k Pole erster Ordnung mit den Residuen $\alpha_k - 1$ und ist an allen anderen Stellen regulär. Da $f(z)$ für $z = \infty$ regulär ist, gilt für die Umgebung von $z = \infty$ die LAURENT-Entwicklung $w = d_0 + \dfrac{d_m}{z^m} + \cdots$ mit $m \geq 1$. Daraus folgt

$$w' = -\frac{m\,d_m}{z^{m+1}} + \cdots \;>\; \frac{w''}{w'} = -\frac{m+1}{z} + \cdots,$$

d. h. $\dfrac{w''}{w'}$ hat in $z = \infty$ eine Nullstelle erster Ordnung.

Aus diesen Eigenschaften (Pole erster Ordnung z_k mit den Residuen $\alpha_k - 1$ und Nullstelle erster Ordnung in ∞) folgt die Entwicklung

$$\frac{w''}{w'} = \sum_{k=1}^{n} \frac{\alpha_k - 1}{z - z_k},$$

woraus sich durch Integration die zu beweisende Abbildungsgleichung (64.2) ergibt.

Wegen $\displaystyle\sum_{k=1}^{n} \alpha_k = n - 2$, also $\displaystyle\sum_{k=1}^{n} (\alpha_k - 1) = -2$, hat der Integrand in Gl. (64.2) im Punkt ∞ eine Nullstelle zweiter Ordnung. Infolgedessen konvergiert das Integral für $z \to \infty$ gegen einen bestimmten Grenzwert.

Sachverzeichnis

721/51/67